マグネシウム加工技術

日本塑性加工学会 編

コロナ社

■「マグネシウム加工技術」出版部会

部会長	菅 又　　信（日本大学）
幹　事	古 閑 伸 裕（日本工業大学）
委　員	附 田 之 欣（(株)日本製鋼所）
	中 村　　守（産業技術総合研究所）
	村 井　　勉（三協アルミニウム工業(株)）

執筆者
　小 川　　誠（芝浦工業大学）（7章, 9.2節）
　小 原　　久（日本マグネシウム協会）（1章, 付録）
　加 藤 数 良（日本大学）（8章）
　鎌 土 重 晴（長岡技術科学大学）（2.2.1項, 2.2.3項）
　河 部　　望（住友電気工業(株)）（3.3節）
　黒 田 篤 彦（(株)住友金属直江津）（3.1節）
　古 閑 伸 裕（日本工業大学）（4.1節, 4.4節）
　菅 又　　信（日本大学）（4.3節, 10章）
　高 橋 正 春（産業技術総合研究所）（6章, 9.3節）
　宅 田 裕 彦（京都大学）（2.1.3項, 2.1.4項）
　附 田 之 欣（(株)日本製鋼所）（2.2.2項, 5.3節）
　中 村　　信（日本スピンドル製造(株)）（4.6節）
　中 村　　守（産業技術総合研究所）（2.1.1項, 2.1.2項, 2.1.5項）
　二 宮 隆 二（三井金属鉱業(株)）（5.1節, 5.2節, 9.1節）
　長谷川　　収（東京都立工業高等専門学校）（4.2節）
　馬 渕　　守（京都大学）（4.7節）
　村 井　　勉（三協アルミニウム工業(株)）（3.2節）
　渡 辺　　洋（(株)日立金属MPF）（4.5節）

（50音順, 所属は編集当時）

#　まえがき

　マグネシウムは実用金属の中で最も密度が低いことから，自動車をはじめとする輸送用機器の軽量化対策において魅力のある材料である。また，金属材料が一般にリサイクル性に優れるように，マグネシウム材料は軽量材料として競合するプラスチックに比べて資源再利用の点で有利であり，省エネルギー化を通じて地球環境問題の解決に貢献する材料として期待されている。地球の地殻中における元素の存在比率を示すクラーク数は，マグネシウムが8番目であり，資源として豊富な金属である。電解法によってマグネシウムが工業的に精錬されはじめたのは1800年代の後半であり，ほぼ同じ時期にアルミニウムの電解精錬法も工業化された。

　国内における民生用製品へのマグネシウム材料の工業的な利用は1950年代に始まったが，価格が高い，耐食性に劣る，塑性変形能が低いなどの理由により，軽量構造材としての需要はアルミニウムに比べてきわめて小さく，現在に至っている。現在のマグネシウム消費量は全世界で約50万tであり，国内では約3万tが使われている。しかし，国内消費の半分以上がアルミニウム合金への添加元素やチタン精錬用であり，マグネシウムの特徴を生かした軽量構造材としての利用は限られている。最近，マグネシウムは自動車部品や電子機器筐体などに用いられる傾向であるが，その多くはダイカストを中心とする鋳造法によって作製されており，板材や押出し材を塑性加工した製品例はほとんど見られない。マグネシウム製品の高品質化とコスト低減には，高精度で大量生産が可能な塑性加工法が望まれており，その技術開発が多くの分野で試みられている。また，結晶粒組織の制御や合金組成の選択などによって塑性変形能を高めたマグネシウム素材の開発も研究されている。

　以上のように，マグネシウム材料は，リサイクル性に優れた軽量構造材とし

ての実用化に強い関心が集まっているにもかかわらず，その加工技術をはじめとして材料特性等の資料が不十分である。本書では，マグネシウム製品の製造において重要となる各種の加工技術を解説することを主眼としている。加工技術として，圧延および押出し加工による素材の製造，塑性加工による成形（せん断加工，曲げ加工，張出し加工，深絞り加工，鍛造加工，スピニング加工，超塑性成形），鋳造・ダイカストおよび半凝固・半溶融加工，粉末成形，切削加工，溶接および接合加工を取り上げるとともに，マグネシウムの物理的・化学的性質，各種合金の性質と新たな合金開発，加工製品の具体例についても解説して，マグネシウム材料に関する最新加工技術を総括的に理解することができるように努めた。なお，活性な金属であるマグネシウムの工業的な利用において重要である，マグネシウムの安全な取扱いについても解説している。

　本書は，これからマグネシウム製品の設計および製造に携わる技術者，研究者に有益な情報を提供するとともに，学生教育においてもマグネシウム材料およびその加工に関する参考書として好適であると信じている。

　本書における単位の記述は SI 単位に従ったが，ほかの単位系で記述された引用文献のデータも含まれている。参考としておもな単位について従来の工学単位系との換算表を次頁に示した。

　最後に，本書の出版に賛同されて執筆をいただいた方々のご協力に感謝の意を表すとともに，印刷・出版に当たりご助力をいただいたコロナ社の方々に厚くお礼申し上げます。

2004 年 11 月

「マグネシウム加工技術」出版部会一同

単位および単位換算

名　称	SI 単位	ほかの単位系との換算
長さ	m	$1 Å = 10^{-10}$ m $= 0.1$ nm 1 in $= 25.4$ mm，1 ft $= 12$ in $= 0.3048$ m
質量	kg	1 lb $= 0.45369$ kg
力	N	1 kgf $= 9.8067$ N 1 dyne $= 10^{-5}$ N 1 lbf $= 4.4482$ N
応力（圧力）	Pa, MPa, N/m²	1 kgf/mm² $= 9.8067$ N/mm² $= 9.8067$ MN/m² $= 9.8067$ MPa 1 dyn/cm² $= 10^{-7}$ N/mm² $= 10^{-1}$ Pa 1 lbf/in² $= 1$ psi $= 6.8948 \times 10^{-3}$ N/mm²，1 ksi $= 10^3$ psi 1 bar $= 10^5$ Pa $= 10^{-1}$ MPa 1 atm $= 1.0332$ kgf/cm² $= 1.01325 \times 10^5$ Pa 1 mmHg $= 1$ Torr $= 1.333 \times 10^2$ Pa 1 mmH$_2$O $= 10^{-4}$ kgf/cm² $= 9.8067$ Pa
破壊靭性	MPa·m$^{1/2}$, MN/m$^{3/2}$	1 kgf/mm$^{3/2}$ $= 0.3101$ MN/m$^{3/2}$ 1 ksi·in$^{1/2}$ $= 1.099$ MPa·m$^{1/2}$ $= 1.099$ MN/m$^{3/2}$
エネルギー，仕事	J, N·m	1 kgf·m $= 9.8067$ J 1 ft·lbf $= 1.3558$ J 1 erg $= 10^{-7}$ J 1 cal $= 4.1868$ J 1 Btu $= 1055$ J 1 W·h $= 3600$ W·s $= 3600$ J 1 eV $= 1.602 \times 10^{-19}$ J
衝撃値 活性化エネルギー 表面エネルギー	J/cm² J/mol J/m²	1 kgf·m/cm² $= 9.8067$ J/cm² 1 cal/mol $= 4.1868$ J/mol 1 erg/cm² $= 10^{-3}$ J/m²
粘度 動粘度	Pa·s m²/s	1 P $= 10^{-1}$ Pa·s，1 cP $= 10^{-3}$ Pa·s 1 St $= 10^{-4}$ m²/s，1 cSt $= 10^{-6}$ m²/s

単位の接頭語

乗　数	名　称	記　号	乗　数	名　称	記　号
10^{18}	exa-	E	10^{-1}	deci-	d
10^{15}	peta-	P	10^{-2}	centi-	c
10^{12}	tera-	T	10^{-3}	milli-	m
10^{9}	giga-	G	10^{-6}	micro-	μ
10^{6}	mega-	M	10^{-9}	nano-	n
10^{3}	kilo-	k	10^{-12}	pico-	p
10^{2}	hecto-	h	10^{-15}	femto-	f
10^{1}	deka-	da	10^{-18}	atto-	a

目　　次

第1章　序　　論
1.1　マグネシウム利用の歴史 …………………………………………………1
　1.1.1　マグネシウムの発見と製造の歴史 ……………………………………1
　1.1.2　自動車分野への利用の歴史 ……………………………………………2
　1.1.3　電子・電気機器分野への利用の歴史 …………………………………4
1.2　需　要　と　供　給 ………………………………………………………5
　1.2.1　世界（ロシアと中国を除く）のマグネシウム需要と供給 …………5
　1.2.2　日本のマグネシウム需要と供給 ………………………………………8

第2章　マグネシウムの特性と種類
2.1　物性と変形特性 ……………………………………………………………12
　2.1.1　物理的性質 ………………………………………………………………12
　2.1.2　化学的性質 ………………………………………………………………18
　2.1.3　塑性変形特性 ……………………………………………………………21
　2.1.4　クリープ変形特性 ………………………………………………………27
　2.1.5　その他の特性 ……………………………………………………………29
2.2　合金の種類と機械的性質 …………………………………………………33
　2.2.1　展伸用材料 ………………………………………………………………33
　2.2.2　鋳造用材料 ………………………………………………………………45
　2.2.3　その他の開発合金 ………………………………………………………54

第3章　塑性加工による素材製造
3.1　圧　延　加　工 ……………………………………………………………60
　3.1.1　圧延設備と圧延方法 ……………………………………………………61
　3.1.2　圧延条件の影響 …………………………………………………………67

目次

3.1.3 圧延材の種類と特徴 ……………………………………………… 71
3.2 押出し加工 ……………………………………………………………… 73
3.2.1 マグネシウム合金ビレットの製造 ………………………… 73
3.2.2 押出し加工法 ………………………………………………… 75
3.2.3 マグネシウム合金押出し加工の注意点 …………………… 77
3.2.4 押出し用マグネシウム合金 ………………………………… 77
3.2.5 押出し用ダイス ……………………………………………… 79
3.2.6 押出し条件 …………………………………………………… 80
3.2.7 押出し形材の欠陥とその対策 ……………………………… 82
3.3 引抜き加工 ……………………………………………………………… 85
3.3.1 引抜き加工と引抜き設備 …………………………………… 85
3.3.2 引抜き材の機械的特性 ……………………………………… 85
3.3.3 引抜き材の種類と特徴 ……………………………………… 90

第4章　塑性加工による成形

4.1 せん断（打抜き）加工 ………………………………………………… 91
4.1.1 加工工具および設備 ………………………………………… 91
4.1.2 せん断特性と切り口面 ……………………………………… 92
4.1.3 精密せん断 …………………………………………………… 95
4.1.4 工具寿命向上策と切り口面悪化防止策 …………………… 99
4.2 曲げ加工 ………………………………………………………………… 101
4.2.1 加工設備 ……………………………………………………… 101
4.2.2 加工限界 ……………………………………………………… 101
4.2.3 その他の素材の曲げ加工 …………………………………… 103
4.3 張出し加工 ……………………………………………………………… 105
4.3.1 加工工具および設備 ………………………………………… 105
4.3.2 成形限界 ……………………………………………………… 106
4.4 深絞り加工 ……………………………………………………………… 109
4.4.1 加工工具および設備 ………………………………………… 109
4.4.2 成形荷重としわ押え力 ……………………………………… 110
4.4.3 成形性への影響因子 ………………………………………… 110
4.4.4 特殊な深絞り加工法 ………………………………………… 118

4.5 鍛造加工 ……………………………………………………119
　4.5.1 加工設備と加工方法 …………………………………119
　4.5.2 加工条件の影響 ………………………………………128
　4.5.3 成形品例 ………………………………………………130
4.6 スピニング加工 ……………………………………………131
　4.6.1 加工方法と加工設備 …………………………………131
　4.6.2 成形限界 ………………………………………………134
　4.6.3 成形品例 ………………………………………………135
4.7 超塑性成形加工 ……………………………………………137
　4.7.1 超塑性材料 ……………………………………………137
　4.7.2 加工設備と加工条件 …………………………………141
　4.7.3 成形限界 ………………………………………………143

第5章 鋳造加工

5.1 砂型および金型鋳造 ………………………………………145
　5.1.1 溶解 ……………………………………………………145
　5.1.2 砂型鋳造 ………………………………………………148
　5.1.3 金型鋳造 ………………………………………………149
　5.1.4 マグネシウム合金鋳物の製品例 ……………………151
5.2 ダイカスト鋳造 ……………………………………………153
　5.2.1 溶湯の酸化防止 ………………………………………155
　5.2.2 鋳造方案 ………………………………………………157
　5.2.3 ダイカスト製品例 ……………………………………159
5.3 半凝固・半溶融加工 ………………………………………160
　5.3.1 加工設備と加工方法 …………………………………160
　5.3.2 成形品例 ………………………………………………171

第6章 粉末成形

6.1 はじめに ……………………………………………………173
6.2 マグネシウム粉末の製造 …………………………………173
　6.2.1 ガスアトマイズ法 ……………………………………174

6.2.2　機械的粉末製造法 …………………………………………………175
6.3　マグネシウム粉末の固化成形 ………………………………………177
6.4　マグネシウム合金粉末成形材料の性質 ……………………………178
　　6.4.1　急冷凝固粉末からの材料 …………………………………………178
　　6.4.2　切削粉からの材料 …………………………………………………180
　　6.4.3　マグネシウム基複合材料 …………………………………………180

第7章　切削加工

7.1　マグネシウム切削の特徴 ……………………………………………183
7.2　旋削加工 ………………………………………………………………186
　　7.2.1　旋削加工条件の選定 ………………………………………………187
　　7.2.2　仕上げ面の粗さ ……………………………………………………188
7.3　ドリル加工 ……………………………………………………………191
　　7.3.1　深穴のドリル加工 …………………………………………………193
　　7.3.2　薄板のドリル加工 …………………………………………………198

第8章　溶接・接合加工

8.1　溶融溶接 ………………………………………………………………204
　　8.1.1　TIG溶接 ……………………………………………………………205
　　8.1.2　MIG溶接 ……………………………………………………………206
　　8.1.3　電子ビーム溶接 ……………………………………………………208
　　8.1.4　レーザ溶接 …………………………………………………………208
8.2　抵抗溶接 ………………………………………………………………208
8.3　固相接合 ………………………………………………………………210
　　8.3.1　摩擦圧接 ……………………………………………………………210
　　8.3.2　摩擦かくはん接合 …………………………………………………213

第9章　安全取扱い

9.1　溶解作業 ………………………………………………………………217
　　9.1.1　溶解工程 ……………………………………………………………217

  9.1.2 鋳造工程 …………………………………………………218
  9.1.3 スラッジおよびドロスの処理 …………………………218
 9.2 切削作業 ……………………………………………………220
  9.2.1 切削中の切りくずの発火・燃焼とその防止 …………220
  9.2.2 切削中における燃焼切りくずの消火 …………………222
  9.2.3 切削切りくずの再利用と安全処理 ……………………223
 9.3 マグネシウム粉末の取扱い（粉末の管理と取扱い）………225

第10章　マグネシウム製品例

付　　　録

付1 マグネシウム合金のJIS規格 ………………………………234
付2 マグネシウム材料規格対照表 ………………………………248

引用・参考文献 ……………………………………………………251
索　　引 ……………………………………………………………264

第1章

序　論

　マグネシウムを漢字では，金偏に美しいと記述し，「鎂」と書く。この文字からは，非常に優雅な金属の趣が感じられ，実際にもマグネシウムが酸化するときには，鮮やかなせん光を輝かす。

　鉄鋼をはじめ，銅，アルミニウム，チタン等の多くの構造用金属材料は，圧延加工などの塑性加工技術が確立し，板材や棒材などとして広範な分野で活用されている。しかし，マグネシウムは圧延などに関する研究開発や実用化が大幅に遅れており，構造用金属材料の中で最後に残された材料としてこれからの発展が大いに期待され，欧米各国で積極的な開発研究が進み，新たな素材の世界を開拓しつつある。

1.1　マグネシウム利用の歴史

1.1.1　マグネシウムの発見と製造の歴史

　マグネシウムは，1808年に英国のハンフリー・デービー氏が，英国王立研究所においてmagnesiaを用いてアマルガムを製造し，水銀による精製工程で発見したことが定説となっている。比較的純粋な形でマグネシウムを精製したのはフランスのアレキサンダー・ビュシー氏で，1828年に無水塩化マグネシウムを金属カリウム蒸気により還元している。その後，1852年にドイツのロバート・ブンゼン氏が無水塩化マグネシウムを電解してマグネシウムを製造する基本原理を発見し，この原理に基づき1886年にカーナライトを原料としたマグネシウム電解製錬工場を設立した。奇しくもこの年は，アルミニウム電解

法であるホール・エルー法が発明された年に当たる。

　1894年にドイツにおいてアルミニウムとマグネシウムとの合金である「マグナリウム」が開発され，1909年にはマグネシウム合金「エレクトロン」の生産が開始された。この後，ドイツでは1934年に6 000 tの生産を実現した。

　米国では，1916年に米国のダウ・ケミカル社がマグネシウム製錬事業に進出し，1941年には独自に開発したマグネシウム製錬法に基づきマグネシウムの製錬工場を建設した。マグネシウム合金として「ダウメタル」を開発し，広く普及させ，事業の拡大を図り，1998年に製錬事業を中止するまで，80数年間にわたりマグネシウムの製造を続けた。

　日本においては，1926年に理化学研究所がにがりを原料として金属マグネシウムを製造する実験に成功し，1929年に工業的製造法を確立した。これにより1931年に新潟県柏崎市に理研マグネシウム(株)が設立され，わが国で最初のマグネシウム製錬会社となった。その後，日本各地でマグネシウム製錬工場の建設が進められ，1944年には4 138 tの最高生産量を達成したが，終戦とともに全面的に操業停止となり，閉鎖された。1956年になって，チタン製錬などで消費されるマグネシウムの供給を目的に，古河マグネシウム(株)が設立され，製造を開始した。さらに，1966年に宇部興産(株)，1988年に日本重化学工業(株)がマグネシウムの製造を開始したが，世界的なマグネシウム産業の動向により，1994年9月を最後に国内での生産が中止された。これ以降，国内でのマグネシウム製錬はなくなり，中国への資本参加による生産と輸入および再生地金のみとなった。

1.1.2　自動車分野への利用の歴史

　マグネシウムが開発された当初は，マグネシウムの活性な性質を利用して粉末として使用されていたが，輸送機器へのマグネシウム利用は比較的歴史が古く，航空機の発明とともにエンジン部品などに使用されている。この航空機へのマグネシウムの利用を契機に自動車部品への応用が始まった。

　自動車部品へのマグネシウムの利用として最初に報告されているのが，1921

年であり，米国のインディアナポリス・カーレースでマグネシウム合金製ピストンを用いた車が優勝している。

1934年にはドイツのフォルクス・ワーゲン社が，自動車への空冷エンジンの開発でマグネシウム合金鋳物の使用を計画し，1949年にマグネシウム部品の製造を開始した。

ドイツではマグネシウムを「民族の金属（Volksmetall）」として積極的に活用し，戦後には自動車への普及を図り，フォルクス・ワーゲン社が開発した「ビートル」には自動車1台当り約20kgのマグネシウム部品が採用された。これにより，1971年ごろにはフォルクス・ワーゲン社1社で年間4.2万tのマグネシウム需要を達成した。しかし，1982年にエンジンの水冷化によりマグネシウムの使用が中止された（**表1.1.1**）。

表1.1.1 フォルクス・ワーゲン社「ビートル」に使用されたマグネシウム部品

部品名	合金種	製造法	重量〔kg〕
クランクケース	GMgAl 9	金型鋳造	9.3
ミッションギヤーケース		ダイカスト	6.1
カムシャフトホイール		金型鋳造	0.24
ギヤーケース	GMgAl 91	ダイカスト	0.64
ステアリングギヤカバー	GMgAl 91	ダイカスト	0.065

米国では，1952年にクライスラー社がダイカストによりトルクコンバータハウジング（7.2kg）とクラッチハウジング（3.6kg）を開発した。

1973年に，GM社がステアリングコラム・ロックハウジングを亜鉛からマグネシウムに転換し，当時としては米国唯一の自動車部品であった。

1978年にフォード社がステアリングコラムにマグネシウムを採用し，マグネ化の端緒となる。これ以後，米国の各自動車メーカーによるマグネシウム部品の採用が着実に活発化する。1983年のマグネシウム部品は5種類となった。

省エネルギー対策や排ガスなどの環境対策の必要性から米国では1993年に政府と自動車メーカー3社で「次世代車開発機構（Partnership for a New Generation of Vehicles）」を設置し，次世代車の開発研究を進めた。1996年

にフォード社は自動車 1 台当りマグネシウムを 103 kg 使用し，車両重量を 30％削減し，3 l で 100 km 走行可能な自動車を開発した．ほぼ同時期に欧州でも自動車の軽量化に関する研究が活発化し，欧米ともに積極的な自動車部品のマグネ化が進められている．

日本での自動車への利用は，1959 年に東洋工業(株)（現在のマツダ(株)）が開発した「マツダクーペ」への採用が初めてであり，5 kg 程度のマグネシウムが使用された（**表 1.1.2**）．

表 1.1.2 東洋工業(株)「マツダクーペ」に使用されたマグネシウム部品

部品名	合金種	製造法	重量〔kg〕
クラッチハウジング	MC 1-F	砂型鋳造	1.2
トランスミッションケース	MC 2-F	砂型鋳造	2.8
フロントカバー	MC 2-F	ダイカスト	0.65

1968 年に開発された「トヨタ 2000 GT」にはマグネホイールが装着された．

1982 年のホンダ「シティー・ターボ」のシリンダーヘッドカバーにマグネシウムダイカスト部品が採用された．

1983 年のトヨタ「クラウン」に亜鉛からマグネシウムに変更したステアリングコラムアップブラケットが採用され，約 60％の軽量化を達成した．

1987 年発売のホンダ「レジェンド」のハンドル芯金にマグネシウムが初めて採用され，1989 年にはトヨタ「セルシオ」にも使用され約 45％の軽量化を実現し，本格的に普及することとなった．

1999 年に日産自動車(株)が「セドリック・グロリア」のモデルチェンジ時にシートベースをマグネ化し，2000 年にはトヨタ「レクサス」のシートフレームもマグネ化された．

2003 年には耐熱マグネシウム合金製のトランスミッションケースが開発され，北米で販売されているホンダ「アキュラ TSX」に装着された．

1.1.3 電子・電気機器分野への利用の歴史

日本の電子・電気機器へのマグネシウム利用の歴史を紹介するとつぎのとお

りである。

1980年にソニー(株)が開発した業務用ビデオカメラケースに初めてマグネシウムが採用された。

1996年にソニー(株)のMD（ミニディスク）ならびに民生用デジタルビデオカメラにマグネシウムが採用され，携帯機器マグネ化の端緒となる。

1997年にはその当時としては世界最薄・最軽量の三菱電機ノートパソコン「ペディオン」が開発され，これ以後各社でノートパソコン筐体のマグネ化が始まる。また，富士写真フィルム(株)のデジタル・スチールカメラ筐体にマグネシウムが採用された。

1998年には1 600 tの大型チクソ成形機の開発により，松下電器産業(株)で21型テレビのキャビネットがマグネ化された。

1999年に(株)日立金属MPFのプレスフォージング法により板材を成形した「MD」がソニー(株)から発売され，わが国で初めてマグネシウム板材の電子機器への利用を実現した。

2003年には松下電器産業(株)から板材のプレス成形による筐体を用いたノートパソコン「レッツノート」が発売された。

1.2 需要と供給

1.2.1 世界（ロシアと中国を除く）のマグネシウム需要と供給

世界のマグネシウム需要部門別需要量の推移を図1.2.1に示す。2002年には総需要量が364 959 tと前年比10.8％の増加となった。

マグネシウム需要部門は，純マグネシウムとマグネシウム合金の需要部門に大別される。

純マグネシウムの需要部門は，マグネシウムの合金化特性や活発な反応性を利用したアルミニウムへの添加や鉄鋼脱硫剤，化学工業での触媒用，低い電極電位を利用した他金属の電気防食などがある。

アルミ合金添加の需要が最も多く，1990年には130 600 tと全体の52％を

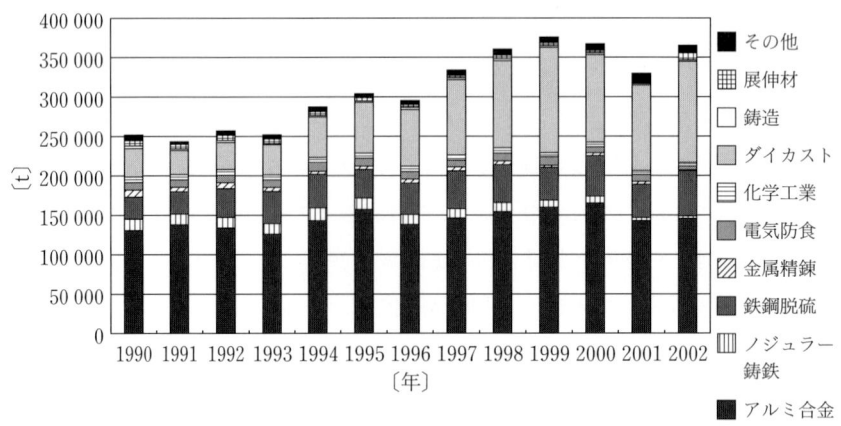

図 1.2.1　世界のマグネシウム需要部門別推移

占めていたが，2002 年には 145 613 t と構成比が 40 % となっており，マグネシウム合金需要の増加に伴い構成比が減少する傾向にある。

鉄鋼脱硫剤としての需要は，カルシウムでコーティングしたマグネシウムチップを鉄鋼製錬工程に投入し，マグネシウムと硫黄を反応させ低硫黄の鋼材を製造するもので，製錬工程で発生する鉄鋼残滓の削減にも効果があり，需要量の増加が期待されている。2002 年には 57 385 t となり全体の 16 % を占めた。

化学工業の触媒用は，グリニャール反応として使用される需要で，マグネシウムを利用して医薬・農薬のほか，香料，プラスチック添加剤，ガソリンのアンチノック剤などの工業薬品の製造に使用されている。

マグネシウム合金の需要部門としては，ダイカスト，鋳造，展伸材などの需要分野がある。

ダイカスト需要は，自動車の軽量化などにより着実な増加傾向にあり，1990 年の 36 300 t から 2002 年には 127 803 t と大幅な増加となった。このため，総需要に占める割合も 14 % から 35 % に拡大した。

鋳造需要は，砂型や金型を用いて鋳造するものであり，ヘリコプター部品や電動工具などの製造に使用されているが，あまり大きな需要の伸びが見られていない。

展伸材需要は，圧延加工や押出し加工により製造した素材を利用するものであるが，マグネシウムは結晶構造の特徴から温・熱間加工が必要であるため，これまではあまり普及しておらず，1990年以降徐々に減少の傾向にあったが，日米欧ともにマグネシウム展伸材製造技術ならびに加工技術の再研究が始まり，従来の印刷板や機械装置用などの需要に加え，軽量化を目的としたプレス加工による各種ケース類などへの普及が伸びつつある．近い将来には自動車部品への応用も検討されており，今後の展開が期待される．

世界のマグネシウム生産推移を**図1.2.2**に示す．1990年以降は米国をはじめノルウェー，日本，中国，カナダなど世界の14か国で製錬されたが，中国での低コスト生産の拡大に伴い各国ともに競争力を失い，2002年現在では中国をはじめとした10か国で製錬されるにとどまっている．特に中国での生産が最大となっており，2002年には268 000 tと世界の約60％を占めることとなった．この間，マグネシウム製錬を中止した企業は，日本の3社をはじめ欧米でマグネシウムの需要開発を積極的に進めてきた米国のダウケミカル社とノースウエスト・アロイ社の2社，カナダのマグノーラ社，ノルウェーのノルスクヒドロ社，フランスのソフレム社などである．

表1.2.1に現在の製錬企業の生産能力を示す．推計ではあるが，全世界で

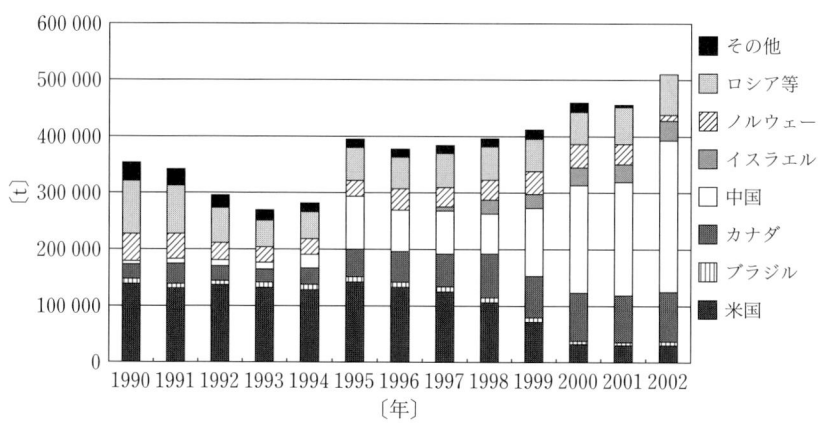

図1.2.2　世界のマグネシウム生産推移

表 1.2.1　世界のマグネシウム製錬工場の推定生産能力

地域	国	会社	場所	能力〔t〕
アメリカ	カナダ	ノルスク・カナダ	ベカンクール	45 000
		ティミンコ	ハーレイ	7 000
	米国	アメリカンマグネ	ソルトレーク	38 000
	ブラジル	ブラスマグ	ボカイウバ	10 000
小計				100 000
欧州	ロシア	ベルズニキ	ベルズニキ	35 000
		ソリカムスク	ソリカムスク	20 000
	セルビア		ベラステナ	5 000
小計				60 000
アジア	中国	110 工場	山西省等	450 000
	インド		バンガロール	1 000
			ハイデラバート	1 000
	イスラエル	デッドシー・ワークス	ソドム	35 000
	カザフスタン	カルシュ	カメノゴルスク	45 000
	ウクライナ	ザポロジー	カルシュ	17 000
			ザポロジー	18 000
小計				567 000
合計				727 000

727 000 t の能力を有している。

　新たなマグネシウム生産国としては，オーストラリア，コンゴ，オランダなどが製錬計画を発表しているが，まだ実現に至っていない。

1.2.2　日本のマグネシウム需要と供給

　日本の戦後のマグネシウム産業は，チタンの製造工程で使用される四塩化チタンをマグネシウムで還元してスポンジチタンを製造するためのマグネシウムの供給と，回収される塩化マグネシウムの再生から始まった。このため純マグネシウムを使用する需要が主体となっていた。しかし最近では，省エネルギー対策や環境対策の推進からマグネシウム合金を使用するダイカストやマグネ射出成形，展伸材などの需要が増加しつつある。図 1.2.3 に日本のマグネシウム需要推移を示すとおり，1990 年以降，マグネシウムの総需要は順調に増加を示し，1990 年の 27 084 t から 2002 年には 38 513 t と 12 年間でほぼ 1 万 t の増加となった。

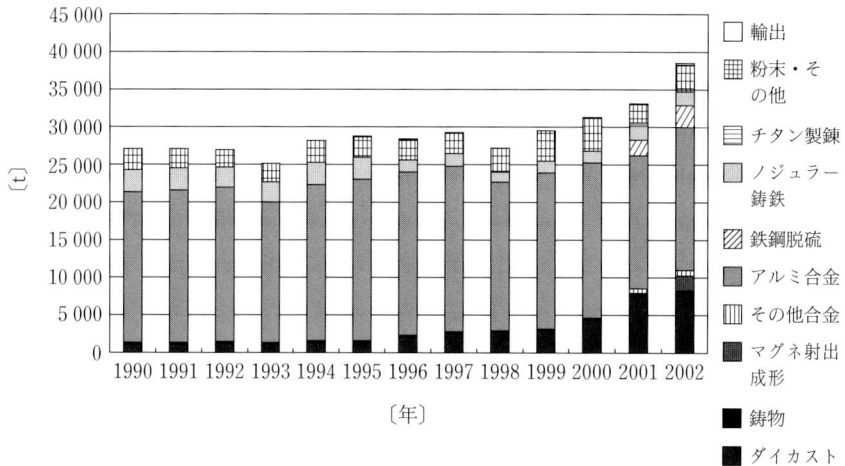

図 1.2.3　日本のマグネシウム需要推移

　第1位の需要量を占めるアルミニウム合金添加需要は，1990年代においてはつねに需要量の70％以上を占めてきたが，2000年に入り徐々に構成比が低下し，2002年には19 067 t を達成したものの構成比は50％まで低下した。

　第2位の需要はダイカスト需要であり，1990年の1 073 t から2002年には8 125 t と7.6倍に拡大し，需要構成比も4％から21％まで5倍強の増加となった。これは，自動車向けのマグネシウム部品が着実な増加を達成しているためである。

　第3位は粉末・その他の需要であり，2002年は3 239 t となった。鉄鋼脱硫需要も1990年にはほとんどなかったが，2002年までには徐々に拡大し2 927 t となった。なお，この需要の大半は中国からの粒の輸入により供給されているものと見られる。

　ダイカストと同様に電気・電子機器の筐体部品の製造に当てられるマグネ射出成形（チクソ成形）需要は，2002年には1 933 t と急増した。また，最近研究開発が活発に進められているマグネシウム展伸材の需要は，板幅30 cm 程度のコイル圧延機や箔圧延機の設置，さらには押出し技術の確立もあり，順調に需要量の増加を実現しつつあり，素材となるスラブやビレットの安定供給が

期待されている。2002年には，699 t の需要となった。

マグネシウムの供給は，日本国内では地金の製錬が行われていないことから，国内企業6〜7社が中国の製錬企業に資本投資による開発輸入を行い，全量輸入となっている。図1.2.4に国別の輸入推移を示す。

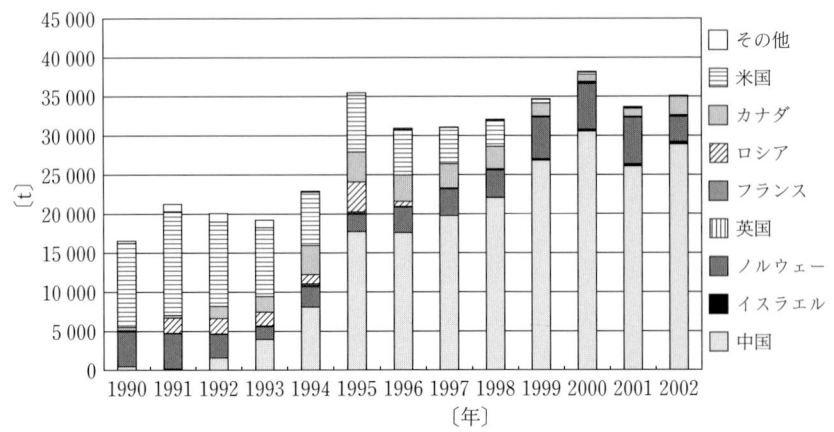

図1.2.4 マグネシウム地金の輸入推移

輸入量としては，1990年の16 517 t から2002年の35 106 t と2倍強の増加となった。これまでの推移を見ると5年ごとに輸入量が増減しており，2000年には最高記録の38 221 t を達成した。

1990年当時の輸入は，米国からの輸入が10 698 t と第1位で65％を占めていたが，中国の輸入量の増加とは反対に年々減少を続け，2002年には33 t となった。

輸入量の第1位を占める中国からの輸入は，総輸入量の80％強を占め，2002年には28 887 t となった。中国からの輸入はこれまでは純マグネシウムが主体であったが，ノルスクヒドロ社が1万 t 能力の合金工場を稼働したことから徐々にマグネシウム合金の輸入も増加する傾向にある。

第2位のノルウェーは合金製造の実績もあり輸入量3 218 t の大半がマグネシウム合金である。

第3位のカナダからの輸入地金は，中国の製錬法が熱還元法によることに対

して製錬法が異なり，電解法により大量生産されている特徴を有している．イスラエルについても電解法による製錬が行われており，量が少ないものの着実な増加を示している．

　マグネシウム地金以外の輸入としては，屑，粒・粉末，その他製品があり，粒・粉末の輸入は6 000 tを超す規模となっており，地金につぐ新たな供給源である．

第 2 章

マグネシウムの特性と種類

2.1 物性と変形特性

2.1.1 物理的性質

〔1〕 原子と結晶構造　　マグネシウムは,周期表の2族に属する原子番号12,原子量24.305の銀白色の金属である。密度は,20℃において1.738 g/cm^{3}と,代表的な軽量金属であるアルミニウムの密度2.699 g/cm^{3}の2/3以下であり,構造材料として工業的に使用されている金属中で最軽量の材料である（**表2.1.1**参照[1]†）。

表2.1.1　おもな金属の原子量と密度（293〜298 K）[1]

原子番号	金属名		原子量	密度〔g/cm^3〕
3	リチウム	Li	6.94	0.53
4	ベリリウム	Be	9.01	1.85
12	マグネシウム	Mg	24.31	1.74
13	アルミニウム	Al	26.98	2.70
22	チタン	Ti	47.87	4.54
24	クロム	Cr	52.00	7.20
26	鉄	Fe	55.85	7.87
28	ニッケル	Ni	58.69	8.90
29	銅	Cu	63.55	8.96
30	亜鉛	Zn	65.41	7.13
40	ジルコニウム	Zr	91.22	6.51
42	モリブデン	Mo	95.94	10.22
47	銀	Ag	107.87	10.50
82	鉛	Pb	207.20	11.35

† 肩付番号は巻末の引用・参考文献番号を示す。

その結晶構造は，最密六方格子であり，一般に，最密六方格子の結晶構造を有する金属材料は，体心立方格子や面心立方格子の結晶構造を有する金属材料に比べて，すべり系が少ないため，常温での塑性変形が難しい。

ただし，超軽量合金として研究されているマグネシウム・リチウム合金については，6 mass%以上のリチウムの添加で体心立方晶が晶出するようになり，塑性加工性が大幅に改善されている[2]。なお，最密六方格子の結晶構造を有する金属材料としては，ほかに亜鉛，チタン，ジルコニウム等がある。

〔2〕 **熱 的 性 質**

（1）融点と蒸気圧　純マグネシウムの融点と1気圧での沸点を，代表的な金属材料とともに示したのが**表2.1.2**[3]である。マグネシウムの融点である923 K は構造用金属材料としては低いが，ほぼ純アルミニウムの933 K と同程度である。マグネシウムの低い融点は，金型を使用するダイカストプロセスを容易にしている。一方，マグネシウムの沸点はアルミニウムに比べて非常に低く，融点との差はアルミニウムに比べて非常に小さい。

つぎにマグネシウム蒸気圧を示す。温度 T 〔K〕での蒸気圧 P 〔mmHg〕は，常温から融点までは

表2.1.2　おもな金属の融点と沸点[3]

金属名	融点〔K〕	沸点〔K〕
リチウム	454	1 606
ベリリウム	1 560	2 745
マグネシウム	923	1 368
アルミニウム	933	2 793
チタン	1 939	3 562
クロム	2 130	2 955
鉄	1 809	3 136
ニッケル	1 728	3 163
銅	1 358	2 844
亜鉛	693	1 180
ジルコニウム	2 125	4 634
モリブデン	2 896	4 955
銀	1 235	2 435
鉛	601	2 023

表2.1.3　マグネシウムの蒸気圧[4]

温度〔℃〕	温度〔K〕	蒸気圧〔mmHg〕
20	293	5.6×10^{-18}
100	373	2.3×10^{-12}
200	473	4.8×10^{-8}
300	573	3.0×10^{-5}
327	600	1.2×10^{-4}
400	673	2.7×10^{-3}
500	773	7.5×10^{-2}
600	873	9.6×10^{-1}
650	923	2.8
700	973	6.6
727	1 000	10
800	1 073	3.0×10
900	1 173	1.1×10^2
1 000	1 273	3.0×10^2
1 100	1 373	7.4×10^2

融点：923 K

$$\log P = -7\,780\,T^{-1} - 0.855 \log T + 11.41$$

融点から沸点までは

$$\log P = -7\,550\,T^{-1} - 1.41 \log T + 12.79$$

であることが報告されている[4]。これら式から算出された蒸気圧が**表2.1.3**である。特徴は融点前後の比較的低い温度においても高い蒸気圧である。高い蒸気圧と低い沸点は,いったんマグネシウムの燃焼が始まった際には,燃焼によって発生した熱によるマグネシウムの沸騰による急激な燃焼を引き起こす。

(2) 熱膨張係数　　純マグネシウムの熱膨張係数の変化を**表2.1.4**に示す。熱膨張係数は293〜773 Kの範囲で,しだいに増加する傾向はあるものの,比較的安定している[5]。純マグネシウム以外の合金の熱膨張係数についても,リチウムを多く添加した合金が大きい〔LA 141 (Mg-Li (14 mass%)-Al (1〜1.5 mass%)):37.8×10^{-6}/K,LA 91 (Mg-Li (9 mass%)-Al (1〜1.5 mass%)):32.4×10^{-6}/K〕ことを除くと,ほとんどの場合,純マグネシウムのそれとほぼ同程度であることが報告されている[6]。

表2.1.4 純マグネシウムの熱膨張率[5]

温度域〔K〕	熱膨張係数
293〜373	26×10^{-6}/K
293〜473	27×10^{-6}/K
293〜573	28×10^{-6}/K
293〜673	29×10^{-6}/K
293〜773	30×10^{-6}/K

(3) 比熱,熱伝導率　　**表2.1.5**にマグネシウムの熱伝導率の温度依存性を各種金属と比較した結果を示す。高熱伝導率材料である銀,銅,ベリリウムおよびアルミニウムと比較すると低いが,鉄の2倍程度の熱伝導率を示し,173 Kから573 Kまで比較的安定している[7]。

マグネシウムの比熱の温度依存性を**表2.1.6**[8]に示す。温度上昇に伴い,比熱は増加する傾向がある。マグネシウムおよびその合金の塑性加工は,高温鍛造で行われることが多く,加工過程における被加工材の温度変化は加工プロセスに影響を与えるが,比熱と熱伝導率はそれらに影響を及ぼす特性である。

2.1 物性と変形特性

表2.1.5 各種金属の熱伝導率 k [7]

物質	k [W/(m·K)]			
	173 K	273 K	373 K	573 K
ベリリウム	367	218	168	129
マグネシウム	160	157	154	150
アルミニウム	241	236	240	233
鉄	99	83.5	72	56
ニッケル	113	94	83	67
銅	420	403	395	381
亜鉛	117	117	112	104
モリブデン	145	139	135	127
銀	432	428	422	407
鉛	37	36	34	32

表2.1.6 純マグネシウムの比熱の温度依存性[8]

温度 [K]	比熱 [J/(kg·K)]
293	1 025
373	1 067
473	1 113
573	1 155
673	1 197
773	1 238
923	1 360

いろいろなマグネシウム合金の常温における熱的性質を**表2.1.7**に示す[6]。添加物の種類や量によって,融点と熱伝導率は異なるが,比熱はリチウム合金を除いてあまり影響されない。さらに,熱伝導率は添加物の種類や量だけではなく,熱処理条件による材料の微細構造の差異にも影響される。

表2.1.7 各種マグネシウム合金の熱的性質[6]

合金名	成分(重量)	質別	比重(常温)	融点 [K] 固相点	融点 [K] 液相点	熱伝導率 (293 K) [W/(m·K)]	比熱 (293 K) [kJ/(kg·K)]
純Mg	Mg	F	1.74	923	923	167	1.05
AZ31B,C	Mg-Al(3 %)-Zn(1 %)-Mn	F	1.78	848	903	75	1.05
AZ61A	Mg-Al(6 %)-Zn(1 %)-Mn	F	1.8	783	883	79	1.00
AZ80A	Mg-Al(8 %)-Zn(<1 %)-Mn	F	1.81	748	873	84	1.00
AZ80A	Mg-Al(8 %)-Zn(<1 %)-Mn	T 5	1.81	748	873	63	1.00
AZ91A	Mg-Al(9 %)-Zn(1 %)-Mn	F	1.83	743	868	75	1.00
AZ91C	Mg-Al(9 %)-Zn(1 %)-Mn	T 4	1.83	743	868	54	1.00
AZ91C	Mg-Al(9 %)-Zn(1 %)-Mn	T 6	1.83	743	868	—	1.00
ZK60A	Mg-Zn(6 %)-Zr(<1 %)	F	1.83	803	903	117	1.00
ZK60A	Mg-Zn(6 %)-Zr(<1 %)	T 5	1.83	803	903	121	1.00
ZK60A	Mg-Zn(6 %)-Zr(<1 %)	T 6	1.83	803	903	117	1.05
QE22	Mg-Ag(3 %)-RE(2 %)-Zr(1 %)	T 6	1.81	823	913	113	—
LA141	Mg-Li(14 %)-Al(1 %)	—	1.35	—	—	—	1.46
LA91	Mg-Li(9 %)-Al(1 %)	—	1.45	—	—	54	1.26

F:製出のまま　O:焼なまし材　T:熱処理材
T 4:溶体化処理し,常温時効を完了したもの
T 5:製造後溶体化処理せず,焼戻し時効硬化処理したもの
T 6:溶体化処理後,焼戻し時効硬化処理したもの

〔3〕 **機械的性質**　いくつかのマグネシウム合金とほかの金属材料の常温での機械的性質の例を，**表2.1.8**に示す[9]。マグネシウムは構造用金属材料としては，比重が非常に小さいため比強度が大きいこと，および常温における引張試験における破断伸びが小さいことが特徴的な性質である。また，硬さは鉄鋼はもちろんアルミニウムに比べて低い。

表2.1.9に各種金属材料のヤング率を示す。材料のおもな構成元素によってヤング率はほぼ決まり，マグネシウム系材料のヤング率は，アルミニウム系材料の約2/3である。なお，マグネシウムの比重がアルミニウムの約2/3であることから，比重で正規化したヤング率はアルミニウムと同等程度となる[10]~[12]。

表2.1.8　マグネシウム合金とほかの金属材料の常温での機械的性質[9]

合　金		比重	引張強さ〔MPa〕	0.2％耐力〔MPa〕	伸び〔％〕	硬さ〔HB〕	比強度〔MPa〕
マグネシウム合金	圧延材（AZ 31 C-F）	1.78	255	200	12	73	143
	押出し材（AZ 80 A-F）	1.8	345	250	6	72	192
	鋳物（AZ 92-T 6）	1.82	275	150	3	81	151
アルミニウム合金	圧延材（5052）	2.67	290	250	14	85	109
	押出し材（2017）	2.79	430	280	22	105	154
	鋳物（AC 6 A-T 6）	2.77	290	230	4	85	105
鉄鋼	ステンレス鋼	8.02	1 220	1 080	15	350	152
	炭素鋼	7.86	630	430	22	175	80
	鋳鋼	7.84	630	420	25	185	80

比強度：引張強さ/比重

表2.1.9　ヤング率の比較[10]~[12]

材　料	ヤング率〔GPa〕
純マグネシウム	45
Mg 合金（AZ 91 D）	45
Mg 合金（AM 60 B）	45
Mg 合金（AZ 31）	45
純アルミニウム	69
Al 合金（7075）	71
Al 合金（5052）	70
チタン	106
Ti 合金（Ti 6 Al 4 V）	113
銅	117
鉄	192

表2.1.10,2.1.11に市販されている各種マグネシウム合金の常温強度特性を示す[10]。表2.1.10は鋳造材（ダイカスト材を含む），表2.1.11は展伸材の特性である。加工による組織制御の効果がある展伸材の方が，高い強度と耐力を示している。一般に，報告されているマグネシウム合金の材料特性にはわずかな差がある場合が多いが，そのおもな原因は，マグネシウムの強度特性が，加工熱処理履歴や凝固速度等によって変わる金属間化合物析出物の性状や結晶

表2.1.10 マグネシウム合金鋳造材の組成と常温強度特性[10]

種類 ASTM	標準化学組成 〔mass %〕	質別	引張強さ 〔MPa〕	耐力 〔MPa〕	伸び 〔%〕
AM60B*	Al 6.0, Mn 0.13 (Cu<100 ppm, Ni<20 ppm, Fe<50 ppm)	F	220	130	8
AM50A*	Al 5.0, Mn 0.13 (Cu<100 ppm, Ni<20 ppm, Fe<40 ppm)	F	210	125	10
AZ63A	Al 6.0, Zn 3.0, Mn 0.15	F T 4 T 5 T 6	180 240 180 240	70 70 80 110	4 7 2 3
AZ91C	Al 8.7, Zn 0.7, Mn 0.13	F	160	70	3
AZ91E	(AZ 91 E : Cu<150 ppm, Ni<10 ppm, Fe<50 ppm)	T 4 T 5 T 6	240 160 240	70 80 110	7 2 3
AZ91A* AZ91D*	Al 9.0, Zn 1.0, Mn 0.10 (AZ 91 D : Cu<300 ppm, Ni<20 ppm, Fe<50 ppm)	F	230	160	3
AS41B*	Al 4.3, Si 1.0, Mn 0.35 (Cu<200 ppm, Ni<20 ppm, Fe<35 ppm)	F	210	140	6
ZK61A	Zn 6.0, Zr 0.7	T 5 T 6	270 270	180 180	5 5
EZ33A	RE 3.3, Zn 2.7, Zr 0.6	T 5	140	100	2
ZE41A	Zn 4.2, RE 1.2, Zr 0.7	T 5	200	140	3
QE22A	Ag 2.5, RE 2.1, Zr 0.7	T 6	240	180	2
WE54A	Y 5.2, RE 3.0, Zr 0.7	T 6	250	172	2
WE43A	Y 4.0, RE 3.4, Zr 0.7	T 6	250	165	2

注） *はダイカスト用合金，その他は鋳造材
　　機械的性質は鋳物材では最低値，ダイカスト材では標準値
　　REは希土類元素
　　AM60B, AM50A, AZ91D, AZ91E, AS41B合金は，耐食性向上を目的として不純物Fe, Ni, Cuを極力少なくした合金

表 2.1.11 マグネシウム合金展伸材の組成と常温強度特性[10]

区分	種類 ASTM	標準化学組成 〔mass %〕	質別	引張強さ 〔MPa〕	耐力 〔MPa〕	伸び 〔%〕
圧延板材	AZ 31 C	Al 3.0, Zn 1.0, Mn 0.15	F	255	200	12
			H 14	260	200	4
継目無管	AZ 31 C	Al 3.0, Zn 1.0, Mn 0.15	H 112	230	140	6
	AZ 61 A	Al 6.4, Zn 1.0, Mn 0.28	H 112	260	150	6
押出し棒材	AZ 31 C	Al 3.0, Zn 1.0, Mn 0.15	H 112	230	140	6
	AZ 61 A	Al 6.4, Zn 1.0, Mn 0.28	H 112	260	150	6
	AZ 80 A	Al 8.4, Zn 0.6, Mn 0.25	H 112	280	190	5
	ZK 60 A	Zn 5.5, Zr 0.6	H 112	300	210	5
			T 5	310	230	5
押出し形材	AZ 31 C	Al 3.0, Zn 1.0, Mn 0.15	H 112	230	140	6
	AZ 61 A	Al 6.4, Zn 1.0, Mn 0.28	H 112	260	150	6
	AZ 80 A	Al 8.4, Zn 0.6, Mn 0.25	H 112	280	190	5
	ZK 60 A	Zn 5.5, Zr 0.6	H 112	300	210	5
			T 5	310	230	5

F：製出のまま　　O：焼なましたもの
H 14：加工硬化だけのもので，引張強さが焼なまし材の引張強さと通常の加工硬化
　　　で得られる最大強さの中間のもの
H 112：加工硬化だけのもので，引張強さが焼なまし材よりやや高い程度のもの
T 5：製造後溶体化処理せず，焼戻し時効硬化処理したもの

粒径等の材料の微構造に強く影響されるためである。結晶粒径の効果としては，マグネシウムの強度 σ_y は，ホールペッチの法則

$$\sigma_y = \sigma_0 + k \cdot d^{-1/2} \quad (\sigma_y：降伏応力，d：結晶粒径)$$

に従い，結晶粒径の微細化によって顕著に高強度化し，しかも，粒径の影響はアルミニウムや鉄に比べて大きいことが知られている。

2.1.2 化学的性質

〔1〕**耐腐食性**　マグネシウムは電気化学的に卑な金属であり，表 2.1.12[13]に示すように低い標準電極電位を示す。マグネシウムより標準電極電位が低い金属としては，リチウム，カリウム，ルビジウム，バリウム，ストロンチウム，カルシウム，ナトリウムがあるが，構造材料として使われる金属としては，マグネシウムが最も卑な金属である。

表 2.1.12　いろいろな物質の標準電極電位[13]

物質名	電子授受平衡	標準電極電位 [V]
リチウム	$Li^+ + e^- = Li$	-3.05
カリウム	$K^+ + e^- = K$	-2.93
バリウム	$Ba^{2+} + 2e^- = Ba$	-2.92
ストロンチウム	$Sr^{2+} + 2e^- = Sr$	-2.89
カルシウム	$Ca^{2+} + 2e^- = Ca$	-2.84
ナトリウム	$Na^+ + e^- = Na$	-2.71
マグネシウム	$Mg^{2+} + 2e^- = Mg$	-2.36
ベリリウム	$Be^{2+} + 2e^- = Be$	-1.97
アルミニウム	$Al^{3+} + 3e^- = Al$	-1.68
ウラニウム	$U^{3+} + 3e^- = U$	-1.66
チタン	$Ti^{2+} + 2e^- = Ti$	-1.63
ジルコニウム	$Zr^{4+} + 4e^- = Zr$	-1.55
マンガン	$Mn^{2+} + 2e^- = Mn$	-1.18
亜鉛	$Zn^{2+} + 2e^- = Zn$	-0.76
クロム	$Cr^{3+} + 3e^- = Cr$	-0.74
鉄	$Fe^{2+} + 2e^- = Fe$	-0.44
カドミウム	$Cd^{2+} + 2e^- = Cd$	-0.40
コバルト	$Co^{2+} + 2e^- = Co$	-0.28
ニッケル	$Ni^{2+} + 2e^- = Ni$	-0.26
モリブデン	$Mo^{3+} + 3e^- = Mo$	-0.20
スズ	$Sn^{2+} + 2e^- = Sn$	-0.14
鉛	$Pb^{2+} + 2e^- = Pb$	-0.13
水素	$2H^+ + 2e^- = H_2$	0.00 (基準)
銅	$Cu^{2+} + 2e^- = Cu$	0.34
鉄	$Fe^{3+} + e^- = Fe^{2+}$	0.77
銀	$Ag^+ + e^- = Ag$	0.80
水銀	$Hg^{2+} + 2e^- = Hg$	0.85
パラジウム	$Pd^{2+} + 2e^- = Pd$	0.92
白金	$Pt^{2+} + 2e^- = Pt$	1.19
金	$Au^+ + e^- = Au$	1.83

標準電極電位 [V]：298 K，pH＝0 の水溶液中，標準水素電極基準

したがって，マグネシウム系材料をほかの金属材料と接触させて使用すると，マグネシウム側が先に腐食する。その対策としては，ゴムやプラスチック等の絶縁体を2種類の金属の間に挟み込み，マグネシウムからほかの金属に電子が供給されるのを防止する方法がある。

この電気化学的性質を利用したのが，流電陽極方式防食用の陽極（アノード）である。マグネシウムをほかの金属と電気的に接合させ，マグネシウム自

らは犠牲金属として腐食しながら接合した金属へ電子を供給し，その金属の腐食を防止する。防食対象のおもなものは，地下に埋設された石油パイプラインやタンク，船舶外板，水中施設等である。また，電気化学的に卑であることを利用して，マグネシウムはチタン，ジルコニウム等の精錬プロセスにおいて，それぞれの化合物の還元に欠くことのできない材料として使用されている。

一方，高純度マグネシウムについては，大気中での耐食性は悪くないことが報告され，マグネシウム製品の耐食性を向上させるためのコーティング層としての利用を目指して，マグネシウムの高い蒸気圧を利用したコーティングプロセスが研究されている[14]。

〔2〕 **耐食性に及ぼす各種元素の影響** マグネシウムおよびその合金の耐食性は，添加元素や不純物の含有量に大きく影響される。特に，鉄，ニッケル，銅については，数10 ppmという極小量が含まれているだけで，食塩水に対する耐食性を著しく悪化させる（**図2.1.1**参照[15]）。そのため，一般的な構造材料として市販されているマグネシウム合金については，それらの含有量の抑制に注意が払われている。なお，不純物としての鉄については，マンガンを少量加えることで鉄の耐食性劣化効果を抑制できることから，多くの市販合金にはマンガンの添加が行われている。

例えば，最も多く使用されているマグネシウム合金であるAZ 91合金（Mg-9%Al-1%Zn）の場合，鉄含有量を50 ppm以下におさえたものを，AZ 91

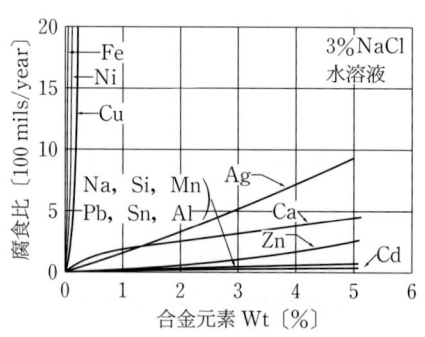

図2.1.1 純マグネシウムの食塩水中での耐食性に及ぼす不純物元素の含有量の影響[15]

D, AZ 91 E として，それより鉄含有量の制限が緩やかな AZ 91 系材料（例えば AZ 91 A, B, C）と区別している。また，耐食性を悪化させないためには，鉄含有量をマンガン添加量の 3.2％以下に管理することが必要とされている。（表 2.1.10，表 2.1.11 参照）

〔3〕 **耐薬品性** マグネシウムは，塩素イオン，酸，塩類等の存在する雰囲気では耐食性が悪いが，大部分のアルカリおよび多くの有機化合物に対する耐食性は良い。**表 2.1.13**[16]にこれまでに報告されている耐食性のデータを示す。

表 2.1.13 各種の化学物質に対する純マグネシウムの耐食性[16]

物質名	濃度	耐食性	物質名	濃度	耐食性
石油製品	100	○	塩酸	A	×
炭酸水	A	×	動物性オイル	A	○
トリクロルエチレン	100	○	植物性オイル	100	○
トルエン	100	○	海水	100	×
水（蒸留水）	100	○	過酸化水素	A	×
水（沸騰水）	100	×	グリセリン	100	○
水（蒸気）	100	×	酢酸	A	×
アセトン	A	○	硝酸	A	×
アルコール類	100	○	水酸化カリウム	A	○
アンモニア	100	○	水酸化カルシウム	100	○
塩化ナトリウム	A	×	水酸化ナトリウム	A	○

（耐食性 ○：良い，×：悪い，濃度 数字：％，A：わずか）

2.1.3 塑性変形特性

〔1〕 **すべり変形** すべり変形とは，結晶がある特定の面に沿ってその両側の部分が一体となってすべることによって生じる変形であり，変形後も原子の配列模様は変化せずに同じ結晶構造を保つ。塑性変形は主としてこのようなすべり変形によって生じる。

さて，マグネシウムの結晶構造は**図 2.1.2** のような最密六方格子である。最密六方晶の中で原子が最も密に並んでいる面は（0001）であり，基底面あるいは底面と呼ばれる。このような面は最密六方晶の中では 1 種類しかない。例えば面心立方晶では，(111), ($\bar{1}$11), (1$\bar{1}$1), (11$\bar{1}$) のような，結晶学的に等価

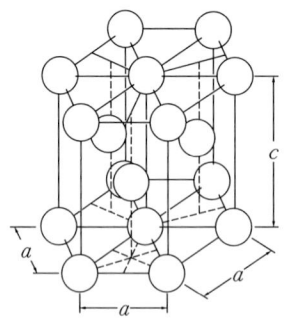

図 2.1.2　最密六方晶の単位胞

な数種類の面を考えることができるが，最密六方晶ではそれができない．すべり変形におけるすべり面は，一般に最も密に原子が存在する面であり，六方晶の場合，底面がそれに当たる．

理想的に積み重なった最密六方晶では，高さ c と底面での原子間距離 a との比は，結晶中に二つの正四面体を考えると，$c/a = 2\sqrt{2}/\sqrt{3} = 1.633$ である．しかし，実在の六方晶金属の軸比 c/a はこの値からはずれているのが普通であり，c/a の値によって活動しやすいすべり系の種類が異なる．一般に，融点の低い亜鉛やカドミウムでは c/a が理想値よりも大きく，融点の高いチタン，ベリリウム，ジルコニウムなどでは小さい．マグネシウムの軸比 c/a は 1.624 と理想値に近いが，融点は 923 K と比較的低く，融点の低いグループに属する[17]．

融点の低い亜鉛，カドミウム，マグネシウムなどの六方晶金属は，すべりはおもに (0001)⟨11$\bar{2}$0⟩ のすべり系で起こる．これを底面すべりと呼ぶ．底面すべりに対する臨界せん断応力値はこれらの金属では低く，面心立方晶金属のそれとほぼ同等である．マグネシウムの底面すべりに対する常温での臨界せん断応力は，0.6～0.7 MPa である[18]．しかし，上述のように (0001) 面は六方晶中には 1 種類しか存在しない．したがって，変形させる際の外力の方向が (0001) 面に垂直か平行であると，底面すべりに働くせん断応力は 0 となり，このすべり系によるすべり変形は生じない．

マグネシウムの場合，上記の底面すべり以外には，図 2.1.3 に示すように，

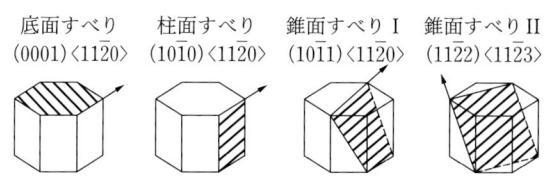

底面すべり　　柱面すべり　　錐面すべりⅠ　錐面すべりⅡ
$(0001)\langle11\bar{2}0\rangle$　$(10\bar{1}0)\langle11\bar{2}0\rangle$　$(10\bar{1}1)\langle11\bar{2}0\rangle$　$(11\bar{2}2)\langle11\bar{2}3\rangle$

図 2.1.3　マグネシウムのすべり系

六方晶の柱面である $(10\bar{1}0)$ 面，錐面である $(10\bar{1}1)$ 面でのいずれも $\langle11\bar{2}0\rangle$ 方向へのすべり，および二次錐面と呼ばれる $(11\bar{2}2)$ 面での $\langle11\bar{2}3\rangle$ 方向へのすべりがある。これらをあわせて非底面すべりと呼ぶ。非底面すべりの臨界せん断応力は，室温では 40 MPa を超え，底面すべりの 100 倍近い大きな値を示す。したがって，常温では活動するすべり系が底面すべりに限られ，すべり系の数が極端に少ない。

　以上のような理由から，マグネシウムの常温における塑性加工は非常に困難である。しかし，非底面すべりの臨界せん断応力は顕著な温度依存性を持つ。**図 2.1.4** は，底面および非底面すべりの臨界せん断応力と温度との関係である[18), 19)]。底面すべりの臨界せん断応力は温度によらずほぼ一定であるのに対し，非底面すべりのそれは温度上昇とともに顕著に低下し，臨界せん断応力の差が小さくなる。したがって，高温では非底面すべりの活動が容易になり，すべり系の数が増大し，大きな塑性変形が可能になる。

　以上は，純マグネシウムについて述べたものであるが，マグネシウム合金の場合も一般に最密六方型結晶構造であり，同様である。ただし，Li との合金

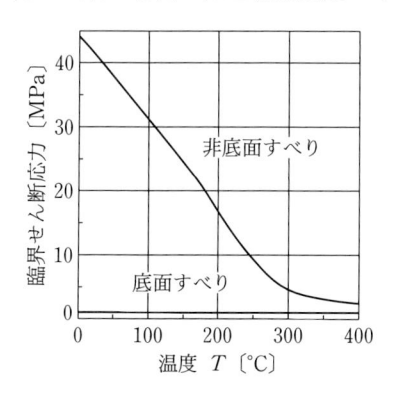

図 2.1.4　底面すべりと非底面すべりの臨界せん断応力の温度依存性

の場合は，その含有量によって後述のように体心立方晶との二相あるいは体心立方晶単相の組織となるため，上記の記述はあてはまらない。

〔2〕**双晶変形**　　すべり変形と双晶変形の模式図を**図 2.1.5**に示す。すべり変形では，前述のように，結晶構造もその単位胞の軸の方位も変化せずに，すべり面で原子間隔の整数倍だけすべる。その変位量 x は一定である。それに対し，図（b）のように上半分のすべり変位量 x が境界面からの距離 h に比例して変化する場合を，双晶変形という。その結果，双晶変形で生じた結晶構造は，非変形側の結晶に対して鏡像の関係になる。境界の結晶面を双晶面，双晶面に垂直な軸を双晶軸という。面心立方では，双晶面は $\{111\}$，原子の移動方向は $\langle 112 \rangle$ であり，体心立方ではそれぞれ $\{112\}$，$\langle 111 \rangle$，最密六方では $\{10\bar{1}2\}$，$\langle 10\bar{1}\bar{1} \rangle$ などとなっている[20]。

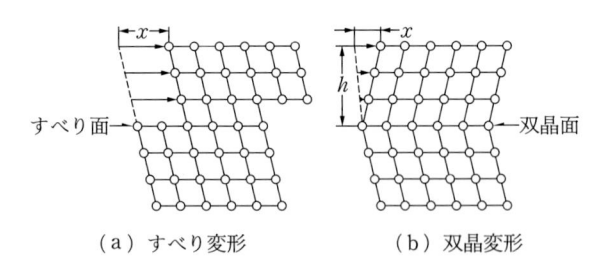

図 2.1.5　すべりおよび双晶変形の模式図

双晶ができる場合は，一般に鋭いパキパキという音が発生し，変形が急激に起こることを示す。

双晶変形の向きは双晶のモードごとに一方向に定まり，双晶のモードと軸比によって，c 軸方向に伸び，c 軸に垂直な方向に縮む引張型と，その反対の圧縮型がある。同一の双晶系でも，軸比によって引張型になる場合と圧縮型になる場合がある。

マグネシウムで最も観察される双晶は，ほかの六方晶金属と同様，$\{10\bar{1}2\}$ $\langle 10\bar{1}\bar{1} \rangle$ 双晶である。この双晶の臨界せん断応力は 3 MPa 程度である[18]。また，この双晶は引張型であるので，c 軸が圧縮される変形条件では形成されない。したがって，マグネシウム単結晶を c 軸方向に圧縮すると，この双晶が

形成されないばかりではなく，前述のように底面すべりに対する分解せん断応力も0となり，底面すべりも生じない。このような条件下で，ほかの双晶が明らかにされた。表2.1.14に純マグネシウムで報告されている双晶を示す[19), 21)]。なお，gは双晶によってつくられるせん断ひずみの大きさである。

表2.1.14 純マグネシウムの双晶

双晶方向と双晶面	g	c軸方向の変形
$\langle 10\bar{1}\bar{1}\rangle \{10\bar{1}2\}$	0.118	引張
$\langle 10\bar{1}2\rangle \{10\bar{1}1\}$	0.147	圧縮
$\langle 30\bar{3}2\rangle \{10\bar{1}3\}$		
$\langle \bar{1}\bar{1}26\rangle \{11\bar{2}1\}$	0.612	引張
$\langle 20\bar{2}3\rangle \{30\bar{3}4\}$		

表2.1.14に示されるように，双晶の場合，変形に寄与するひずみは大きくない。一般に塑性変形ではすべり変形が主であるが，すべり系の少ない最密六方晶では双晶変形も無視できない。なぜなら，双晶変形そのものだけではなく，双晶が形成されると結晶の向きが変わるため，それぞれのすべり系に作用する分解せん断応力も変化し，つぎの容易なすべり変形を誘起するなどの影響を与える可能性があるからである。

〔3〕 合金元素と塑性変形能

Mg-Al-Zn系合金

図2.1.6にマグネシウム合金の引張特性に及ぼすアルミニウムおよび亜鉛添加量の効果を示す[22)]。いずれも強度は添加量とともに増大するが，延性は添加量が3％程度で極大値に達する。アルミニウムおよび亜鉛はマグネシウム合金にこのような効果を与える典型的な添加元素である[23)]。ほかにもこのような効果を与える元素はあるものの，実用マグネシウム合金としてはAl-Zn系，すなわちAZ系が代表的な合金である。図2.1.6からもわかるように，9％合金は強度に優れるので主として鋳造用として，3％合金は延性に優れるので展伸材として，6％合金はその中間的な用いられ方をする。また，3％合金だけが板の状態で応力腐食割れを起こさないため，AZ31が代表的な圧延板材となっている。

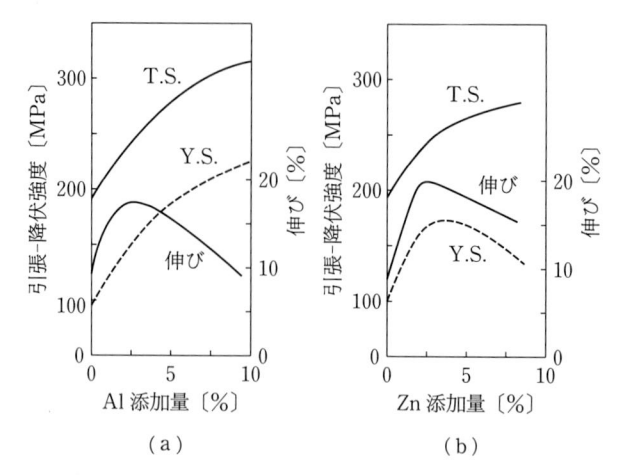

図 2.1.6　引張特性に及ぼすアルミニウムおよび亜鉛添加量の効果

Mg-Zr-Zn 系合金

　マグネシウム合金は結晶粒が粗大化しやすい欠点があるが，ジルコニウムを添加すると冷却速度が遅くても粗大化が防止される。しかし，ジルコニウムを添加した合金にはさらに微粒化を助ける添加元素が必要で，その代表的なものが亜鉛である。ほかに，カドミウム，セリウム，カルシウムなどがある。逆に，微粒化を阻害する元素としては，アルミニウム，シリコン，マンガンなどが挙げられる[24]。これらは，ジルコニウムの溶解度を減少させるか，ジルコニウムと化合物をつくってジルコニウムの固溶を阻害する。亜鉛とジルコニウムの含有量によって ZK 51，ZK 61 などと呼ばれ，鋳造用のみならず加工用合金（押出し材）として使われている。

Mg-Li 系合金

　マグネシウム合金は一般に最密六方晶であるため塑性加工性が悪いということを先に述べた。しかし，リチウムとの合金の場合，様子がまったく異なってくる。リチウムを添加することにより，加工性の良い体心立方構造の相が出現する。Mg-Li 合金は，図 2.1.7 のように，リチウム含有量が 5.7〜11 mass%では体心立方晶との二相，11％以上では体心立方晶単相の組織となり，室温での塑性変形性が向上する[25]。二相領域においては超塑性現象も見出されてい

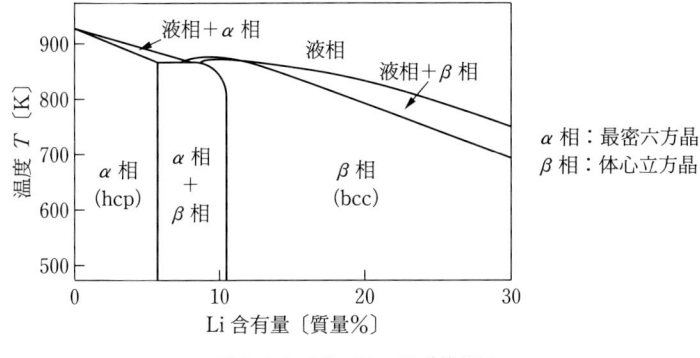

図 2.1.7 Mg-Li 二元系状態図

る[26]。また，最近の研究では圧延薄板のプレス成形性まで調べられている[27]。

2.1.4 クリープ変形特性

物体に一定温度のもとで一定応力あるいは一定荷重が作用するとき，ひずみが時間とともに増加する現象をクリープという。クリープ変形はおもに $0.5T_m$（T_m は絶対温度で表した融点。マグネシウムの場合，$0.5T_m$ は約 500 K）以上の高温で顕著であるが，室温でも起こる。

図 2.1.8 は，クリープ曲線の一般例を示す。初期ひずみと一次クリープひずみは短時間のうちに起こってしまうので，構造物に許された弾性変形量に準じて取り扱われることが多い。続いて，ひずみが時間とともにゆっくりとほぼ一定速度で増加する段階に入る。これを二次クリープあるいは定常クリープと呼び，この段階でのひずみ速度（クリープ速度）$\dot{\varepsilon}$ がクリープ変形特性の重要

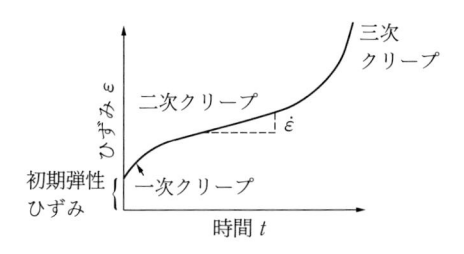

図 2.1.8 一般的なクリープ曲線

な指標となる。

一般に，定常クリープ速度 $\dot{\varepsilon}$ と応力 σ の間には

$$\dot{\varepsilon} = A\sigma^n \tag{2.1}$$

の関係が成り立ち，n は通常 3～8 の値をとる。低応力域では $n=1$ となるような異なる変形挙動（拡散クリープ）を示すが，ここでは通常の指数則クリープだけに話をとどめる。

指数則クリープでは，クリープ速度を拡散係数 D で式(2.2)のように無次元化して比較することができる。

$$\frac{\dot{\varepsilon}kT}{DGb} = A'\left(\frac{\sigma}{G}\right)^n \tag{2.2}$$

ここで，k はボルツマン定数，T は温度，G は剛性率，b はバーガースベクトルである。

図 2.1.9 に 600 K における Al-Mg 合金および Mg-Al 合金の無次元化クリープ速度を示す[28]。Mg-Al 合金の無次元化クリープ速度は Al-Mg 合金のそれよりも 2 桁程度低く，無次元化クリープ速度で比較する限り，Mg-Al 合金は

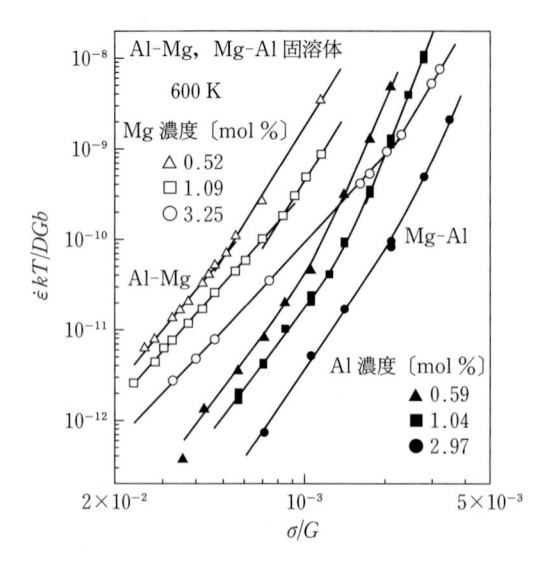

図 2.1.9　Mg-Al 系合金の無次元化したクリープ速度

Al-Mg 合金以上の優れたクリープ特性を持つことがわかる[29]。

2.1.5 その他の特性

〔1〕 減 衰 能　図 2.1.10 に各種の金属材料の強度と減衰係数を示す[30]。この減衰係数は材料に 0.2％永久ひずみを引き起こす引張応力の 1/10 のせん断応力振幅を用いて測定したものである。純マグネシウムおよびマグネシウム-ジルコニウム合金は，振動のエネルギーを熱として吸収・消散させる減衰能が高い。ただし，それ以外の Mg-Al-Zn 系等のマグネシウム合金は，大きな減衰能は示さない。一般に重い金属ほど減衰能は大きく，鋳鉄が減衰能の大きな材料として知られているが，純マグネシウムと Mg-Zr 合金は大きな減衰能を示す軽量材料として，貴重な材料である。

マグネシウムにおける高い減衰能のおもな原因は，転位によるヒステリシス

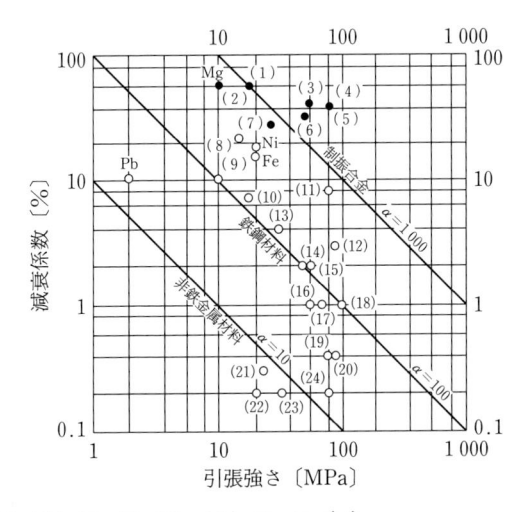

(1) Mg-Zr 合金　(2) Mg-Mg₂Ni　(3) Mn-Cu 合金
(4) Cu-Al-Ni 合金　(5) Cu-Zn-Al 合金　(6) TiNi　(7) Al-Zn 合金
(8) 高炭素片状黒鉛鋳鉄（オーステナイト地）　(9) 片状黒鉛鋳鉄（FC-10）
(10) Mg 合金（AZ 81 A）　(11) 12 Cr 鋼　(12) フェライト系ステンレス鋼　(13) 極軟鋼
(14) 可鍛鋳鉄（パーライト地）　(15) 球状黒鉛鋳鉄（パーライト地）　(16) 18-8 ステンレス鋼
(17) 0.45％C 鋼　(18) 0.95％C 鋼　(19) 0.65％C 鋼　(20) 0.80％C 鋼
(21) Al 合金（鋳造用）　(22) 青銅　(23) 黄銅　(24) Ti 合金

図 2.1.10　各種金属材料の減衰能[30]

型の振動減衰機構と考えられている。図 2.1.11 に示すように，結晶中における転位のすべりが格子欠陥によって抵抗を受け，いったん欠陥に固着した後，離脱し（a→b→c→d），ひずみ振幅が減少するときには，図(f)中の d→e のように非可逆的に平衡位置 O に戻っていき，この結果，応力-ひずみ曲線にヒステリシスが現れ，ヒステリシス曲線に囲まれた部分が振幅に依存する転位内部摩擦になる機構が考えられている。このタイプの特徴としては，減衰能が周波数には依存せず，キロヘルツ以下の実用周波数領域においても大きな減衰能を期待できるが，応力振幅には依存性を示すことである[31]。

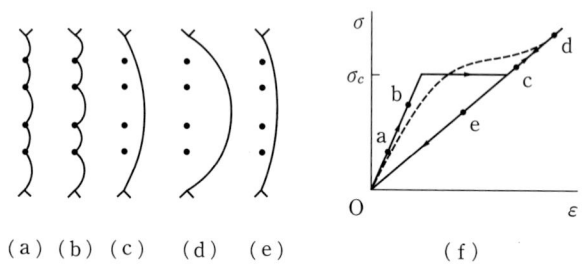

(a) (b) (c)　(d)　(e)　　　　(f)

図 2.1.11　転位の振動弦モデルと対応する応力-ひずみ曲線[31]

　大きな減衰能を生かす用途としては，チェーンソーや釘打ち機等のボディーがある。それらは工具振動の作業者への負担の軽減を目的とした用途である。また，自動車のエンジンからの騒音をマグネシウム製のエンジンカバーで吸収することも考えられる。

〔2〕**電磁シールド性**　マグネシウム合金は，広い周波数帯で高い電磁シールド性を示すことが知られている。そして，この特性と比強度が高いことを生かして，携帯電話やノートパソコン等のボディー材料として利用されている。なお，競合材料であるプラスチックの場合は，電磁シールド機能を発現させるためには，導電性付与のための金属質コーティングが必要である。

〔3〕**リサイクル性**　マグネシウムはアルミニウムと同じく，鉱石からの精錬に必要なエネルギーが大きく（電力原単位：約 10〜20 kWh/kg＝36〜72 MJ/kg），リサイクルに要するエネルギー（おもにスクラップの加熱と溶解に

要するエネルギー）はその数％程度と非常に小さい（**表2.1.15**参照[32]）。したがって，いったん市場に送り出されたマグネシウム製品をスクラップとして市場から回収し，成形し直して再使用するリサイクルをできるだけ多数回繰り返すことが，省エネルギーのためには不可欠である。

表2.1.15 リサイクルに際して溶解に必要なエネルギーの比較[32]

	マグネシウム	アルミニウム	鉄
融点〔K〕	923	933	1 809
融解潜熱〔kJ/kg〕	378	397	270
融解潜熱〔MJ/m³〕	658	1 071	2 122
比熱〔kJ/(kg・K)〕*	1.03	0.90	0.45
比熱〔MJ/(m³・K)〕*	1.78	2.44	3.55
単位重量当りの材料を常温からの融点まで加熱，溶解するのに必要なエネルギー〔kJ/kg〕	1 025	974	955
単位重量当りの材料を常温からの融点まで加熱，溶解するのに必要なエネルギー**	1.00	0.94	0.92
単位体積当りの材料を常温からの融点まで加熱，溶解するのに必要なエネルギー〔MJ/m³〕	1 783	2 630	7 498
単位体積当りの材料を常温からの融点まで加熱，溶解するのに必要なエネルギー**	1.00	1.45	4.14

＊　常温での値，エネルギーの計算では融点まで一定として計算
＊＊　マグネシウムを1として比率を表示

特に，マグネシウム合金の自動車等の輸送機器部材への利用が，車体の軽量化による燃費の向上を通じ，地球温暖化をもたらすCO_2排出量削減を目的として拡大していることを勘案すると，リサイクルはマグネシウム合金にとって本質的な課題である。

なお，2.1.2項で記述しているように，マグネシウムの耐食性は不純物の混入によって著しく影響を受ける。したがって，再生材の特性を劣化させずに多数回のリサイクルを実施するためには，不純物の影響の抑制が不可欠である。

精錬過程での不純物除去や成分調整による耐食性制御は，かなりの程度まで可能ではあるが，コストアップ要因であり，市場から回収されるマグネシウム製品スクラップに含まれる不純物の種類と量の管理は，非常に重要である。

マグネシウム系材料のスクラップの溶湯中からの不純物除去には，ほとんどの不純物より小さいマグネシウムの比重を利用し，相対的に重い不純物を沈降させて分離する手法等が使われている。なお，マグネシウムの酸化物 MgO，水酸化物 $Mg(OH)_2$，窒化物 Mg_3N_2 の密度はそれぞれ $3.6g/cm^3$，$2.4g/cm^3$，$2.7g/cm^3$ 程度であり，すべて純マグネシウムより重い。

〔4〕 **生体との関係** マグネシウムは健康維持のために必要な元素であり，人体に無害である。人体の主要な構成元素としては，水素 H，酸素 O，炭素 C，窒素 N，リン P，硫黄 S の 6 元素のほかに，体液や骨格中に含まれるナトリウム Na，カリウム K，カルシウム Ca，マグネシウム Mg，塩素 Cl の 5 元素が知られている。体重 70 kg の成人の場合，マグネシウムは身体に 20〜30 g 含まれている。マグネシウムは，カルシウムが心臓の細胞内に入り込んで血管を硬化させるのを防ぐ働きがあり，不足すると，心臓病の危険が高くなるだけでなく，高血圧の誘発や不整脈の発生にもつながると言われている。また，生体内の多種の酵素の働きに関与しているので，欠乏すると神経の興奮性が高まり，震えや筋肉のけいれんが起きることが報告されている。

〔5〕 **水素貯蔵材料** 水素貯蔵材料とは，金属原子や炭素原子の原子の間の極微すきまの中に高密度に水素原子を詰め込むことで，安全に水素を貯蔵・輸送できるようにした材料のことで，水素を貯蔵した材料を必要に応じて温めることで，水素を放出させることができる。自動車等に載せられる燃料電池等に用いた場合には，燃料としての水素を供給することができる。

純マグネシウムは，$LaNi_5$ 合金 1.4 mass％や Mg_2Ni 合金 3.6 mass％等のほかの水素吸蔵合金と比較して，約 2〜5 倍の 7.6 mass％という大きな水素吸蔵量を示す。そのため，質量当りでは高容量な純マグネシウム系水素貯蔵合金の開発が期待される。しかし，マグネシウムの貯蔵した水素の放出には約 600 K 以上への加熱が必要で，さらに吸蔵・放出の速度が遅いことも大きな欠点

とされている。前者の対策として，新合金や化合物の開発，後者については，粉末の微細化や触媒の開発等が検討されている。

〔6〕 **超伝導材料**　二ホウ化マグネシウム MgB_2 は 39 K という高い超伝導転移温度（電気抵抗が 0 となる温度）を持つ金属間化合物である。MgB_2 以外の超伝導体としては，銅酸化物 CuO を含んだ銅酸化物超伝導体と，銅酸化物以外の非銅酸化物超伝導体が知られている。多くの銅酸化物超伝導体の超伝導転移温度は 80 K 以上であり，非銅酸化物超伝導体には多くの種類があるが二ホウ化マグネシウム以外の金属間化合物の超伝導転移温度は最高で 23 K 程度である。

MgB_2 は，酸化物高温超伝導体に比べると超伝導転移温度は低いが，成形が容易で大きな電流を流せるという優れた特性を持っている。また，マグネシウムとホウ素は安価で入手が容易であり，MgB_2 が電線として利用されれば，低コストで高性能な優れた超伝導電線になることが期待される。

〔7〕 **そ の 他**　マグネシウムは，その弾性率の低さと強度の高さから，弾性変形によって蓄えられるひずみエネルギーが大きく，くぼみがつきにくいという性質を有している。

また，マグネシウム合金は 373 K で 100 時間保持しても，変形はほとんど見られず，寸法安定性に優れている。

2.2　合金の種類と機械的性質

2.2.1　展 伸 用 材 料

アルミニウムや銅などでは，純金属のほうが延性が高いので塑性変形が容易であるが，マグネシウムの結晶構造は最密六方格子であるため，むしろ合金化したほうが塑性変形しやすい。そのため展伸材にはすべて合金が用いられる。

表 2.2.1[1]に JIS と ASTM に規定されている実用合金の化学成分を示す。Mg-Al-Zn 系，Mg-Zn-Zr 系および Mg-Mn 系がおもな合金系で，そのほかに耐熱性を改善した Mg-Th 系，Mg-希土類元素（RE）系，結晶構造を体心

表 2.2.1 展伸用マグネ

規格名	規格番号	合金名	化学成					
			Al	Zn	Mn	Zr	RE	Th
JIS	H 4201 (板材)	MP 1	2.5〜3.5	0.50〜1.5	>0.20	—	—	—
		MP 4	—	0.75〜1.5	—	0.4〜0.8	—	—
		MP 5	—	2.5〜4.0	—	0.4〜0.8	—	—
		MP 7	1.5〜2.4	0.5〜1.5	—	—	—	—
	H 4202 (管)	MT 1	2.5〜3.5	0.50〜1.5	>0.20	—	—	—
		MT 2	5.5〜7.2	0.50〜1.5	0.15〜0.40	—	—	—
		MT 4	—	0.75〜1.5	—	0.4〜0.8	—	—
	H 4203 (棒)	MB 1	2.5〜3.5	0.50〜1.5	>0.20	—	—	—
		MB 2	5.5〜7.2	0.50〜1.5	0.15〜0.40	—	—	—
		MB 3	7.5〜9.2	0.20〜1.0	0.10〜0.40	—	—	—
		MB 4	—	0.75〜1.5	—	0.4〜0.8	—	—
		MB 5	—	2.5〜4.0	—	0.4〜0.8	—	—
		MB 6	—	4.8〜6.2	—	0.45〜0.8	—	—
	H 4204 (押出し材)	MS 1	2.5〜3.5	0.50〜1.5	>0.20	—	—	—
		MS 2	5.5〜7.2	0.50〜1.5	0.15〜0.40	—	—	—
		MS 3	7.5〜9.2	0.20〜1.0	0.10〜0.40	—	—	—
		MS 4	—	0.75〜1.5	—	0.4〜0.8	—	—
		MS 5	—	2.5〜4.0	—	0.4〜0.8	—	—
		MS 6	—	4.8〜6.2	—	0.45〜0.8	—	—
ASTM	B 90 (板材)	AZ31B	2.5〜3.5	0.7〜1.3	0.20〜0.35	—	—	—
		AZ31C	2.4〜3.6	0.50〜1.5	0.15〜0.35	—	—	—
		HK31A	—	<0.30	—	0.40〜1.0	—	2.5〜4.0
		HM21A	—	—	0.45〜1.1	—	—	1.5〜2.5
		ZE10A	—	1.0〜1.5	—	—	0.12〜0.22	—
		LA141A	1.0〜1.5	—	>0.15	—	—	—
	B 107 (押出し材)	AZ31B	2.5〜3.5	0.6〜1.4	0.20〜0.50	—	—	—
		AZ31C	2.4〜3.6	0.50〜1.5	0.15〜0.35	—	—	—
		AZ61A	5.8〜7.2	0.40〜1.5	0.15〜0.35	—	—	—
		AZ80A	7.8〜9.2	0.20〜0.8	0.12〜0.38	—	—	—
		M 1 A	—	—	1.2〜2.0	—	—	—
		ZK40A	—	3.5〜4.5	—	>0.45	—	—
		ZK60A	—	4.8〜6.2	—	>0.45	—	—
	B 91 (鍛造材)	AZ31B	2.5〜3.5	0.7〜1.3	0.20〜0.35	—	—	—
		AZ61A	5.8〜7.2	0.40〜1.5	0.15〜0.35	—	—	—
		AZ80A	7.8〜9.2	0.20〜0.8	0.12〜0.35	—	—	—
		HM21A	—	—	0.45〜1.1	—	—	1.5〜2.5
		ZK60A	—	4.8〜6.2	—	>0.45	—	—

2.2 合金の種類と機械的性質

シウム合金の化学成分

分〔%〕							対応 ISO 記号	ASTM 相当合金記号
Li	Fe	Si	Cu	Ni	Ca	Na	Mg	
—	<0.03	<0.1	<0.10	<0.005	<0.04	—	残 Mg-Al 3 Zn 1 Mn	AZ 31 B
—	—	—	<0.03	<0.005	—	—	残 Mg-Zn 1 Zr	
—	—	—	<0.03	<0.005	—	—	残 Mg-Zn 3 Zr	
—	<0.010	<0.1	<0.10	<0.005	—	—	残	
—	<0.03	<0.1	<0.10	<0.005	<0.04	—	残 Mg-Al 3 Zn 1 Mn	AZ 31 B
—	<0.03	<0.1	<0.10	<0.005	—	—	残 Mg-Al 6 Zn 1 Mn	AZ 61 A
—	—	—	<0.03	<0.005	—	—	残 Mg-Zn 1 Zr	
—	<0.03	<0.1	<0.10	<0.005	<0.04	—	残 Mg-Al 3 Zn 1 Mn	AZ 31 B
—	<0.03	<0.1	<0.10	<0.005	—	—	残 Mg-Al 6 Zn 1 Mn	AZ 61 A
—	<0.005	<0.1	<0.05	<0.005	—	—	残 Mg-Al 8 Zn	AZ 80 A
—	—	—	<0.03	<0.005	—	—	残 Mg-Zn 1 Zr	
—	—	—	<0.03	<0.005	—	—	残 Mg-Zn 3 Zr	
—	—	—	<0.03	<0.005	—	—	残 Mg-Zn 6 Zr	ZK 60 A
—	<0.03	<0.1	<0.10	<0.005	<0.04	—	残 Mg-Al 3 Zn 1 Mn	AZ 31 B
—	<0.03	<0.1	<0.10	<0.005	—	—	残 Mg-Al 6 Zn 1 Mn	AZ 61 A
—	<0.005	<0.1	<0.05	<0.005	—	—	残 Mg-Al 8 Zn	AZ 80 A
—	—	—	<0.03	<0.005	—	—	残 Mg-Zn 1 Zr	
—	—	—	<0.03	<0.005	—	—	残 Mg-Zn 3 Zr	
—	—	—	<0.03	<0.005	—	—	残 Mg-Zn 6 Zr	ZK 60 A
—	<0.005	<0.10	<0.04	<0.005	<0.04	—	残 Mg-Al 3 Zn 1 Mn	
—	—	<0.10	<0.10	<0.03	—	—	残 Mg-Al 3 Zn 1 Mn	
—	—	<0.1	<0.10	<0.01	—	—	残	
—	—	—	—	—	—	—	残	
—	—	—	—	—	—	—	残	
13.0~15.0	<0.005	<0.10	<0.04	0.05	—	<0.005	残	
—	<0.005	<0.10	<0.05	<0.005	<0.04	—	残 Mg-Al 3 Zn 1 Mn	
—	—	<0.10	<0.10	<0.03	—	—	残 Mg-Al 3 Zn 1 Mn	
—	<0.005	<0.10	<0.05	<0.005	—	—	残 Mg-Al 6 Zn 1 Mn	
—	<0.005	<0.10	<0.05	<0.005	—	—	残 Mg-Al 8 Zn	
—	—	<0.10	<0.05	<0.01	<0.30	—	残	
—	—	—	—	—	—	—	残	
—	—	—	—	—	—	—	残 Mg-Zn 6 Zr	
—	<0.005	<0.10	<0.04	<0.005	<0.04	—	残 Mg-Al 3 Zn 1 Mn	
—	<0.005	<0.10	<0.05	<0.005	—	—	残 Mg-Al 6 Zn 1 Mn	
—	<0.005	<0.10	<0.05	<0.005	—	—	残 Mg-Al 8 Zn	
—	—	—	—	—	—	—	残	
—	—	—	—	—	—	—	残 Mg-Zn 6 Zr	

表 2.2.2 展伸用マグネシウム合金の物理的性質

物理的性質	Mg	AZ 31 B	AZ 61 A	AZ 80 A	M 1 A	ZK 60 A	HK 31 A	HM 21 A	LA 141 A
密度 [Mg/m³]	1.74	1.78	1.81	1.80	1.77	1.83	1.79	1.78	1.35
凝固開始温度 [°C]	650	632	610	610	649	635	651	650	—
凝固終了温度 [°C]	650	566	490	490	648	520	589	605	—
着火温度 [°C]	—	581	559	542		499	627〜632		—
熱伝導率 [W/m·K]	154	76.9	80.0	F 47.3 T5 59.2	138.0	F 117 T5 121	H24 113 O 105	H24 134 O 138	80
熱膨張率 [×10⁻⁶/°C]	25.2	26.8	27.2	27.2	26.0	27.1	—	—	21.8
比熱 [kJ/kg·K]	1.03	1.04	1.05	0.98	1.05	1.10	—	—	1.449
電気抵抗 [nΩ·m]	44.5	92.0	125.0	F 156 T5 122	54	F 58 T5 57	61	51	152
弾性率 [GPa]	44.6	45	45	45	45	45	45	45	42
剛性率 [GPa]	16.5	17	17	17	17	17	17	17	—
ポアソン比	0.35	0.35	0.35	0.35	0.35	0.35	0.35	0.35	—
溶融潜熱 [kJ/kg]	368	339	373	280	373	318	327	343	—
再結晶温度 [°C]	—	204	288	343	260	—	—	—	—

立方格子に変化させ，塑性加工性を改善した Mg-Li 系合金がある。これらは鋳造用合金と類似しているが，加工性への配慮から，合金元素の添加量が少なくなっている。表 2.2.2 に物理的性質[1),2)]，表 2.2.3 に機械的性質[1)]を示す。

表 2.2.3 展伸用マグネシウム合金の常温における機械的性質

形状	合金名	調質	引張強さ〔MPa〕	引張耐力〔MPa〕	圧縮耐力〔MPa〕	せん断強さ〔MPa〕	伸び〔%〕	ブリネル硬さ
板材	AZ31B	H 24	288	220	178	—	15	73
	M 1 A	H 24	240	178	—	—	7	54
	HK31A	T 6	254	144	123	—	14	—
	HM21XA	T 8	233	172	103	—	10	—
	LA141A	F	144	123	—	—	23	—
押出し材	AZ31B	F	261	199	96	130	15	49
	AZ61A	F	309	226	130	137	16	60
	AZ80A	F	336	247	—	151	11	67
	AZ80A	T 5	377	274	241	165	7	80
	M 1 A	F	254	178	82	123	12	44
	ZK60A	F	336	261	226	185	14	75
	ZK60A	T 5	364	302	247	178	11	82
鍛造材	AZ31B	F	261	172	—	130	15	50
	AZ61A	F	295	178	123	144	12	55
	AZ80A	F	329	226	172	151	11	69
	AZ80A	T 5	343	247	192	158	6	72
	HM21XA	T 5	226	137	—	—	15	—
	ZK60A	T 5	302	213	158	165	16	65
	M 1 A	F	218	158	—	110	7	47

〔1〕 **Mg-Al-Zn系合金** マグネシウムにアルミニウムや亜鉛を単独に，あるいは両元素をともに添加すると機械的性質が向上し，加工性も良くなる。図 2.2.1 に圧延材の機械的性質とアルミニウム，亜鉛添加量の関係[2),3)]を示す。両元素とも添加量が多いほど引張強さが向上する。しかし，伸びは約3％の添加量で最大値を示し，延性が低下する。これは鋳塊組織に第二相（アルミニウム添加合金では $Mg_{17}Al_{12}$，亜鉛添加合金では $MgZn$）が晶出するためであり，加工性を重視する AZ 31 B でのアルミニウムの添加量は，この関係から定められている。

また，板材でアルミニウム量の多い合金が用いられないのは，加工性が悪いことのほかに，3％以上のアルミニウムを添加すると，応力腐食割れを起こし

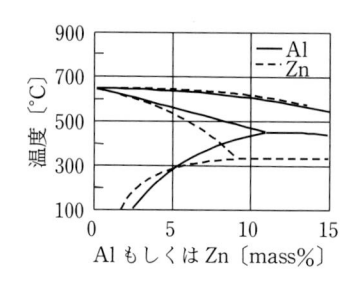

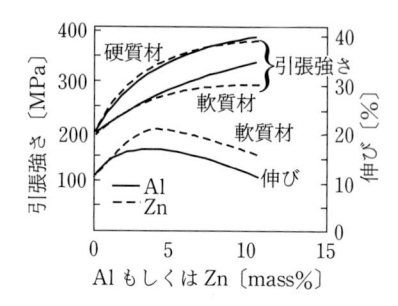

図 2.2.1　マグネシウム圧延材の機械的性質とアルミニウム，亜鉛添加量の関係

やすくなるためでもある。

本合金系の実用合金としては，AZ 31 B，AZ 61 A，AZ 80 A がある。AZ 31 B は引張強さ 250〜280 MPa で実用合金の中では比較的強さは低いが，加工性が良いので，Mg-Al-Zn 系合金の中では最も広く使用されている。携

表 2.2.4　AZ 31 B マグネシウム合金板材の一般的な機械的性質

調質	板厚〔cm〕	引張強さ〔MPa〕	引張耐力〔MPa〕	圧縮耐力〔MPa〕	せん断耐力〔MPa〕	伸び〔%〕
O	0.041-0.152	255	152	110	179	21
	0.153-0.634	255	152	110	179	21
	0.635-1.270	248	152	90	172	21
	1.271-5.080	248	152	83	172	17
	5.081-7.620	248	145	76	172	17
H 24	0.041-0.634	290	221	179	200	15
	0.635-0.951	276	200	159	193	17
	0.952-1.270	269	186	131	186	19
	1.271-2.540	262	165	110	179	17
	2.541-5.080	255	159	97	179	14
	5.081-7.620	255	145	83	179	16
H 26	0.635-0.951	276	207	165	193	16
	0.952-1.113	276	193	152	193	13
	1.114-1.270	276	193	152	193	13
	1.271-1.905	276	193	131	193	10
	1.906-2.540	269	179	124	193	10
	2.541-3.810	262	172	110	186	10
	3.811-5.080	262	165	103	179	10

注）O：完全焼なまし　H 24：1/2 硬質　（加工硬化＋焼なまし）
　　H 26：3/4 硬質

帯機器のケーシング材に使用されている展伸用合金はすべてこの合金である。圧延材では圧延加工性を向上させるためにカルシウムを微量添加した AZ 31 C もある。

　AZ 31 合金は熱処理しても機械的性質の向上が期待できないので，板材では冷間加工による加工硬化で強さを改善する。**表 2.2.4** に冷間加工による機械的性質の変化を示す[2),3)]。焼なまし材に比べて，加工度が大きくなるにつれて引張強さや耐力が増加し，伸びが減少する。

　AZ 80 A 合金は ZK 60 A 合金ともに，マグネシウム合金中では高強度材としてレーシング用あるいはアフターマーケット用の鍛造ホイール素材に用いられ，T 6 処理材の引張強さは 350〜380 MPa にも達する。しかし，加工性が悪いため，圧延材には用いられない。AZ 61 A 合金は，AZ 31 B と AZ 80 A の中間組成の合金で機械的性質も中程度である。

　〔2〕 **Mg-Zn-Zr 系合金**　この合金系では，亜鉛を添加して機械的性質を改善している。亜鉛はアルミニウムのように応力腐食割れ特性を劣化させることはないが，添加量が多くなると溶融開始温度が低下するために，熱間割れを起こしやすくなる。このため，熱間加工時や溶接入熱による亀裂が問題となる。この点を改善するため，通常，1％以下のジルコニウムを添加する。ジルコニウムは機械的性質への影響は小さいが展伸用合金にとって有効な添加元素で，以下のような効果を持つ。

　ジルコニウムはマグネシウムと同じく最密六方格子で，しかも格子定数もマグネシウムとほぼ同じことから，包晶反応により初晶として晶出するジルコニウムが結晶微細化材として働き，鋳塊組織はジルコニウムリッチな有核組織となり，結晶粒径は顕著に微細化される。これが，そのまま加工性向上へとつながる。

　結晶粒が細かくなるほど，粒界の第二相晶出物が分散され，また，ジルコニウムの添加により亜鉛の固溶限が広くなるので，第二相晶出物が減少し，しかも分散する。したがって，ジルコニウムを亜鉛とともに同時に添加すると，塑性加工性を損ねることなく，亜鉛の添加量を高くでき，その結果，強度の向上

を図ることが可能となる。

熱間割れはジルコニウム添加で溶融開始温度が上昇するために改善される。図 2.2.2 に高温割れに対する限界押出し速度とジルコニウムおよび亜鉛添加量の関係を示す[2), 3)]。ジルコニウムの添加により，Mg-Zn系で起こる熱間割れが解消し，加工速度や加工温度を高くすることができ，その結果，生産性が向上する。

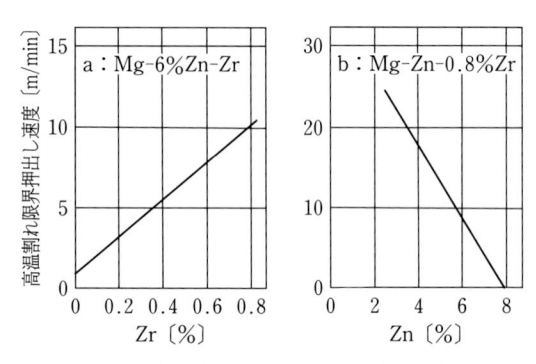

図 2.2.2 高温割れに対する限界押出し速度とジルコニウムおよび亜鉛添加量の関係

熱間加工で加工速度を高くしても機械的性質の向上は少ないが，図 2.2.3[2), 3)]に示すように，ジルコニウムの添加量が多くなると強さは増大する。逆に加工速度を極端に遅くし，加工温度を低くすると，微細な加工組織とな

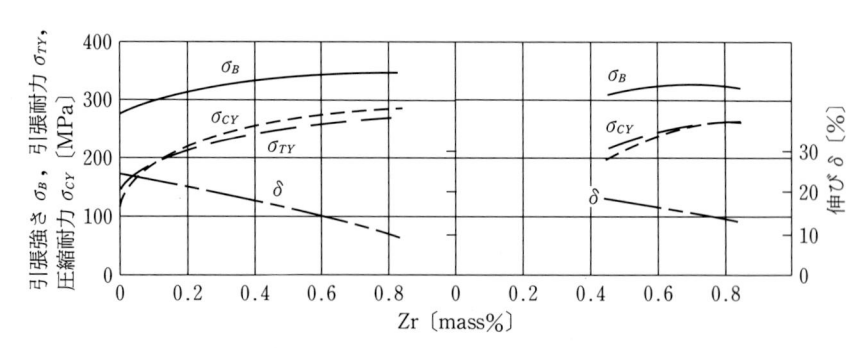

(a) 押出し速度 1.5 m/min　　　(b) 押出し速度 6.1 m/min

図 2.2.3　ZK 60 A 合金の機械的性質に及ぼす Zr 添加の影響

り，機械的性質は向上すると言われている[2),3)]。

ZK 60 A 合金が代表的な合金で，T 5 または T 6 処理により高強度となる。同じ高強度材の AZ 80 A と比較すると，加工性に優れているので，種々の製造法に適用され，実用合金の中では鍛造用として広く使用されている。特にレース用ホイールとしての使用実績が多い。

ZK 60 A 合金のほかに，亜鉛量を少なくしたイギリスの BS 規格の MAG-151 と MAG-141 があり，標準組成はそれぞれ Mg-3%Zn-0.6%Zr および Mg-1%Zn-0.6%Zr である。これらは ZK 60 A より強さはやや低いが，溶接性が良いと言われている[1)]。展伸材の疲労強度は引張強さと相関性があり，ZK 60 A の 10^7 サイクルでの疲労強度は引張強さの 0.45〜0.5 の範囲にある。これは Mg-Zn 系の合金も同様である。図 2.2.4 に鍛造材の S-N 曲線を示す[2)]。マグネシウム合金の S-N 曲線は鉄鋼材よりもなだらかな曲線で，明瞭な疲労限が現れないのが特徴である。

疲労強度に対する切欠感受性が非常に高く，材料の表面傷と隅の大きさが疲労強度に顕著に影響する。図 2.2.4 には研磨した試験片とノッチを入れた試験片および機械加工のみの試験片とを比較しているが，表面を研磨した場合の疲労強度がもっとも高い。疲労強度を低下させないために，表面の研磨，冷間加工仕上げおよびショットピーニングなどの表面硬化処理が行われている。

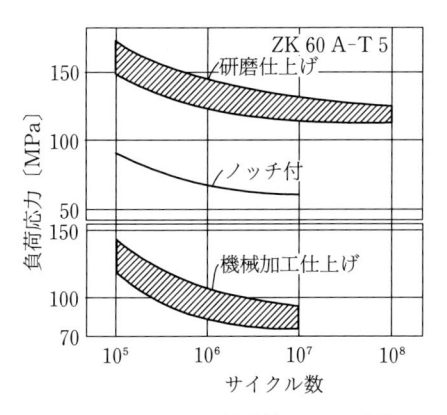

図 2.2.4　ZK 60 A 鍛造材の S-N 曲線

〔3〕 **Mg-Mn系合金**　この合金系はM1Aに代表され，マンガンを1～2％添加している．低強度ではあるが，耐食性は良い．アルゴンアーク溶接が行われる以前には，塩化物系のフラックスを使って酸素アセチレンガス溶接が行われており，この手法において溶接性が良いので，Mg-Mn系が用いられたが，残留フラックスによる耐食性の問題点から，溶接法が変わった現在ではその使用は少ない．

表2.2.3にマグネシウム合金の常温での圧縮耐力を示すが，一般の圧縮耐力/引張耐力の比が約0.7であるのに比べてM1Aは0.4とさらに小さい．このように，圧縮耐力が引張耐力に比べて低いのもマグネシウム合金の特徴である．しかし，高温ではマグネシウムのすべり系が増加するため，その比は1.0に近づき，図2.2.5に示すように，結晶粒径が小さくなるほど1.0に近づく．

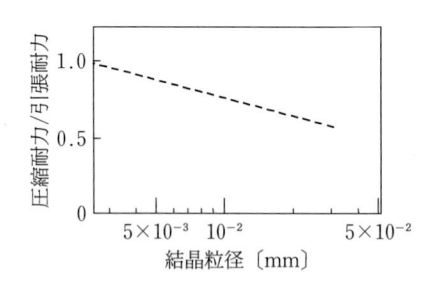

図2.2.5　圧縮耐力/引張耐力比に及ぼす結晶粒径の影響

〔4〕 **その他の合金**　Mg-Th系の合金は耐熱性に優れているが，国内ではトリウムが放射性物質であることから，現在では使用されていない．実用合金にはHK31AとHM21Aがある．いずれも析出強化型合金で，HK31AはT6処理，HM21AはT8処理を施すことができる．T8処理は，圧延の中間工程で溶体化処理し，冷間加工後に人工時効する熱処理法である．また，HK31Aの板材にはAZ31Bと同様にH24などの冷間加工による硬質処理材もある．

表2.2.3に示したように，常温の機械的性質は展伸用合金の中では中程度である．表2.2.5[1), 2)]，図2.2.6[1), 2)]に高温での機械的性質を示す．Mg-Al-Zn系，Mg-Zn-Zr系などThを含まない合金が100～150℃で引張強さや耐力が

2.2 合金の種類と機械的性質

表 2.2.5 展伸用マグネシウム合金の高温での機械的性質

形状	合金名	調質	21			93			149			温度 [°C] 204			260			316			371		
			σ_B	σ_Y	δ	σ_B	σ_Y	δ	σ_B	σ_Y	δ	σ_B	σ_Y	δ	σ_B	σ_Y	δ	σ_B	σ_Y	δ	σ_B	σ_Y	δ
板材	AZ 31 B	H 24	288	220	15	206	144	30	151	89	45	103	59	55	75	31	75	41	21	125	27	14	140
板材	M 1 A	O	226	137	18	169	110	31	132	86	44	—	—	—	—	—	—	—	—	—	—	—	—
板材	M 1 A	H 24	247	185	8	203	182	11	178	144	15	—	—	—	—	—	—	—	—	—	—	—	—
板材	HM 21 XA	T 8	233	172	10	—	—	—	—	—	—	123	117	30	110	103	25	96	82	15	75	55	50
板材	HK 31 A	H 24	254	199	8	—	—	—	178	158	20	165	144	21	137	117	19	89	48	70	55	27	>100
押出し材	AZ 31 B	F	261	199	15	237	148	24	178	100	38	—	—	—	—	—	—	—	—	—	—	—	—
押出し材	AZ 61 A	F	309	226	16	285	178	23	217	134	32	144	96	49	—	—	—	52	34	70	—	—	—
押出し材	AZ 80 A	F	336	247	11	306	220	18	240	175	26	196	121	35	110	75	57	—	—	—	—	—	—
押出し材	M 1 A	F	254	178	11	185	144	16	144	110	21	117	82	27	—	—	—	62	34	53	—	—	—
押出し材	ZK 60 A	T 5	364	302	11	—	220	—	—	165	—	103	82	84	41	27	177	—	—	—	—	—	—
鍛造材	AZ 80 A	T 6	343	233	5	295	185	15	213	142	30	151	103	49	96	55	83	62	34	123	—	—	—
鍛造材	HM 21 A	T 5	226	137	15	—	—	—	—	—	—	110	89	49	—	—	—	89	75	37	75	55	43
鍛造材	M 1 A	F	247	158	7	165	121	25	130	93	31	114	69	34	82	45	67	41	27	140	—	—	—

注) σ_B：引張強さ [MPa], σ_Y：引張耐力 [MPa], δ：伸び [%]

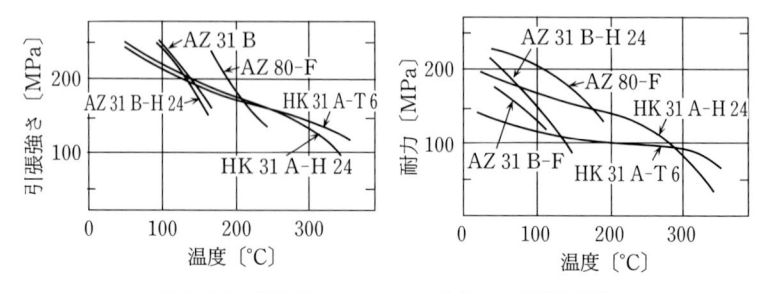

図2.2.6 展伸用マグネシウム合金の高温引張特性

低下するのに対して，HK 31 A および HM 21 A は 250～300℃までは，強さの低下が非常に緩やかである。

表2.2.6[1), 2)]に展伸用マグネシウム合金の低温における機械的性質を示す。低温での傾向はいずれの合金とも同様で，温度が低くなるにつれて，引張強さおよび耐力が増加し，伸びが減少する。

表2.2.6 展伸用マグネシウム合金の低温での機械的性質

合金名-調質	形状	温度〔℃〕														
		21			−18			−73			−129			−185		
		σ_B	σ_Y	δ	σ_B	σ_Y	δ	σ_B	σ_Y	δ	σ_B	σ_Y	δ	σ_B	σ_Y	δ
AZ 31 B-F	押出し材	261	199	15	281	226	13	313	261	9.5	357	302	7.5	432	336	6
AZ 31 B-H 24	板材	288	220	15	309	233	—	329	233	—	—	—	—	—	—	—
AZ 61-F	押出し材	309	226	16	316	237	13	329	265	9.5	354	295	6.5	377	316	4
AZ 80 A-F	押出し材	336	247	11	354	251	11	384	268	9.5	—	—	—	—	—	—

合金名-調質	形状	温度〔℃〕											
		23			−54			−72			−196		
		σ_B	σ_Y	δ	σ_B	σ_Y	δ	σ_B	σ_Y	δ	σ_B	σ_Y	δ
HM 21 A-T 8	板材	221	159	7.2	264	204	4.7	280	152	4.5	326	171	4
HK 31 A-H 24	板材	249	199	7.5	280	229	9	293	210	4.2	370	226	6.2
HK 31 A-O	板材	204	123	28	263	148	18	283	145	18	328	167	13

注) σ_B：引張強さ〔MPa〕，σ_Y：引張耐力〔MPa〕，δ：伸び〔％〕

マグネシウムに6％以上のリチウムを添加すると，体心立方晶のリチウム固溶体（β相）が晶出するようになる。このβ相を晶出させることで，冷間加工性が著しく改善される[4)]。さらに，約12％以上のリチウムを添加し，β単相組織にするとさらに冷間加工性は良好になり，100％近くの加工が可能とな

る[4]。しかも，密度はリチウム添加量の増加に伴って減少し，14%リチウム添加で密度は $1.35\ Mg/m^3$ まで低下する。その結果，比剛性（ヤング率/密度）は $31\ GPa/(Mg/m^3)$ となり，既存合金の比剛性の値約 $25\ GPa/(Mg/m^3)$ を大きく上回り，軽量化効果が大きい。1960年代のロケットの電子機器の筐体等に実用化された合金として表2.2.1に示したLA 141 Aがあり，これは室温での成形も可能である。

2.2.2 鋳造用材料

〔1〕 種別と特性[5)~8)]　鋳造技術とは最終形状に近いキャビティ空間内ガス（通常大気）と液体金属（通常完全溶融）の置換反応であり，鋳型表面および溶湯状態を制御してすみやかに作業を終える必要があるのは言うまでもない。特にその際の溶湯速度や圧力の違いにより凝固反応後に残存する内部や表面の欠陥の質と量，およびミクロ組織が変化し，それに伴い鋳造品の各種特性が決定される。古くから鋳造用マグネシウム合金は，鋳型材質や代表的な製造法名で分類されてきた。すなわち，型内への溶湯充てんが低速低圧で行われるため冷却速度が遅く，多品種少量生産に向いている砂型，金型，および精密鋳造用と，高速高圧で行われるため冷却速度が早く，大量生産向きのスクイーズを含むダイカストや各種半溶融・半凝固成形とに大別される。本書では便宜上，JISに準じて前者を鋳物，後者をダイカストとそれぞれ称することとする。

表2.2.7，2.2.8には，2001年度版より変更になったJISハンドブック非鉄に記載されているマグネシウム合金鋳物，およびダイカストのそれぞれの種類と記号を示す。また表2.2.9，2.2.10には，それぞれの化学成分を示す。実際には一目で組成を理解できるため，日本国内においてもJISよりASTM合金記号がよく用いられている。まず元素に関しては，A：アルミニウム，Z：亜鉛，S：けい素，RE：希土類，M：マンガン，K：ジルコニウムがおもに添加され，量の多い順に（通常2元素程度）並べて，それらの有効数字一桁の元素mass%が続く。最後にアルファベットが開発された順番に付記されるが，基本組成はそのままで，主として耐食性改善を意図して不純物の許容力が順番に

表 2.2.7 マグネシウム合金鋳物の種類と記号（JIS ハンドブック非鉄より転記）

種類	記号	対応 ISO 記号	鋳型の区分	参考 ASTM 相当合金	合金の特色	用途例
鋳物 1 種	MC1	—	砂型 精密	AZ63A	強度とじん性がある。鋳造性はやや劣る。比較的単純形状の鋳物に適する。	一般用鋳物，テレビカメラ用部品，織機用部品など。
鋳物 2 種 C	MC2C	—	砂型 金型 精密	AZ91C	じん性があって鋳造性もよく耐圧用鋳物としても適する。	一般用鋳物，クランクケース，トランスミッションケース，ギヤボックス，テレビカメラ用部品，工具用ジグ，電動工具など。
鋳物 2 種 E	MC2E	—	砂型 金型 精密	AZ91E	MC2A より耐食性がよい。その他の性質は MC2A と同等。	
鋳物 3 種	MC3	MgAl 9 Zn2	砂型 金型 精密	AZ92A	強度はあるが，じん性はやや劣る。鋳造性はよい。	一般用鋳物，エンジン用部品など。
鋳物 5 種	MC5	—	砂型 金型 精密	AM100A	強度とじん性があり，耐圧用鋳物としても適する。	一般用鋳物，エンジン用部品など。
鋳物 6 種	MC6	MgZn 5 Zr	砂型	ZK51A	強度とじん性が要求される場合に用いられる。	高力鋳物，レーサ用ホイールなど。
鋳物 7 種	MC7	MgZn 6 Zr	砂型	ZK61A	強度とじん性が要求される場合に用いられる。	高力鋳物，インレットハウジングなど。
鋳物 8 種	MC8	—	砂型 金型 精密	EZ33A	鋳造性，溶接性，耐圧性がある。常温の強度は低いが，高温での強度の低下が少ない。	耐熱用鋳物，エンジン用部品，ギヤボックス，コンプレッサケースなど。
鋳物 9 種	MC9	MgAg 3 RE 2Zr	砂型 金型 精密	QE22A	強度とじん性があって鋳造性がよい。高温強度が優れる。	耐熱用鋳物，耐圧用鋳物ハウジング，ギヤボックスなど。
鋳物 10 種	MC10	MgZn 4 RE Zr	砂型 金型 精密	ZE41A	鋳造性，溶接性，耐圧性があり高温での強度低下が少ない。	耐圧用鋳物，耐熱用鋳物ハウジング，ギヤボックスなど。
鋳物 11 種	MC11	—	砂型 金型 精密	ZC63A	MC10 と類似した特性をもつ。鋳造性も同等。	シリンダーブロック，オイルパンなど。
鋳物 12 種	MC12	—	砂型 金型 精密	WE43A	200℃以上で使用でき高温に長時間保持しても強度低下が少ない。	航空宇宙用部品，ヘリコプターのトランスミッションなど。
鋳物 13 種	MC13	—	砂型 金型 精密	WE54A	現用のマグネシウム合金の中で，最も高温強度が高い。	レーシング部品，特にシリンダーブロック，ヘッド・バルブカバーなど。
鋳物 ISO 1 種	—	MgAl 6 Zn3	砂型	—	MC1 より Al, Zn の成分範囲を幅広くしている。	一般用鋳物
鋳物 ISO 2 種 A	—	MgAl 8 Zn1	砂型	—	種々の用途に適合させるため厳密に成分範囲を規定する必要がない。	一般用鋳物
鋳物 ISO 2 種 B	—	MgAl 8 Zn	砂型	—	MgAl8Zn1 より成分範囲を管理した合金。	
鋳物 ISO 3 種	—	MgAl 9 Zn	砂型 金型	—	MC2C より Al, Zn の成分範囲を幅広くしている。	一般用鋳物
鋳物 ISO 4 種	—	MgRE 2 Zn 2Zr	砂型	—	MC8 より Zn の成分範囲を幅広くしている。	耐熱用鋳物部品

2.2 合金の種類と機械的性質

表 2.2.8 マグネシウム合金ダイカストの種類と記号
（JIS ハンドブック非鉄より転記）

種類	記号	対応ISO記号	参考 ASTM相当合金	参考 合金の特色	参考 使用部品例
マグネシウム合金ダイカスト　1種B	MDC1B	—	AZ91B	耐食性は1種Dよりやや劣る。機械的性質がよい。	チェーンソー，ビデオ機器，音響機器，スポーツ用品，自動車，OA機器，コンピュータなどの部品，その他はん(汎)用部品
マグネシウム合金ダイカスト　1種D	MDC1D	—	AZ91D	耐食性に優れる。その他1種Bと同等。	
マグネシウム合金ダイカスト　2種B	MDC2B	—	AM60B	伸びとじん性に優れる。鋳造性がやや劣る。	自動車部品，スポーツ用品
マグネシウム合金ダイカスト　3種B	MDC3B	—	AS41B	高温強度がよい。鋳造性がやや劣る。	自動車エンジン部品
マグネシウム合金ダイカスト　4種	MDC4	—	AM50A	伸びとじん性に優れる。鋳造性がやや劣る。	自動車部品，スポーツ用品
マグネシウム合金ダイカストISO 1種A	—	MgAl8Zn1	—	種々の用途に適合させるため，厳密に成分範囲を規定する必要がない。	—
マグネシウム合金ダイカストISO 1種B	—	MgAl8Zn	—	MgAl8Zn1から成分範囲を管理した合金。	—
マグネシウム合金ダイカストISO 2種	—	MgAl9Zn	—	1種AよりもAl，Znの成分範囲を幅広くしている。	—
マグネシウム合金ダイカストISO 3種	—	MgAl9Zn2	—	砂型および金型用合金で，国内ではダイカストには一般に用いない。	—

厳しくなっている。各添加元素の役割は概略以下のように言われているが，いずれも共存元素の種類と量により得られる効果が異なる場合もある。

アルミニウム：固溶体強化や晶出物（金属間化合物 $Mg_{17}Al_{12}$，β 相）の分散強化によって強度を高めるが，含有量が増えるにしたがって破断伸びは減少する。一定量の添加は鋳造性を改善し，粒界に晶出した β 相は耐食性を改善する。また，含有量が多くなるほど熱伝導率と伝導率が低下する。

亜鉛：鋳造性と機械的性質を改善するが，2～5 mass％に増やすと逆に鋳造割れ感受性が高まる。

シリコン：金属間化合物 Mg_2Si を生成して微細に結晶粒界に分散する結果，

表 2.2.9 マグネシウム合金鋳物の化学成分（JIS ハンドブック非鉄より転記）

単位〔%〕

種類	記号	対応ISO記号	Al	Zn	Zr	Mn	RE[1]	Y	Ag	Si	Cu	Ni	Fe	その他各不純物	その他不純物合計	Mg
鋳物1種	MC1	—	5.3~6.7	2.5~3.5	—	0.15~0.35	—	—	—	0.30以下	0.25以下	0.01以下	—	—	0.30以下	残部
鋳物2種C	MC2C	—	8.1~9.3	0.40~1.0	—	0.13~0.35	—	—	—	0.30以下	0.10以下	0.01以下	—	—	0.30以下	残部
鋳物2種E	MC2E	—	8.1~9.3	0.40~1.0	—	0.17~0.35	—	—	—	0.20以下	0.015以下	0.0010以下	0.005以下[2]	0.01以下	0.30以下	残部
鋳物3種	MC3	MgAl9Zn2	8.0~10.0	1.5~2.5	—	0.10~0.5	—	—	—	0.3以下	0.20以下	0.01以下	0.05以下	—	0.30以下	残部
鋳物5種	MC5	—	9.3~10.7	0.3以下	—	0.10~0.35	—	—	—	0.30以下	0.10以下	0.01以下	—	—	0.30以下	残部
鋳物6種	MC6	MgZn5Zr	—	3.5~5.5	0.40~1.0	—	—	—	—	—	0.10以下	0.01以下	—	—	0.30以下	残部
鋳物7種	MC7	MgZn6Zr	—	5.5~6.5	0.60~1.0	—	—	—	—	—	0.10以下	0.01以下	—	—	0.30以下	残部
鋳物8種	MC8	—	—	2.0~3.1	0.50~1.0	—	2.5~4.0	—	—	—	0.10以下	0.01以下	—	—	0.30以下	残部
鋳物9種	MC9	MgAg3RE2Zr	—	0.2以下	0.4~1.0	—	1.8~2.8	—	2.0~3.0	—	0.10以下	0.01以下	—	—	0.30以下	残部
鋳物10種	MC10	MgZn4REZr	—	3.5~5.0	0.40~1.0	—	0.75~1.75	—	—	—	0.10以下	0.01以下	—	—	0.30以下	残部
鋳物11種	MC11	—	—	5.5~6.5	—	0.25~0.75	—	—	—	0.20以下	2.4~3.0	0.01以下	—	—	0.30以下	残部
鋳物12種	MC12	—	—	0.20以下	0.40~1.0	0.15以下	2.4~4.4	3.7~4.3	—	0.01以下	0.03以下	0.005以下	0.01以下	0.2以下	0.30以下	残部
鋳物13種	MC13	—	—	0.20以下	0.40~1.0	0.15以下	1.5~4.0	4.75~5.5	—	0.01以下	0.03以下	0.005以下	—	0.20以下	0.30以下	残部
鋳物ISO1種	—	MgAl6Zn3	5.0~7.0	2.0~3.5	—	0.10~0.5	—	—	—	0.3以下	0.2以下	0.01以下	0.05以下	—	—	残部
鋳物ISO2種A	—	MgAl8Zn1	7.0~9.5	0.3~2.0	—	0.15以下	—	—	—	0.5以下	0.35以下	0.02以下	0.05以下	—	—	残部
鋳物ISO2種B	—	MgAl8Zn	7.5~9.0	0.2~1.0	—	0.15~0.6	—	—	—	0.3以下	0.2以下	0.01以下	0.05以下	—	—	残部
鋳物ISO3種	—	MgAl9Zn	8.3~10.3	0.2~1.0	—	0.15~0.6	—	—	—	0.3以下	0.2以下	0.01以下	0.05以下	—	—	残部
鋳物ISO4種	—	MgRE2Zn2Zr	—	0.8~3.0	0.40~1.0	—	2.5~4.0	—	—	—	0.10以下	0.01以下	0.30以下	—	—	残部

2.2 合金の種類と機械的性質

表 2.2.10 マグネシウム合金ダイカストの化学成分（JIS ハンドブック非鉄より転記）

単位〔%〕

種類	記号	対応ISO記号	化学成分								Mg
			Al	Zn	Mn	Si	Cu	Ni	Fe	その他各不純物	
1種B	MDC 1B	—	8.3〜9.7	0.35〜1.0	0.13〜0.50	0.50 以下	0.35 以下	0.03 以下	—	—	残部
1種D	MDC 1D	—	8.3〜9.7	0.45〜1.0	0.15〜0.50	0.10 以下	0.030 以下	0.002 以下	0.005 以下	0.02 以下	残部
2種B	MDC 2B	—	5.5〜6.5	0.22 以下	0.24〜0.6	0.10 以下	0.010 以下	0.002 以下	0.005 以下	0.02 以下	残部
3種B	MDC 3B	—	3.5〜5.0	0.12 以下	0.35〜0.7	0.50〜1.5	0.02 以下	0.002 以下	0.0035 以下	0.02 以下	残部
4種	MDC 4	—	4.4〜5.4	0.22 以下	0.26〜0.6	0.10 以下	0.010 以下	0.002 以下	0.004 以下	0.02 以下	残部
ISO 1種A	—	MgAl8Zn1	7.0〜9.5	0.3〜2.0	0.15 以上	0.5 以下	0.35 以下	0.02 以下	0.05 以下	—	残部
ISO 1種B	—	MgAl8Zn	7.5〜9.0	0.2〜1.0	0.15〜0.6	0.3 以下	0.2 以下	0.01 以下	0.05 以下	—	残部
ISO 2種	—	MgAl9Zn	8.3〜10.3	0.2〜1.0	0.15〜0.6	0.3 以下	0.2 以下	0.01 以下	0.05 以下	—	残部
ISO 3種	—	MgAl9Zn2	8.0〜10.0	1.5〜2.5	0.10〜0.5	0.3 以下	0.2 以下	0.01 以下	0.05 以下	—	残部

耐クリープ性が向上する。特に，アルミニウム含有量を減らしたほうがその効果が大きい。また，鋳造性が改善する。

RE：各種の金属間化合物を形成し，高温における強度やクリープ抵抗性と耐食性を向上させている。いくつかの希土類元素が試みられているが，コストと比重の点で，セリウムを主成分とした希土類混合物であるミッシュメタル（Mm）が多く用いられている。銀も同様の効果を示すが，最近はほとんど用いられていない。

マンガン：アルミニウムとの間で各種の金属間化合物を形成し，そのマンガンサイトに有害な不純物元素である鉄を置換固溶することで，耐食性を改善する。添加にあたっては，鉄/マンガン比を一定値以下にすることが重要である。

ジルコニウム：アルミニウムを含まない合金系において，微量添加することによりマグネシウム固溶体中央部にジルコニウムに富んだコア組織が形成さ

れ，結晶粒の微細化が可能となる。ただし，このジルコニウム添加に当たっては高価な母合金を必要とする。

　鉄，ニッケル，銅，塩素：これらはいずれも耐食性を悪化させる元素であり，最近の高純度合金ではきわめて低い量におさえられている。この耐食性向上が，マグネシウム合金の実用化を広めたと言っても過言ではない。

（1）鋳　物　　AZ 63 A（MC 1）から AM 100 A（MC 5）までは Mg-Al(-Zn)-Mn 系合金であり，結晶粒微細化を目的に過熱処理（1 150 K 前後で 1 ks 程度保持）や炭素添加を施して使用される。本系の平衡状態におけるアルミニウム最大固溶量は 12 mass%前後であるが，実鋳造における凝固時には初晶マグネシウム相へのアルミニウム固溶量が少なく凝固前面に濃縮されるため，残留液相部のアルミニウム濃度が上昇する。その結果，粒界で金属間化合物 β 相と過飽和固溶体 α 相の共晶反応が起こる。したがって，必要に応じて溶体化処理によりこの晶出物を固溶させた後，時効処理により β 相を粒界および粒内に析出させて強度を向上させる。

　ZK 51 A（MC 6）と ZK 61 A（MC 7）は Mg-Zn-Zr 系合金，EZ 33 A（MC 8）から ZE 41 A（MC 10），および WE 43 A（MC 12）と WE 54 A（MC 13）は Mg-Zn-RE-Zr 系合金であり，結晶粒の微細化はジルコニウムによって行われている。また，ZC 63 A（MC 11）はジルコニウムを含まない Mg-Zn-Mn 系合金であり，鋳造性を含めて ZE 41 A（MC 10）と類似した特性を有する。

（2）ダイカスト　　汎用合金 AZ 91 D はマグネシウム製品として最も使用実績が多いが，その理由は優れた鋳造性（成形性）とともに，高強度，高耐食性を兼ね備えている点にある。現在，家電分野において使用されている製品のほとんどがこの AZ 91 D 製であり，自動車分野においても熱負荷の小さい部品に用いられている。

　高延性合金 AM 60 B，AM 50 A はアルミニウム含有量が低いため，AZ 91 D に比べて固相線温度と融点が高くなり，鋳造性は若干低下するが，機械的性質に関しては高い破断伸びを示す。したがって，衝突時（高ひずみ速度）に脆

性的な破壊をせずに，塑性変形することが求められている保安部品に使用される。具体的にはこれら合金を用い，自動車のステアリングホイール芯金やロードホイールにはじまり，現在ではシートフレームやインスツルメントパネルなどの量産が行われている。今後はドアフレームなどへ適用されていくものと期待されている。さらに，靱性を向上させる目的でアルミニウム含有量を減らしたAM 20もあるが，融点が高く鋳造性に劣る。

耐熱合金AS 41 Bは，アルミニウムと比較したときのマグネシウムの欠点であるクリープ抵抗性の低さを改善するために開発された。実際に，ドイツにおいて耐熱部品として量産された実績を持つ。ただし，鋳造性はその他の合金に比べて劣っている。なお規格化されていないが，さらにクリープ抵抗性を高めたAS 21やAE 42も開発されているが，アルミニウム含有量が低いために鋳造性に劣り，実際の量産品に使用された実績はほとんどない。

〔2〕 **機械的性質**[5)~7), 9), 10)]　　マグネシウム合金全般の機械的性質に関しては，これまでに多くの文献やハンドブックが出版されてきた。それらの中でも，前通商産業省の委託を受けて(社)日本アルミニウム協会で取りまとめられた報告書「マグネシウム合金製構造部材の設計に資するデータ整備」には，合金別と性質別にデータベース化されており，使用者の便が図られている。なお本データベースは，日本マグネシウム協会のホームページにて検索可能である(http://www.kt.rim.or.jp/~ho01-mag/)。

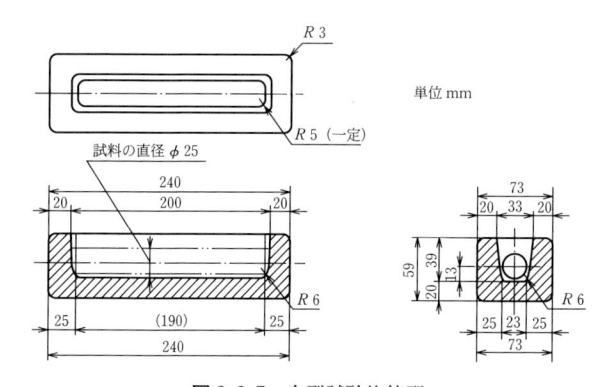

図 2.2.7　金型試験片鋳型

第2章 マグネシウムの特性と種類

本節では機械的性質として，各種鋳込み試験片の室温における引張試験に関してのみまとめる。まず試験片は以下の供試材を用い，金型の場合は図 2.2.7 に示す位置から採取し，JIS Z 2201 の 4 号試験片に仕上げ，砂型の場合は，押湯とせきの除去後，機械加工することなく鋳肌のまま図 2.2.8 の形状で試験

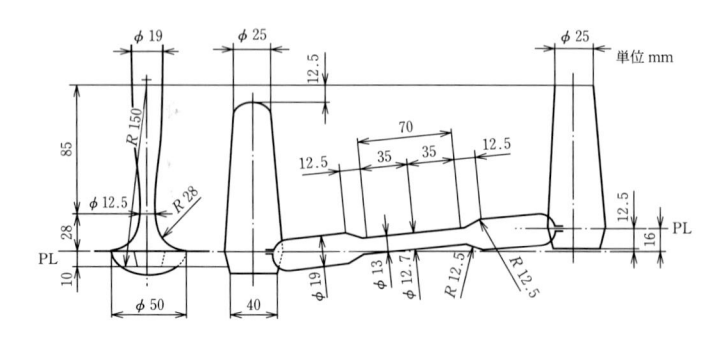

1. 孔あきスクリーンの大きさは，82×82 とする
2. スクリーンの孔の大きさは，3 mm 間隔で $\phi 2$ とする。

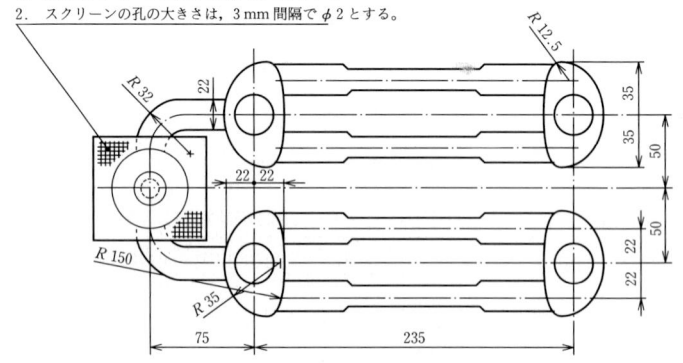

図 2.2.8　砂型試験片鋳型

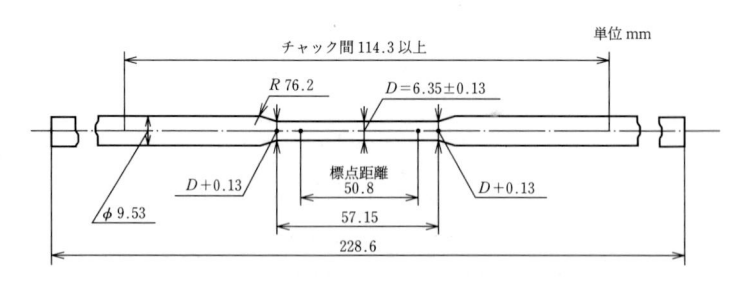

図 2.2.9　ダイカスト引張試験片

2.2 合金の種類と機械的性質

表 2.2.11 鋳造用マグネシウム合金の標準的な機械的性質

種類	記号	ASTM相当合金	質別	引張強さ〔MPa〕	耐力〔MPa〕	伸び〔%〕
鋳物 1 種	MC1	AZ63A	F	200	97	6
			T 4	275	97	12
			T 5	200	105	4
			T 6	275	130	5
鋳物 2 種	MC2C MC2E	AZ91C AZ91E	F	165	97	2.5
			T 4	275	90	15
			T 6	275	145	6
鋳物 3 種	MC3	AZ92A	F	170	97	2
			T 4	275	97	10
			T 5	170	115	1
			T 6	275	150	3
鋳物 5 種	MC5	AM100A	F	150	83	2
			T 4	275	90	10
			T 6	275	110	4
鋳物 6 種	MC6	ZK51A	T 5	205	140	3.5
鋳物 7 種	MC7	ZK61A	T 5	310	185	—
			T 6	310	195	10
鋳物 8 種	MC8	EZ33A	T 5	160	110	2
鋳物 9 種	MC9	QE22A	T 6	260	195	3
鋳物 10 種	MC10	ZE41A	T 5	205	140	3.5
鋳物 11 種	MC11	ZC63A	T 6	210	125	4
鋳物 12 種	MC12	WE43A	T 6	250	162	2
鋳物 13 種	MC13	WE54A	T 6	250	172	2
マグネシウム合金ダイカスト 1種	MDC1B MDC1D	AZ91B AZ91D	F	250	160	7
マグネシウム合金ダイカスト 2種B	MDC2B	AM60B	F	240	130	13
マグネシウム合金ダイカスト 3種B	MDC3B	AS41B	F	240	140	15
マグネシウム合金ダイカスト 4種	—	AM50A	F	230	125	15
	—	AM20	F	210	90	20
	—	AS21	F	220	120	13
	—	AE42	F	230	145	11

に供する。一方，ダイカストに関しては，図 2.2.9 に示すアルミニウム合金や亜鉛合金で用いられている試験片サイズと同様の形状に成形した後，試験に供する。

表 2.2.11 に鋳造用マグネシウム合金の標準的な機械的性質を示す。これらはいずれも代表的な値であり，保証値ではないことに注意する必要がある。

2.2.3 その他の開発合金

1990 年代後半から，自動車のエンジン回り向けのダイカスト用耐熱マグネシウム合金や ECAE（equal channel angular extrusion）加工，BMA（bulk mechanical alloying）加工あるいは RS P/M 法（急冷凝固粉末を用いた粉末冶金）により結晶粒を超微細化することにより，高強度・高延性化した合金が開発されてきた。その一例を紹介する。

〔1〕 **ダイカスト用耐熱マグネシウム合金** 表 2.2.12[11]~[15]にこれまでに国内外で開発された耐熱マグネシウム合金の組成を示す。いずれの合金もシリコン，カルシウム，希土類元素 RE，ストロンチウム等を添加することで，Mg_2Si，Al-Mg-Ca 系，Al-RE 系あるいは Al-Sr 系化合物を粒界近傍に晶出させ，耐熱性，特にクリープ特性を向上させている[11]~[13]。

表 2.2.12 最近開発された耐熱マグネシウム合金の組成〔mass %〕

合金名	Al	Zn	Mn	Si	Ca	RE	Sr
AS 21 X	1.9-2.5	—	0.05-0.08	0.7-1.2	—	0.06-0.25	—
AJ 52	4.53	0.018	0.27	0.010	—	—	1.75
N	4.55	0.001	0.25	<0.010	0.19	—	0.53
MRI-153	4.5-10	—	0.15-1.0	—	0.5-1.2	0.05-1.0	0.01-0.2
ACM 522	5.3	—	0.17	—	2.0	2.6	—
ZAXE 05613	6.0	0.5	0.2	—	1.0	3.0	—
ZAXLa 05613	6.0	0.4	0.2	—	1.0	3.0 La	—

しかしながら，粒界に沿って大量の化合物を晶出させた場合，ダイカスト時に熱間割れが生じやすくなる。したがって，耐熱性とダイカスト性を同時に満足させるためには，これらの化合物の量と晶出形態を制御することが重要なポイントとなる。表 2.2.12 の合金中でも，ACM 522 合金はカルシウムおよび希

土類元素を添加し，耐熱性を向上させた合金で，すでにオイルパンに使用されている。

ZAXE 05613[15]およびZAXLa 05613合金[14]もカルシウムと希土類元素を添加し，耐熱性を向上させた合金であるが，後者は通常希土類元素として添加されるミッシュメタルの構成元素の一つであるランタンLaのみを添加した合金で，**図2.2.10**[14]に示すように，針状の$Mg_{11}La_3$化合物が大量に晶出し，顕著に耐熱性および鋳造性が改善される[14]。そのクリープ特性は現在トランスミッションケース等に使用されているダイカスト用アルミニウム合金 ADC 12 に匹敵する。

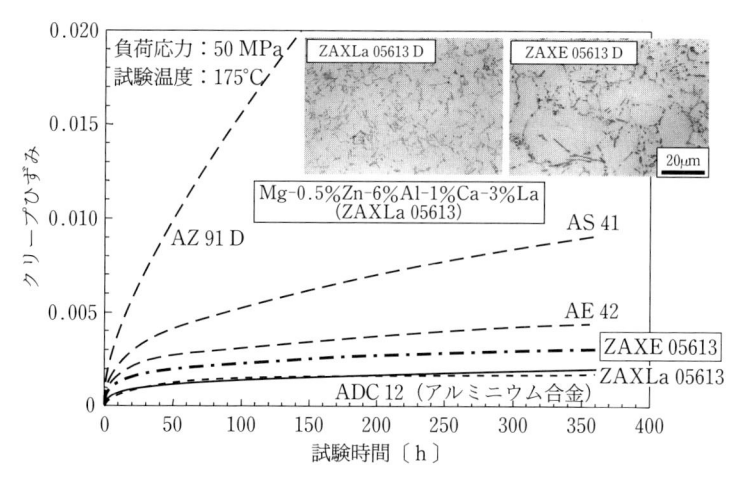

図2.2.10 ダイカスト用耐熱Mg-Zn-Al-Ca-La合金のクリープ特性

〔2〕 **ECAE加工により結晶粒超微細化したAZ61合金**　展伸用マグネシウム合金中で最も一般的に使用されているMg-3%Al-1%Zn（AZ 31）合金よりアルミニウム含有量を6％まで多くしたAZ 61合金に，200℃以下でECAE加工を加えた場合，動的再結晶と動的析出が同時に生じ，**図2.2.11**に示すように，結晶粒が0.5μm程度まで微細化され，しかも球状かつ微細な$Mg_{17}Al_{12}$相が析出するようになる[16]。さらに，基底面が押出し方向に対して45°と0°方向の2方向に集積した集合組織が形成されるようになる。その結果，

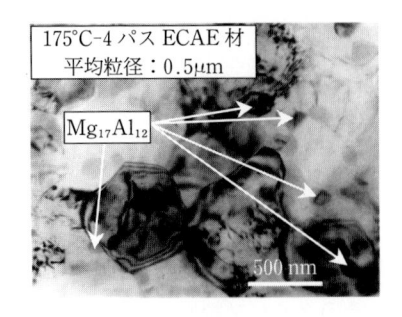

図 2.2.11 175℃で 4 パス ECAE 加工した AZ 61 マグネシウム合金の TEM 像

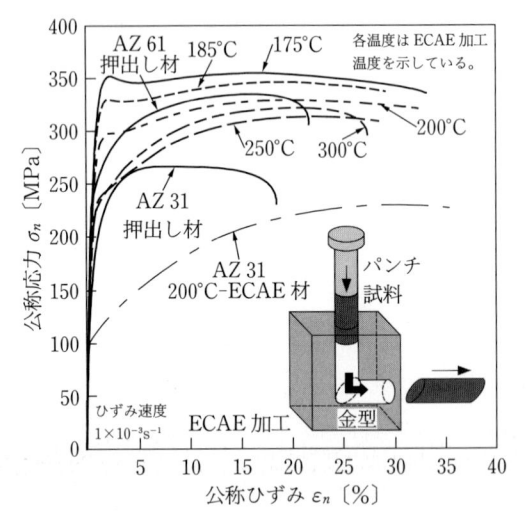

図 2.2.12 ECAE 加工した AZ 61 マグネシウム合金の応力-ひずみ曲線

図 2.2.12[16)]に示すように，伸び 33 %，引張強さ約 350 MPa と，加工のみで 6061 アルミニウム合金 T 6 処理材を上回る引張特性が得られるようになる。このことは，集合組織のランダム化と結晶粒超微細化によるマグネシウム合金の加工性および高靱化の可能性を示している。

〔3〕 高強度ナノ結晶 $Mg_{97}Y_2Zn_1$ 合金　　Mg-Y-Zn 系合金の急冷凝固粉末を用いた粉末冶金により，図 2.2.13[17)]に示すように，耐力 610 MPa，伸び 5 %と，超高強度でありながら，延性も兼ね備えた Mg-2 mol%Y-1%Zn (Mg-6.8 mass%Y-2.5 mass%Zn) 合金が開発された。その組織は基本的に

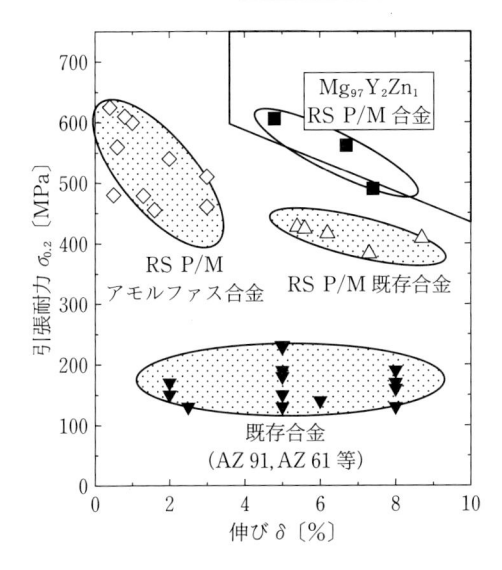

図 2.2.13　$Mg_{97}Y_2Zn_1$ 合金 RS P/M 材の引張特性

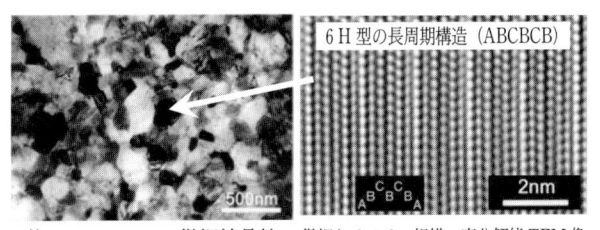

図 2.2.14　超高強度・延性 $Mg_{97}Y_2Zn_1$ 合金の TEM 組織

はマグネシウム固溶体単相からなるが，図 2.2.14[18)]に示すように，結晶粒径が 100〜200 nm ときわめて微細で，かつ固溶体には，通常の最密六方格子構造のマグネシウム（2H 構造）と 6 周期規則構造（18R）が存在することが新しく見出されている。

後者の長周期構造をもつ固溶体では，底面上に重い元素である亜鉛とイットリウムが 2 原子層濃化した積層欠陥が存在し，結晶粒超微細化と相まって高強度化に寄与している。さらに，この合金は 300℃，$10^{-1} s^{-1}$ オーダーのひずみ速度で超塑性を発現する[17)]。その温度は $0.67 T_m$（T_m：純マグネシウムの融点）

であり，ほかの材料に比べて低い温度で高速超塑性を発現する。この温度で固化成形した合金は560 MPaという高い強度を有することから，$Mg_{97}Y_2Zn_1$ RS P/M材は，その優れた機械的性質を損なうことなく高速超塑性加工が可能な材料である。そのため，今後航空・宇宙用高比強度合金として期待されている。

〔4〕 **BMA加工を利用した高性能化**　図2.2.15[19]に示すもちつきに似た固相反応プロセス中のナノ複合化を，鍛造・押出し加工と同時に行うことができれば，きわめて微細な複合組織を有する部材・構造体が得られる。実際，マ

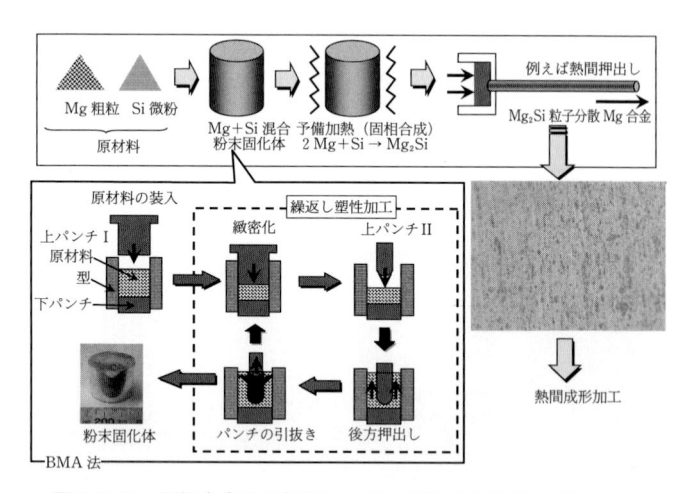

図2.2.15　固相合成法を利用したMg_2Si粒子分散型マグネシウム合金の製造プロセス

表2.2.13　固相合成プロセスに得られたマグネシウム合金の引張特性

材　料　名	引張強さ σ_B〔MPa〕	耐力 σ_Y〔MPa〕	伸び ε〔%〕
固相合成プロセス			
H/E　AZ 31-5％Si	375	306	12.4
H/E　AZ 31-4％SiO_2	410	354	8.2
既存プロセス			
H/F　AZ 31　(F)	260	170	15
4032アルミニウム合金（T 6）	380	315	9
ADC 12アルミニウムダイカスト合金（F）	295	185	2

H/E：熱間押出し，H/F：熱間鍛造

グネシウム粉末とけい素粉末を用いた固相反応プロセスと温間前方押出しプロセスを組み合わせることによって，**表 2.2.13**[19]に示すような高強度化マグネシウム合金材料を創出できる。さらに，廃材となるガラス粉末とマグネシウム粉末を用いた固相反応プロセスによる固相でのその場組織制御を利用すれば，$Mg+Mg_2Si+MgO$ から構成される複合材料もできる。得られた複合材料の引張特性を表 2.2.13 に示しているが，高強度でありながら，適度な延性を兼ね備え，しかもヤング率，耐摩耗性，摩擦係数も改善される[20]。このように，回生材料あるいは省成分材料を出発材料としても，高強度化あるいは高機能化した部品，構造体を創製することができる。溶解・鋳造プロセスを経てのリサイクルと比較して，この固相リサイクルは新しい環境対応プロセスとして広く利用できる。

第3章

塑性加工による素材製造

3.1 圧延加工

　マグネシウム合金は軽量で，かつ，電磁波吸収特性に優れるために，携帯機器の筐体などへの利用拡大が期待されている。これらの用途へ使われるマグネシウム合金製品は現状，チクソモールドやダイカストなどの製法で製造されたものが大半である。一方，表面が美麗なマグネシウム合金薄板を圧延により製造し，さらにこれを素材としてプレス成形して製造することが可能となれば，筐体の薄肉化などの面で有利である。

　現時点では，圧延により製造された薄板からプレスにより筐体を製造する工程は，素材となるマグネシウム合金板が高コストであるなどの理由によってまだ広く普及していない。その意味で圧延によるマグネシウム合金薄板の製造は工業的に発展途上の状態と言える。

　マグネシウム合金の圧延が発展途上である理由は，マグネシウム合金は冷間での圧延が実質的に不可能であり，200〜400℃付近の温度域に加熱が必要であることが一つの理由と考えられる。しかし現時点で各種方面でマグネシウム合金薄板の製造に関して研究開発が精力的に進められており，今後の発展が期待できる。

　そこでここではマグネシウム合金の薄板製造に焦点を当てて，現状の技術を紹介する。

3.1.1 圧延設備と圧延方法

マグネシウム合金薄板の一般的な製造工程を図 3.1.1 に示す。製造工程は大きく溶解・鋳造工程，熱間圧延工程および仕上げ圧延工程に分けられる。これらの工程は一例であり，圧延機のサイズや素材の大きさの関係から熱間圧延前に粗圧延工程を組み込む場合もある。

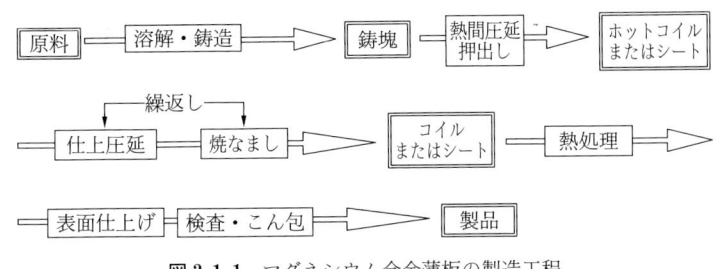

図 3.1.1　マグネシウム合金薄板の製造工程

溶解鋳造工程は狙い成分を持つ鋳塊を製造する工程であるが，現状では幅 1 000 mm×厚さ 600 mm 程度のインゴットが製造可能となっている。あるいは厚み 150 mm 程度の鋳塊に加工したスラブを国外から入手可能である。

熱間圧延工程は 5 mm 程度の厚みを持つ端板状の製品あるいはホットコイルを製造するものである。ついで仕上げ圧延で最終の板厚まで仕上げられる。仕上げ圧延後の薄板のシートあるいはコイルは熱処理により機械的性質や結晶粒径を調整するとともに，酸洗あるいは研磨などにより表面状態を仕上げた後に検査・こん包を経て最終製品として出荷される。

上記の工程を前提として，以下説明を行う。

まず圧延の形式として，図 3.1.2 に示すように端板状の製品を製造するシート圧延方式とコイル状の製品を製造するコイル圧延方式が存在する。シート圧延方式は端板状の素材を圧延機に供給して，シート状の製品を得る方式である。これに対してコイル圧延方式はコイル状の素材を圧延機に供給する方式である。コイル圧延方式では製造工程のいずれかの段階で素材をコイル化することが必要である。

シート圧延方式はマグネシウム合金の薄板を簡便に製造するのに適した方法

(a) シート圧延方式

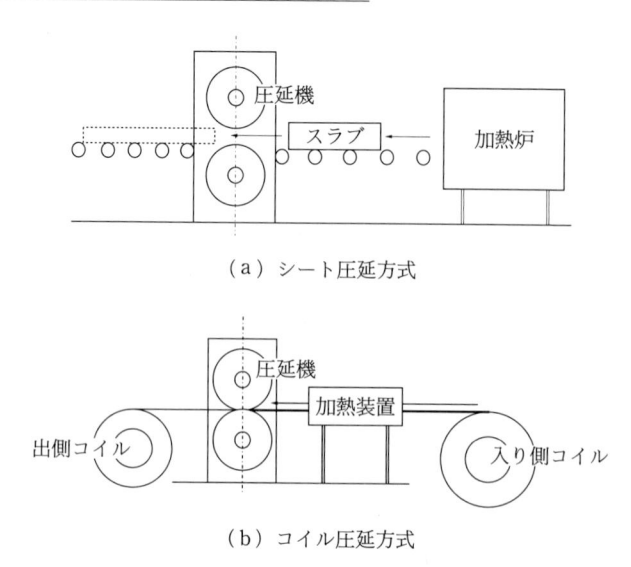

(b) コイル圧延方式

図 3.1.2　圧延方式の比較

である．すなわち，マグネシウム合金は冷間での圧延性がきわめて乏しいため，圧延において素材の加熱が必要である．シート圧延方式では圧延機に付随した加熱炉で素材を所定温度に加熱し，これを圧延機に供給することにより圧延が可能である．また，圧延中に材料を加熱炉に再挿入し，再加熱することによって温度制御が可能である．再加熱と圧延を繰り返すことにより大きな加工度を与えることも可能である．すなわち設備的には加熱炉と圧延機を備えていれば圧延が可能であり，簡便である．

しかし，シート圧延方式では圧延中に素材の前後が拘束されていないために，圧延条件の非対称（例えば上下ロール間での微小な摩擦係数の差異など）により圧延後の形状，例えば平坦性などが崩れやすい問題点を有している．特に幅の広い薄板を製造する場合に平坦性の悪化が問題となる．マグネシウム合金はヤング率が低いためにスプリングバックが大きく，ロール矯正機などによる薄板材の形状修正は困難である．このため薄板材の形状修正では，圧延板を定盤の上に載せ，上から重しを載せて加熱し，形状を矯正するなど，煩雑な矯正方法が必要となる．

3.1 圧延加工

また，シート圧延材では製品の前後の端部付近で寸法精度が低下する。このため，製品の端部付近は製品として使えないので切り捨てる必要があり，製品の歩留りが低下する。

これに対してコイル圧延方式では，圧延中の素材に入り側と出側のコイル間で張力を加えることができる。このため圧延中の素材形状の崩れを防止することが可能となり，製品形状は良好となる。また入り側と出側のコイル間で連続して圧延することが可能であるため，シート圧延方式に比べて生産性が良好である。また端部の歩留り低下もシート圧延方式に比べて少ない。

これらの利点を有するために鉄鋼材料などの工業材料では，特に薄板の製造ではコイル圧延方式が採用されている。しかし，マグネシウム合金の圧延では素材の加熱が必要である。コイル全体をオフラインの加熱炉で加熱してから圧延機に取り付けて圧延を開始する方法では，圧延中の温度確保が困難となる。このために加熱装置を圧延機に組み込み，素材をオンラインで加熱しながら圧延することが必要となる。この結果，加熱設備がシート圧延方式に比べて複雑であり，技術的にも難易度が高い。オンラインの加熱装置として素材を加熱ロールに沿わせて接触伝熱により加熱する方式，加熱炉を圧延ロールと巻き取り装置の間に設置する方式などが存在するが，加熱方法は圧延装置の設置スペースや圧延速度などの要因を考慮して選択される。

さらにマグネシウムのコイル圧延では材料が加熱されるが，図 3.1.3 に示すように圧延中にロールが熱膨張して製品の形状不良を起こすことがある。これは圧延中にロールが樽型に熱膨張した結果，圧延材の板幅中央部の圧下が周辺

図 3.1.3　ロール形状が不適切な場合の製品形状

部に比べて大きくなるためである。この点に対処するため，熱膨張の影響を考慮して，ロール形状を設計しておくことが必要がある。

　コイル圧延方式ではオンラインでの材料加熱の技術的な難易度が高いこと，ホットコイルのメーカーが限られていたことなどの理由によって，これまでマグネシウム合金の薄板製造はシート圧延方式が主流であった。しかし，マグネシウム合金薄板をプレスする際に，プレス機へ素材を供給することを考えるとコイル状の素材がシート状の素材に比べて能率的である。また板厚などの寸法精度もコイル状の素材が良好である。このためマグネシウム合金コイルの比率が今後も高まっていくものと予想される。

　一方，前記のとおりコイル圧延方式では製造工程の中で素材となるコイルを製造する工程が必要である。

　コイル化について，鉄鋼材料やアルミニウム合金あるいはチタン合金などの金属材料では，熱間圧延工程において素材を加熱してコイルを製造する，いわゆるホットストリップミル方式の熱間圧延が採用されている。これは炉で加熱したスラブを粗圧延機で薄くした後に仕上げ圧延機に導入し，最終板厚まで連続的に圧延し，これを巻き取ってコイルを製造する方式である。仕上げ圧延機では複数段の圧延機が直列に並んでおり，材料はこの圧延機列を通過しながら圧下を受ける。

　この方式は大量生産に優れた効果を発揮する方式である。ただしマグネシウム合金に適用するためには圧延中の温度制御が必要となり，付加的な加熱装置の増設などが必要となる。

　コイルを製造するもう一つの方式はステッケルミル方式と呼ばれるものである。この圧延方式は加熱炉と粗圧延機およびステッケル圧延機から構成されているもので，小ロットの特殊な材質の圧延に有利な方式である。ステッケル圧延機には圧延機の前後にファーネスと呼ばれる巻き取り式の保熱炉が設置されていることが特徴である。

　材料は加熱炉で所定温度まで加熱した後，粗圧延機で圧延されてからステッケル圧延機によって最終板厚まで圧延される。この際，ステッケル圧延機での

圧延開始の時点で圧延ロールを出た材料は出側に配置されたファーネスに巻き取られて収納される。材料の後部端まで圧延された後に，今度は逆向きにファーネスから巻き戻されて再度逆方向から圧延が行われ，今度は入り側に設置されたファーネスに巻き取られて保熱される。このように二つのファーネスで保熱して圧延中の温度低下を防止しつつ，逆方向に圧延を繰り返して圧下する方式である。

ステッケル圧延方式では小ロットの対応が可能であることと，保熱による温度制御がある程度可能であるため，マグネシウム合金のコイル製造には有利である。

以上のホットストリップミルあるいはステッケルミルによるコイル化はいずれも圧延によりコイル化をする方法である。これに対してマグネシウム合金では押出し加工によりコイルを製造し，これを仕上げ圧延して製品化する方法も存在している。

押出し加工によるコイル化は円柱形状のビレットを適正な温度に加熱して，薄板状に押出し，これを巻き取ってコイルを製造するものである。この方法は製造可能な寸法に制限があるものの，ビレットから一気に薄肉状のコイルを製造することが可能であるため能率が非常に高い。また大きな加工度を均一に加えることができるために，コイル内での特性や組織のばらつきが少なくなる利点を持っている。このため，小サイズのコイル製造には有利な方法と考えられ，今後の発展が期待される。

つぎにマグネシウムの仕上げ圧延工程における特徴的な技術を紹介する。

仕上げ圧延では通常上下の圧延ロールの周速を同一にして圧延される。これに対して上下の圧延ロールの周速を意図的に異なった設定値とする異周速圧延と呼ばれる方式が存在する。この方式では上下ロールから材料に加えられるゆがみが異なるために，圧延材でのゆがみ分布が上下で非対称となる。この結果，圧延中の材料には付加的なせん断ゆがみが与えられることになり，圧延後の結晶粒径を微細化することが期待できる。この効果はアルミニウム合金で確認されている[1]。また，付加的なせん断ゆがみを加えることで板厚の圧下を大

きくとることができるため，圧延が効率的にできるという効果も期待できる。

異周速圧延は工業規模での実用化は未確立であるが，板厚の効果的な圧下および結晶粒の微細化などを目指しての開発が期待される。また，後記のとおり，マグネシウム合金のプレス成形には微細粒を持つ素材が要求されるので，効率的に結晶粒の微細化が行えれば有利な方法と考えられる。

つぎにマグネシウム合金の圧延では加熱ロールが用いられる場合がある。これはロール内にヒーターを設置してロールを200℃程度に加熱する方式である。

加熱ロールを用いると冷間の非加熱ロールに比べ，素材からロールへの抜熱が減少するために素材の保温状態が良好となり，圧延の割れ発生に対する限界圧下率を増大させて圧延の効率化に寄与する効果が得られるものと考えられる。ただし，加熱ロールを使う場合にはマグネシウムのロールへの焼き付きが起こりやすくなるため，潤滑剤などの適正化が必要である。

以上説明してきた製造方法はマグネシウム合金の溶湯を一度インゴットの形状に凝固させて，これを再度加熱して圧延加工する方法である。これに対して溶湯を直接ロールに導き一気に圧延することでマグネシウム合金の薄板を製造する方式（ストリップキャスティング）も検討されている。ストリップキャスティング方式はステンレス鋼の薄板やアルミの薄板などの製造で用いられている[2]。**図3.1.4**に本方式の概念図の一例を示す。これ以外にもロールの配置や溶湯の供給方法によって種々の方法が存在する。

ストリップキャスティングの特徴はインゴットを経由することなく薄板が製造できるために熱間での粗圧延工程を省略できるメリットがある。このため省

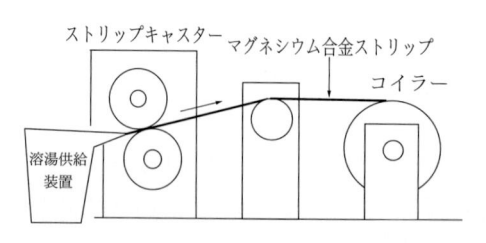

図3.1.4 ストリップキャスティングの概念図

エネルギーおよび設備コストの低減の観点では有利な方法である。

しかし，この方法での問題はロール間で溶湯の凝固と圧延が同時に行われるため，溶湯の供給速度と引き出し速度を制御するなどして凝固界面の位置を正確に制御しないと圧延材の表面品質が劣化し，表面に微細な凹凸が生成しやすい点である。またマグネシウム溶湯は酸化しやすいために溶融炉からロールに溶湯を供給する際の雰囲気を制御することが必要である。さらに幅の広い製品を製造する場合にはロールの幅方向に対して均一にマグネシウム合金の溶湯を供給することも必要となる。

これらの技術課題が存在するがコンパクトな設備によって薄板の製造が可能である。また小ロットの製品にも対応が可能である。このためマグネシウム合金の薄板製造には有利な方法と考えられ，実機規模での開発が進められている。

3.1.2 圧延条件の影響

本節では良好な製品を得るために圧延条件として管理すべき必要な項目とその影響について記載する。良好な製品とは，①圧延板に割れなどの欠陥がないこと，②表面状態が良好であること，および③製品のプレス成形性に優れていることが挙げられる。これらに対して製造上で留意すべき項目について順を追って説明する。

まず割れなどの欠陥発生防止について，マグネシウム合金の圧延では圧延温度の管理が最も重要である。図 3.1.5 にはマグネシウム合金（AZ 31）におけ

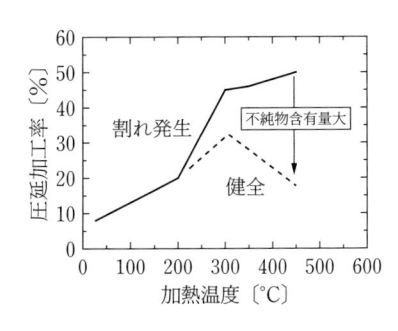

図 3.1.5 マグネシウム合金の圧延限界に与える加熱温度の影響について測定した結果の一例

る圧延中の割れ発生に対する限界圧延率について，素材の加熱温度の影響を調査した結果例を示す。

　常温での圧延では圧延率が約10％の段階で割れが生じている。すなわち冷間で圧延を行う場合には，低い圧延率の段階で中間焼なましを繰り返して施してやる必要があり，製造能率がきわめて低い。一方，図から加熱温度を上げてやることで限界の圧延率が改善されることがわかる。このためマグネシウム合金の製造工程では，薄板の仕上げ圧延においても素材を加熱しつつ圧延が行われている。

　マグネシウム合金の冷間圧延率が乏しい理由は，集合組織と変形機構が関与している。**図3.1.6**にはマグネシウム合金圧延板の集合組織を示す。マグネシウム合金の圧延板では結晶格子のうち，c軸が圧延材の板面と垂直方向と平行な方向にそろっていることがわかる。

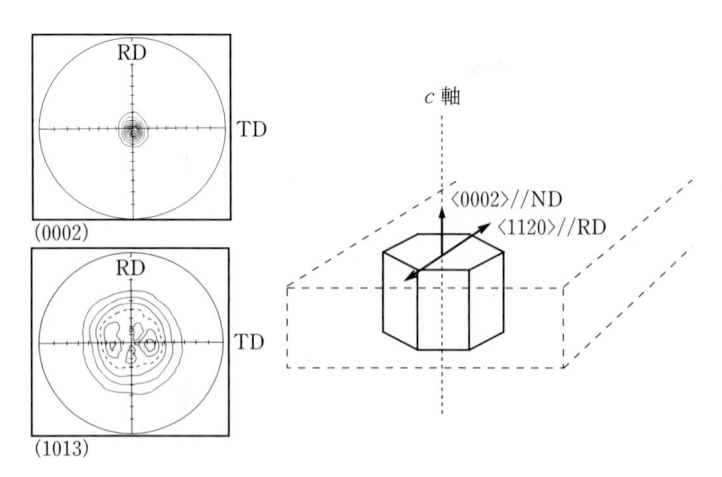

図3.1.6 圧延板の集合組織測定結果と集合組織の模式図

　マグネシウムの結晶格子は最密六方構造である。マグネシウムの室温における変形機構はc軸と直角の方向に変形する底面すべりが主体となる。底面すべりではc軸方向へのすべり成分を持たない。一方，c軸方向へのすべり成分を持つ非底面すべりは高温に加熱すると活動を始めることが知られている。

　マグネシウムの圧延板はc軸が板面の垂直方向に平行にそろっているため，

底面すべりのみでは圧延加工における板厚減少を生じることが困難である。この結果，冷間圧延では低い圧下率で割れが生じるのである。一方，加熱することによって非底面すべりの活動を活性化させると，板厚方向へのすべり成分が得られるために，板厚減少が可能となる。このため加熱することで高い圧延率まで割れることなく加工することが可能となる。以上の理由からマグネシウム合金の圧延では加熱が必要となる。

なお，図3.1.5の圧延限界の結果は一例であり，素材の結晶粒径および不純物量が圧延限界に大きく影響を与える。このうち素材の結晶粒径は微細なものほど高い圧延加工率まで割れることなく圧延が可能である。

また不純物の含有量が多いと結晶粒界上に晶出物などの形態で第2相として生成する。この第2相が圧延前の加熱において溶解することによって結晶粒界が脆弱となる場合がある。この場合には図中の破線で示したとおり高温側での加熱における圧延率の限界が低下する。すなわち，素材の条件によって図3.1.5の結果は大きく変動しうる。この点には注意を要する。

つぎに表面状態の管理について記載する。マグネシウム合金は焼付きやすい性質を持っている。このため圧延中に圧延ロールの表面にピックアップと呼ばれる微細な焼付き物が付着しやすい。ピックアップがロール表面に存在すると圧延材の表面に押し付けられることで板材の表面には圧こんが形成され，製品の表面状態が悪化する。仕上げ圧延では製品の板厚が薄いため，手入れにより表面を修復することが困難となる。したがって，特に仕上げ圧延におけるピックアップの防止が重要である。

ピックアップの防止には圧延中の潤滑状態を改善することが有効である。しかし，マグネシウムの圧延温度である250〜400℃付近では，鉱物油では発火のおそれがあるため使用困難である。一方，水溶性の圧延油では材料に接触すると蒸発するために，材料から熱を奪ってしまい，材料の温度分布が不均一になるなどの問題点がある。またボロンナイトライドなどの固体潤滑剤の適用は有効と考えられるが，コストが高くなる欠点がある。

以上の点から，現状では適正な潤滑剤が見当たらず，表面状態の管理にはロ

ールの研磨を適正に行ってピックアップを機械的に除去する,最終パス工程で圧延の圧下量を抑えてピックアップの発生を抑制する,などの対策が取られているが,抜本的な対策とは言えない。今後,有効な潤滑剤の開発が期待される。

最後に,圧延工程で製造される薄板のプレス成形性について,材料面で配慮すべき点について記載する。マグネシウム合金薄板のプレス成形性は成分と結晶粒径により大きく影響を受ける。このうち成分は溶解工程の問題であるため,ここでは割愛する。

結晶粒径の影響については,一般的に素材が細粒の場合にプレス成形性は良好となる。したがって,結晶粒径が微細となる製造条件を把握することが必要である。すなわち温度と圧下率を制御することによって最適な製造条件を把握しておくことが必要である。

つぎに組織の均一性について述べる図3.1.7に圧延後に熱処理した板材のミクロ組織を観察した一例を示す。いずれも再結晶した等軸組織で,図(a)は平均粒径が10μm以下の細粒材である。図(b)は結晶は細粒であるが,一部の結晶粒に粗大な領域が存在している板材である。結晶粒の粗大領域が混在すると成形性は粗大粒により制約されて低下するため,均一で微細な結晶粒径を持つ圧延材を製造することが要求される。

結晶粒に粗大な領域が混入する原因の一つには成分の不均一が考えられる。特に粒界上の晶出物は結晶粒の移動を抑制するために,晶出物の分散が不均一

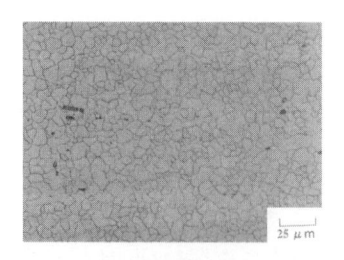

(a) 整粒組織 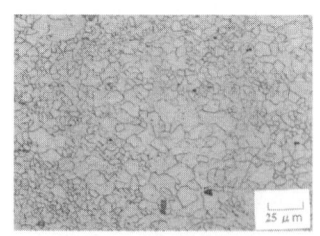　　　　　　(b) 混粒組織

図3.1.7　圧延焼なまし後のミクロ組織観察結果

であると，結晶粒径の不均一が生じる場合がある．晶出物の分布を均一化するためには溶解・鋳造工程における管理が必要である．

また，圧延温度の管理と圧下率の配分も結晶粒の不均一に影響を与えるため重要である．このうち圧下率の配分は圧延素材と最終製品の板厚の関係などから適正なパススケジュールを決定する必要がある．

3.1.3 圧延材の種類と特徴

本項ではマグネシウム合金圧延材の規格，引張性質の測定例および表面仕上げの種類について記載する．

表3.1.1にマグネシウム合金板に関するASTM規格材とその化学成分を示す[3]．JISでは4種類のマグネシウム合金が規格化されている．このうちプレス成形用途に使われる圧延板材は，現在のところ1種材が主体である．1種材はアルミを3％，亜鉛を1％基本成分として含有しており，ASTM規格ではAZ31として規定されているものである．

表3.1.1 マグネシウム合金板のASTM規格材と化学成分

種類	記号	化学成分〔％〕										
		Al	Zn	Zr	Mn	Fe	Si	Cu	Ni	Ca	その他合計	Mg
1種	MP1	2.5〜3.5	0.50〜1.5	—	0.2以上	0.03以下	0.10以下	0.10以下	0.005以下	0.04以下	0.30以下	残
4種	MP4	—	0.75〜1.5	0.4〜0.8	—	—	—	0.03以下	0.005以下	—	0.30以下	残
5種	MP5	—	2.5〜4.0	0.4〜0.8	—	—	—	0.03以下	0.005以下	—	0.30以下	残
7種	MP7	1.5〜2.4	0.50〜1.5	—	0.05以上	0.010以下	0.10以下	0.10以下	0.005以下	—	0.03以下	残

表3.1.2にAZ31合金の機械的性質に関する規格値を示す．機械的性質では焼なまし材であるO材と圧延のままの状態で出荷されるH材が規格化されている．このうちプレス成形品としてはO材が使われる．

表3.1.3にマグネシウム合金のAZ31合金について常温における引張性質

表3.1.2　AZ 31合金の機械的性質規格値
(板厚 0.5 mm 以上 6 mm 未満のもの)

質別記号	引張性質			備考
	引張強さ〔N/mm²〕	0.2%耐力〔N/mm²〕	伸び〔%〕	
O	220 以上	105 以上	11 以上	焼なまし材
H 12	250 以上	160 以上	5 以上	1/4 硬化材
H 14	260 以上	200 以上	4 以上	1/2 硬化材

表3.1.3　マグネシウム合金と純チタン板の常温引張性質比較例

材　質	試験方向	引張性質			
		引張性質〔N/mm²〕	0.2%耐力〔N/mm²〕	耐力比*	伸び〔%〕
マグネシウム合金 (AZ 31)	圧延方向	253	136	0.84	21.5
	板幅方向	260	161		21.2
工業用純チタン (JIS 1種)	圧延方向	353	169	0.70	51.8
	板幅方向	345	241		43.5

＊　圧延方向耐力/板幅方向耐力

を測定した例を示す。参考までに同じ最密六方の結晶構造を持つ純チタン材 (JIS 1種材) の測定例も示す。マグネシウム合金板材では圧延材の幅方向における引張強度が高くなっているが，純チタンと比較すると等方的であることがわかる。マグネシウム合金の圧延・焼なまし板では最密六方格子の c 軸が板面と垂直方向にそろった集合組織が形成されている (図3.1.6)。一方，純チタンの圧延・焼なまし板では c 軸が板面垂直方向から板幅方向に約35°傾いた方向に集積している[4]。このような集合組織の集積状態の差異が引張性質の異方性に影響を与えているものと考えられる。

　圧延材の表面仕上げの種類としては圧延・熱処理のままの状態のもの，酸洗い処理したもの，および研磨処理したものなどがある。

　圧延・熱処理ままの状態では，圧延機から巻き込まれた鉄の酸化物などが製品の表面に残存する場合がある。鉄の酸化物などは外観を乱すばかりでなく腐食の起点ともなるために，製品の状態では表面から十分に除去しておくことが必要である。

酸洗い処理は表面を脱脂後，酸により表面層を軽く除去した後，洗浄および乾燥して仕上げるものである。また，研磨処理は表面をブラシなどによって研磨するものである。

これらは圧延材をプレス成形する際の工程，あるいはプレス後の製品に要求される表面の意匠性などにより選択されている。現状では，これらはケースバイケースで選択されているが，今後のプレス成形技術と圧延技術の向上につれて，これら表面仕様の多様化と最適化が進展していくものと期待される。

3.2 押出し加工

マグネシウム合金の押出し加工は，北米，ヨーロッパを中心に古くから行われているが，軍需産業を中心としたごく限られた需要を中心に発展してきたため，製造技術に関する公表データは少ない。押出し加工法は，複雑な断面形状を有する形材を一工程で生産できる特徴があり，金型コストも比較的安価であることから，幅広い用途への適用が期待できる。マグネシウム合金の用途は，わが国では，ノートパソコンや携帯用音楽再生機器など，モバイル家電製品が主流である。しかし，北米やヨーロッパでは自動車への適用を中心にマグネシウム合金が検討されている。例えば，ヨーロッパでマグネシウム合金の押出し形材や，押出し板材を多用した自動車が試作され注目を集めた[1]。わが国においても，軽量化による自動車の燃費の向上や，新幹線などの車両重量の軽減による運行速度の向上などに，マグネシウム合金押出し形材の利用拡大が期待されている。

3.2.1 マグネシウム合金ビレットの製造

マグネシウム合金ビレットの鋳造は，アルミニウム合金と同様にDC鋳造法による半連続鋳造法により行われる。アルミニウム合金の鋳造と同様に，気体加圧式ホットトップ鋳造法を用いることにより，良好な品質を有するビレットの製造が可能との報告がなされている[2]。わが国においては，マグネシウム合

金ビレットの鋳造は,ごく一部でしか行われていないため,溶解,鋳造設備あるいは,溶解,脱ガス処理,非金属介在物の除去技術など,公表されているデータが少なく,製造技術としてまとまって整理されているとは言い難い。

また,わが国でのビレット鋳造が少ないことから,北米や中国からの輸入ビレットも使われている。

マグネシウム合金を溶解,鋳造する際のアルミニウム合金との相違点,注意点について以下に述べる。マグネシウム合金の溶湯はセラミックと反応するため,溶解作業は耐火物を用いず,鉄鍋で行われる。溶解炉からの移湯樋や分配器も,鉄製の器具を用いて行われる。

溶解時にマグネシウム合金の保護溶湯として用いられる SF_6 ガスは,地球温暖化効果が CO_2 ガスの 23 900 倍ときわめて大きいことから[3],早急に代替ガスを開発することが急務とされている。

ビレットの品質については,非金属介在物の除去,溶湯の清浄度の管理,内部ガス量の管理が重要であることは,アルミニウム合金のビレットの製造と同様である。

また,マグネシウム合金は,卑な金属であり,溶解,鋳造時に耐食性に対する配慮を十分に払うことが重要である。

鋳造用合金で,Fe,Ni,Cu,Si などの元素が混入すると著しく耐食性が低下することが報告されているが[4],押出し用合金においても同様の配慮が必要である。**図3.2.1**は,鉄の含有量の異なる AZ 31 合金ビレットを押出した形材を生地の状態で塩水噴霧試験を行った結果である[5]。鉄含有量が,100 ppm を超えると,著しく耐食性が低下している。また,押出し速度が大きいほど,耐食性が悪くなっているが,これは,押出し速度の上昇により,押出し形材の表面に発生した表面割れが耐食性低下の原因となるためである。

ビレット中への鉄の混入経路としては,マグネシウム地金中の不純物,添加合金中の不純物,溶解鍋や樋からの溶出が考えられ,十分な管理が必要である。

また,溶湯中の鉄の影響を除外するため,マンガンを添加して鉄を安定化させることがよく行われる。**図3.2.2**は,AZ系のAZ 31 合金をベースに,故意

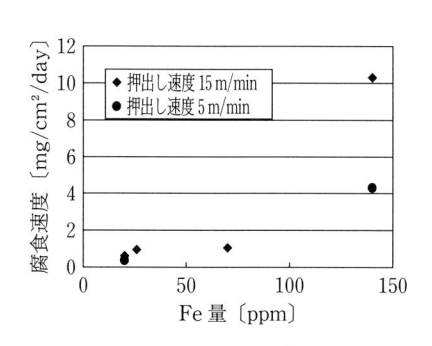

図 3.2.1 AZ 31 ビレット中の Fe 量と押出し形材の腐食速度の関係（5％塩水噴霧試験）

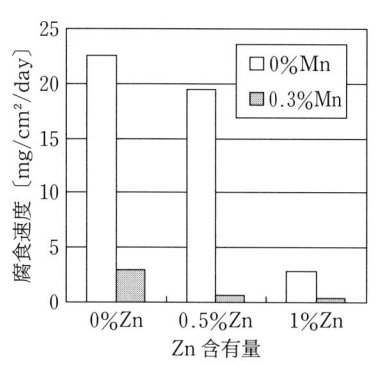

図 3.2.2 亜鉛，マンガン量と 5％塩水噴霧試験による耐食性の関係（3％Al 合金，押出し速度 10 m/min）

に亜鉛，マンガン含有量を変化させたビレットを作製し，押出し形材の塩水噴霧による耐食性を調べた結果である。マンガンの添加により耐食性が著しく改善されている。また，亜鉛も耐食性の改善に効果がある。

鋳造後，鋳造時に晶出した金属間化合物を，拡散，固溶させることにより，押出し性や押出し形材の機械的性質を向上できるため，アルミニウム合金ではビレットの均質化処理が行われる。マグネシウム合金においても，均質化処理を施すことにより，押出し形材の引張り強さは変化しないが，伸びが向上すると報告されている[6]。

鋳造されたマグネシウム合金ビレットは，表皮層の鋳造欠陥や偏析層を除去するため，表面を切削して押出し加工に供せられることが多い。

3.2.2 押出し加工法

押出し加工法は，サッシ材を中心とする建材用アルミニウム合金の製造法として発展した。アルミニウム合金においては，年間 100 万 t を超える形材が押出し加工法により生産されている。

現在アルミニウム合金の押出し加工法としては，直接押出し法と間接押出し法が採用されているが，いずれの押出し法もマグネシウム合金の押出し加工に適用可能である。**図 3.2.3** に直接押出し法と間接押出し法の概念図を示す。

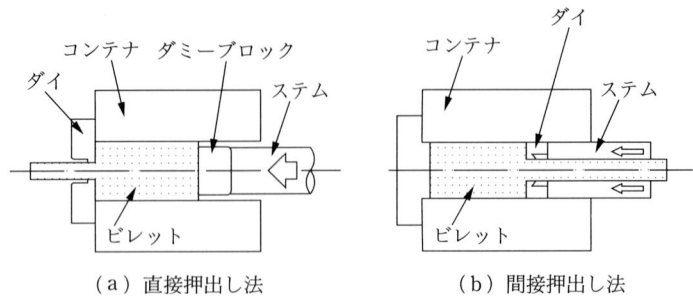

(a) 直接押出し法　　　　　　　　(b) 間接押出し法

図 3.2.3　直接押出し法と間接押出し法の概念図

　直接押出し法は，最も一般的な押出し法であり，ビレットをコンテナに挿入し，後方からステムを介して押出し，所定の形状を有するダイスから，形材を流出させる方法である。図 3.2.4 に直接押出しのメタルフローの例を示す[8]。押出し初期工程において，ビレットがダイス内に充てんされるとともにダイスに接する外周部にデッドメタルゾーンが形成される。ビレットはコンテナ壁面との摩擦抵抗を受けながら前進するため，押出し工程の進行に伴って，ビレット長さが短くなり，コンテナ壁面との摩擦抵抗が減少し，押出し圧力が低下する。また，直接押出し法では，ビレット外周部はコンテナ壁面の摩擦抵抗を受けるため，ビレット中心部が先進するメタルフローとなる。

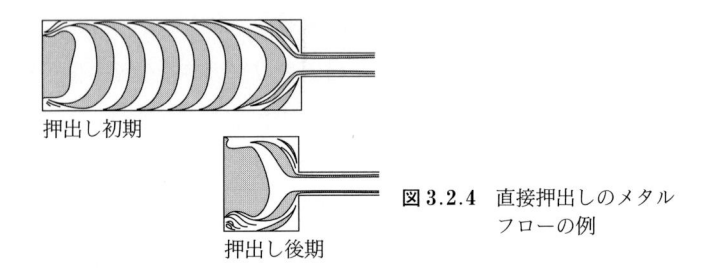

押出し初期

押出し後期

図 3.2.4　直接押出しのメタルフローの例

　これに対して間接押出し法では，図 3.2.3(b) に示すようにビレットをコンテナに装てんし，中空ステムと一体になったダイをコンテナ方向に移動させることにより，ダイの内部から押出し形材が流出する。この方法では，ビレットとコンテナとの摩擦がないため，押出し圧力が低く，かつ，一定した圧力となる。

3.2.3 マグネシウム合金押出し加工の注意点

マグネシウム合金の押出し加工は，アルミニウム合金の押出し加工を行っている設備で十分可能である。マグネシウム合金とアルミニウム合金の押出し加工における相違点は，まずマグネシウムの押出し加工においては安全上の対策が必要なことが挙げられる。マグネシウム合金の中でも展伸材として最も汎用的に用いられているAZ 31 合金を例にとると，固相線温度は約570℃前後であり，発火点は約580℃である。中実形材，中空形材にかかわらず，厚さ1.0 mm以下の薄肉形材，あるいは複雑形状の断面を押出しする場合は，加工発熱によって部分的に固相線温度以上の温度に達し，発火に至ることがある。このため，押出し加工中の温度管理が重要であるとともに，消火砂やマグネシウム専用消火器の準備などの安全対策が不可欠である。

マグネシウム合金の押出し加工がアルミニウム合金と大きく異なる点は，押出し加工後の引張矯正が難しいことである。マグネシウム合金は冷間での塑性加工性が劣るため，引張矯正時のチャッキングや引張矯正時に押出し形材が破断する。200℃以上の温間では引張矯正が可能であるが，押出し加工後の引張矯正に至る時間が短くなると，現実的に矯正が難しくなる。

3.2.4 押出し用マグネシウム合金

押出し加工に用いられる代表的なマグネシウム合金とその標準的な機械的性質の例を**表3.2.1**に示す。AZ 31 合金は，押出し加工性に優れ，中実材，中空材を問わず，複雑な断面形状の押出し加工が可能であるため，汎用的に用いられている。**図3.2.5**は，AZ 31 合金押出し形材の断面例である[7]。押出し加工法により板材を製作することも行われており，最小板厚0.4 mmの押出しが可能となっている。AZ 61 合金は，中高強度合金であり，構造材などに用いられる。AZ系の合金は，アルミニウム，亜鉛の固溶硬化と両者の金属間化合物の析出により強化を図った合金であり，アルミニウムと亜鉛は，耐食性の改善にも寄与している。

しかし，アルミニウムと亜鉛の含有量が増加するにしたがって，押出し性は

表3.2.1 押出し用マグネシウム合金の種類と代表的な機械的性質の例

合金種		機械的性質		
ASTM	JIS	引張強さ〔MPa〕	耐力〔MPa〕	伸び〔％〕
AZ 31 B	MS 1	230〜280	170〜210	10〜24
AZ 61 A	MS 2	270〜320	190〜240	9〜15
AZ 80 A	MS 3	330〜350	230〜250	8〜10
M 1 A	—	240〜260	150〜190	4〜8

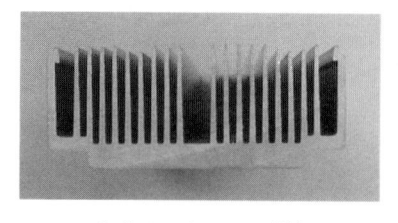

(a) ヒートシンク形材

(b) 異形形材

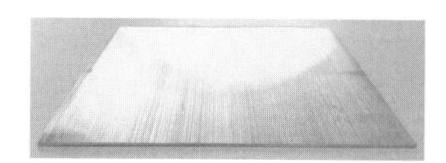

(c) 押出し板材（板厚0.4mm）

(d) 構造フレーム形材

図3.2.5 AZ 31 押出し形材の断面例

低下する。AZ 61 合金ではポートホールダイスを用いての中空材の押出し加工も可能であるが，複雑な断面形状への適用は難しい。また，AZ 61 合金は熱処理が可能な合金であり，T 5，T 6 処理により強度がわずかに上昇する。

　AZ 系合金においては，アルミニウム含有量が6％以上で熱処理が可能であり，AZ 80 合金も熱処理が可能である。AZ 80 合金は，鍛造加工により自動車のホイールなどに使われている合金であり，押出し材も鍛造用の素材として使われることが多い。

　M 1 合金は，Mn を1％前後含む合金であり，押出し加工性に優れ，高速で

の押出加工が可能であるが、粗大なAl-Mn系金属間化合物が、押出し形材中に存在するため、押出された形材の塑性加工性が劣る。そのために、使用できる用途は限定される。

3.2.5 押出し用ダイス

マグネシウム合金の押出し用ダイスは、アルミニウム合金の押出し加工と同様に、中実断面形状の押出しには、フラットダイスと呼ばれる板状の金型を用いる。中空断面形状の押出しは、大きく分類して、マンドレル方式とホローダイ方式に分類される。マンドレル方式は、中空ビレットを、マンドレルを介して押出す方式であり、継目なしの中空材が得られるのが特徴である。ホローダイ方式は、図3.2.6にポートホールダイの模式図を示すように[10]、ビレットは、ポート孔で一度分流し、ウェルディングチャンバー内で溶着して中空部を形成する。したがって、押出し形材には必ず溶着部が存在する。硬質系の合金では、溶着部の溶着性が問題になる場合があるので、注意を要する。ホローダイ方式には、ポートホールダイのほかに、ブリッジダイ、スパイダーダイと呼ばれる形式があり、押出し形材の形状、生産条件などを考慮して使い分けされている。

中空ダイス
ポートホール
とアセンブリー

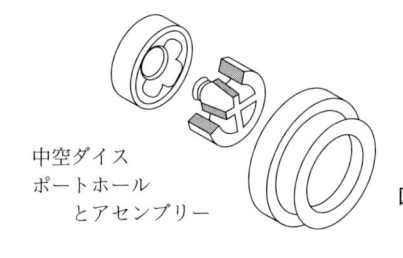

図3.2.6 ポートホールダイの模式図

マグネシウム合金の変形抵抗は、6000系アルミニウム合金と大差はないが、発火の防止と、押出し形材の微細な内部組織を得るため、押出し条件はできるだけ低温に設定するほうが好ましい。そのため、押出し圧力は高くなり、ダイスに負荷される圧力も高くなり、適正なダイスの設計が必要となる。

3.2.6 押出し条件

マグネシウム合金の押出し温度は，合金種と押出し形材の形状により大きく異なるが，一般に 350°Cから 450°Cの範囲で設定される。マグネシウム合金は，押出し条件が内部組織に及ぼす影響が大きく，一般にできるだけ低温に設定するほうが押出し形材の微細な内部組織が得られ，機械的性質が改善される。しかし，断面形状が複雑になるにしたがって，また合金種が高強度になるにしたがって，押出し機の加圧能力の制限から，ある一定温度以上に加熱することが必要になり，下限温度が決定される。また，押出し温度を高くするにしたがって材料の変形抵抗は低下するが，表面酸化が発生しやすくなるとともに，発火の危険が生じ，このことにより上限温度が決定される。**表 3.2.2**はビレット温度と押出し速度を変化させて押出したときの押出し形材の内部組織であり，低温，低速側の押出し条件のほうが，微細な結晶粒が得られている[11]。これにより，伸びが改善されると報告されている。

マグネシウム合金の押出し速度は，表面割れの発生により制限される。AZ系の合金では，アルミニウムや亜鉛の含有量が増加するにしたがって，押出し

表 3.2.2　AZ 31 合金の押出し条件と内部組織の関係

	押出しラム速度〔m/min〕		
	5	10	20
ビレット温度 350°C			
400°C			
450°C			

← 押出し方向　　　　　50 μm

可能限界速度が低下する．**表3.2.3**は，AZ 31，AZ 61，AZ 91に相当する合金を，ビレット温度400℃で，**図3.2.7**に示す押出し比85の中実形状に押出したときの限界押出し速度を示している．またアルミニウム含有量の増加とともに限界押出し速度は低下している．なお，アルミニウム含有量が9％（AZ 91合金）では，薄肉異形形状での押出し加工は困難である．**図3.2.8**にこれらの押出し形材の機械的性質を示す．アルミニウムの量が増えるにしたがって，引張強さ，耐力が増大し，伸びが低下する．

表3.2.4は，アルミニウム含有量を3％一定として，亜鉛，マンガンが押出

表3.2.3　アルミニウム含有量と限界押出し速度の関係

Al量〔mass％〕	押出し速度〔m/min〕				
	1.2	3	5	10	20
3.0	○	○	○	△	△
6.0	○	○	×	—	—
9.0	×	—	—	—	—

○：良品　△：不良品（表面割れ発生のため）
×：表面割れ発生により，押出し加工を途中で中止
—：押出し不能

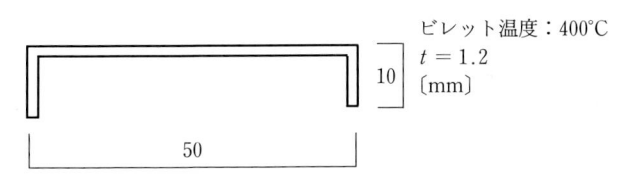

図3.2.7　押出し形状

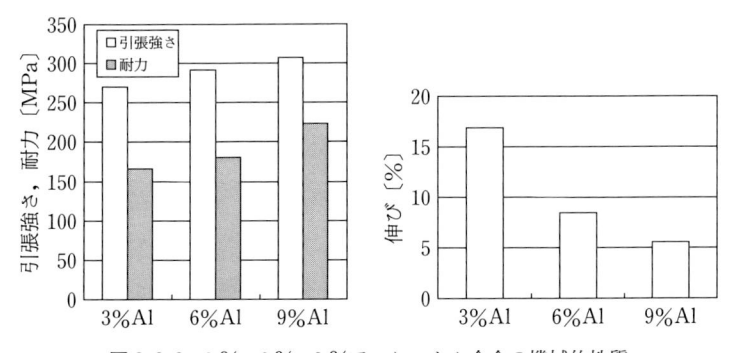

図3.2.8　3％，6％，9％アルミニウム合金の機械的性質

表 3.2.4 亜鉛，マンガン含有量と押出し限界速度の関係

	Zn 含有量〔mass %〕	押出し速度〔m/min〕						
		2.5	5	10	15	20	25	30
Mn 0 %	0.0	○	○	○	○	○	○	○
	0.5	○	○	○	○	○	○	×
	1.0	○	○	○	○	×	×	×
Mn 0.3 %	0.0	○	○	○	○	○	○	×
	0.5	○	○	○	○	○	×	×
	1.0	○	○	○	○	×	×	×

○：良品　　×：不良品（表面割れの発生のため）

し速度に及ぼす影響を調べた結果である。押出し形材形状と押出し条件は前述の図 3.2.7 と同一である。亜鉛含有量が増加するにしたがって押出し速度が低下している。

3.2.7　押出し形材の欠陥とその対策

マグネシウム合金を押出し加工するときに発生しやすい欠陥として，表面酸化と表面割れがある。一般に，押出し加工時には，加工発熱により押出し形材の温度は上昇する。その際に，マグネシウム合金では空気中の酸素と反応し，酸化膜が形成され，押出し形材表面が茶褐色から黒褐色に変色する。**図 3.2.9** は AZ 31 押出し形材の表面を ESCA で分析した結果である。押出し形材の表面に検出される元素は，コンタミネーションと考えられる C を除いては，Mg, Al, Zn, Mn, O のみであり，表面に形成される膜は酸化膜であること

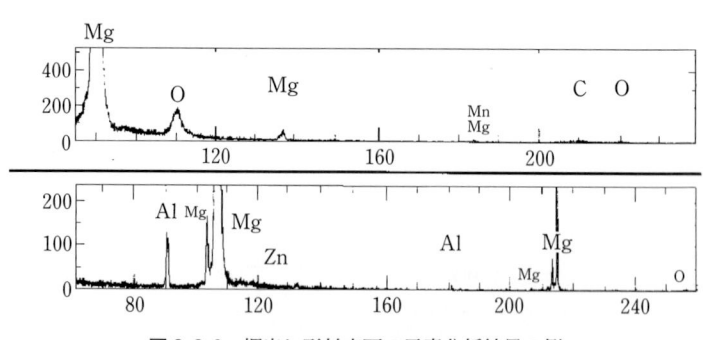

図 3.2.9　押出し形材表面の元素分析結果の例

3.2 押出し加工

が確認された。酸化による変色の程度は，合金成分系によって異なる。M1合金は，高速で押出し加工を行っても，酸化変色を起こしにくい。AZ系の合金は，アルミニウム，亜鉛の含有量が高くなるにしたがって，表面酸化を起こしやすくなる。

図3.2.10は，AZ31をベースにした合金の表面酸化の程度を，押出し速度を変化させて測定した結果である[11]。縦軸は，色彩計で測色した明度であり，数字が小さい，すなわち明度が低い方が，酸化による黒褐色化が進行していることを表している。押出し速度が高くなり，押出し形材の表面温度が高くなるにしたがって，押出し形材の表面が茶褐色に変色しているが，その程度は，亜鉛の含有量が多いほど著しい。

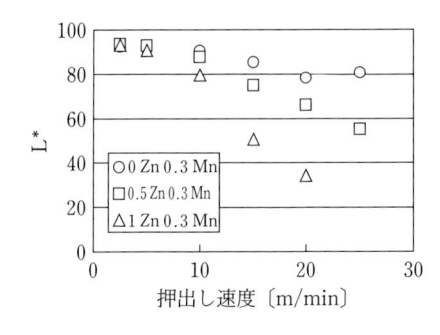

図3.2.10 Zn量を変化させた3%Al合金の押出し速度と明度（L^*値）の関係

マグネシウム合金押出し形材は，耐食性を付与するためになんらかの表面処理を施されて製品化される。押出し形材の表面に形成される酸化膜は，表面処理工程中の前処理工程で容易に除去されるため，実用上はあまり問題にならない場合が多い。しかし，用途上押出し形材の出荷時に酸化膜の除去を必要とする場合は，希硝酸などで洗浄される。この場合，薬液の除去と乾燥を十分に行わないと輸送，保管時の腐食の原因になるので，注意が必要である。

図3.2.11は，AZ31合金に発生した表面割れの例である。表面割れは，押出し方向に対して垂直な方向に発生する。表面割れの対策としては，ダイス構造設計の工夫，押出し時の潤滑等の改善が考えられる。

ダイスの構造については，1970年代にカイザー社から種々の金属材料に適

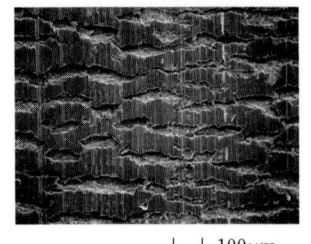

図 3.2.11 AZ 31 合金押出し形材に発生した表面割れ

したダイス構造としてマグネシウム合金のダイス構造が紹介され，ベアリング導入部に面取りをつけるのがよいとされている。表面割れとの関連については述べられていないが，その考え方は参考になる[12]。

高辻らは，ダイス導入部にアールを付加した導入部を設けることにより，平滑な押出し形材表面が得られることを述べ，連続的なメタルの流れが得られることが原因であると考察している[13]。また，高辻らは潤滑の影響についても検討し，黒鉛潤滑が表面割れ対策に効果があることを確認しているが，押出しの長手方向の全長に渡って効果を持続させるのは難しいと述べている[14]。

図 3.2.12 はダイスベアリング角度と表面粗さの関係である。前述のように，押出し形材の表面割れは，押出し方向に対して垂直方向に発生する。したがって，図の押出し方向に平行に測定した表面粗さは，表面割れの程度を表している。ダイスベアリング角度をブレーキ側に設定することにより，表面割れのない平滑表面が得られている[15]。この方法は，汎用的に種々な断面形状に適用

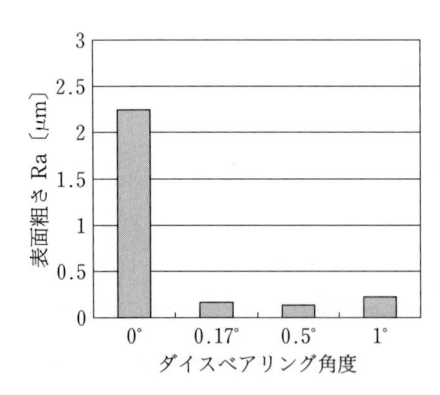

図 3.2.12 ダイスベアリング角度を変化させて，AZ 31 合金を押出したときの押出し方向に平行に測定した表面粗さ

できる有効な方法である。

3.3 引抜き加工

3.3.1 引抜き加工と引抜き設備

　マグネシウム合金は，鋼やアルミニウム合金などと異なり，室温で塑性変形能が低いため，通常の断面減少率で引抜きを行うためには温間で加工する必要がある。引抜き加工の適正温度は合金組成によって異なり，一般には耐熱性の高い合金ほど高温加工が適する。また潤滑剤は，短尺材ならば二硫化モリブデン[1]を用いることで引抜きが可能である。なお，棒や線は一般的な単頭伸線機，管は一般的なドローベンチで引抜き加工ができる。

　棒や線の引抜き加工では，円錐状のダイスを通して出口と同じ断面形状に変形させることができ，円以外でもコーナに適切なアールを持たせることで矩形断面などにも仕上げることが可能である。断面減少率は加工温度にもよるが1パス当り30％程度まで，引抜き速度は単頭引きならば30 m/min 程度まで可能である。また，適切な加工温度と断面減少率を選択することで，中間での焼なましを行うことなしに繰り返し引抜き加工を行うことができる。現在，最も細い引抜き材の線径は 0.15 mm であるが，さらに細径化も可能である。

　管の引抜き加工は空引きおよび心金引き[1]が可能である。断面減少率は加工温度にもよるが15％程度まで，引抜き速度は10 m/min 程度，断面形状は丸以外の形状もダイスを選択することで製造できる。

3.3.2 引抜き材の機械的特性

〔1〕 棒 ・ 線

（1） 機械的特性に影響を及ぼす因子　　引抜き材の機械的特性は，引抜き温度および断面減少率の影響を大きく受ける。断面減少率の機械的特性に及ぼす影響は，中間パスの影響もあるが，最終パスでの影響が最も大きい。また，引抜き後に熱処理を施すと機械的特性は大きく変化する[2]。

(2) **引抜き加工後の引張特性** AZ 31 の直径 6 mm の押出し棒を 3 mm まで引抜き加工した後，焼なましを行い，引張強さ 260 MPa に調整した素材を用い，1 パスのみ加工を行ったときの引抜き条件と引張特性の関係を**図 3.3.1** に示す。加工温度が低いほど，そして断面減少率が大きいほど，引抜き加工後の引張強さは高くなるが，伸びや絞りは低くなる。

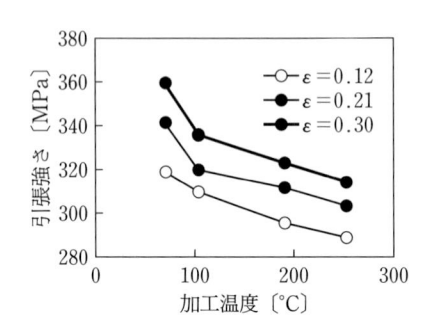

図 3.3.1 AZ 31 の引抜き条件と引張強さの関係

(3) **熱処理後の引張特性** 断線が発生しない加工条件で繰り返し引抜き加工した AZ 31 の引張特性を押出し材とあわせて**図 3.3.2** に示す。引張強さは引抜き加工後で 386 MPa，200℃熱処理で 307 MPa となり，耐力比はそれぞれ 96％，79％となっている。引抜き加工材は押出し材と比較すると，引張強さ，0.2％耐力とも高くなるが，降伏点のほうが比率としては高くなる。

図 3.3.3 に AZ 61 の引抜き加工後および熱処理後の引張特性を押出し材とあわせて示す。AZ 31 と比較すると引張強さ，0.2％耐力ともに高くなる。伸びおよび絞りは 300℃以上で熱処理することにより高くなり，この温度伸びや絞りが高くなる熱処理温度は AZ 31 より 50℃ほど高くなっている。

(4) **疲労特性** AZ 31 および AZ 61 の回転曲げ疲労試験結果を**図 3.3.4** に示す。200℃で熱処理した場合に最も高い疲労限を示し，1 000 万回の疲労限はそれぞれ 105 MPa，115 MPa となる。

(5) **曲げ加工性** 引抜き加工された線はそのままでは小さな曲率で曲げることが困難であるが，250℃以上で熱処理することによって加工性は大きく改善される。AZ 31 などでは，引抜き加工後の線を曲げ，加工したまま放置す

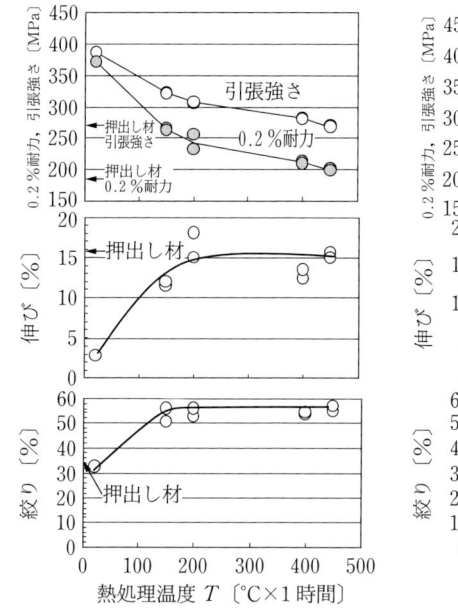

図 3.3.2 AZ 31 引抜き材の引張特性

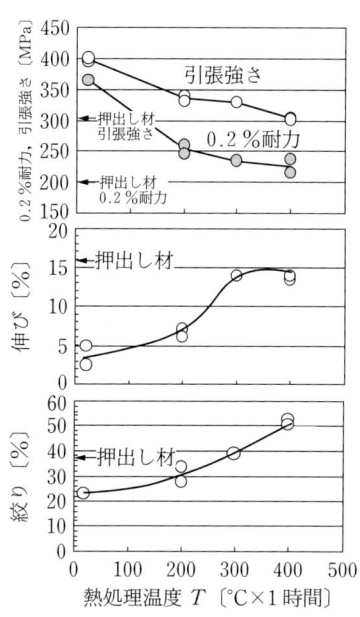

図 3.3.3 AZ 61 引抜き材の引張特性

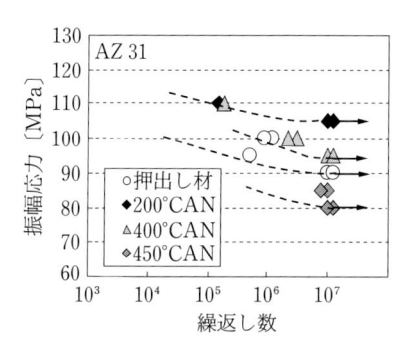

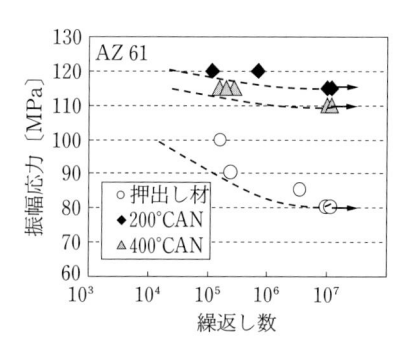

図 3.3.4 AZ 31 および AZ 61 引抜き材の S-N 曲線

ると，遅れ破壊を発生する可能性があるので注意が必要である．引抜き加工した線も 250℃以上で熱処理を行うと，線径 d に対し，曲率半径 $r = d$ の曲げ加工が可能になり，そのまま放置しても遅れ破壊は起きない．

（6）金属組織　**図 3.3.5** に，AZ 31 の押出し材，引抜き材および熱処理材の光学顕微鏡組織を示す．引抜き加工によって結晶は引抜き方向に伸ばさ

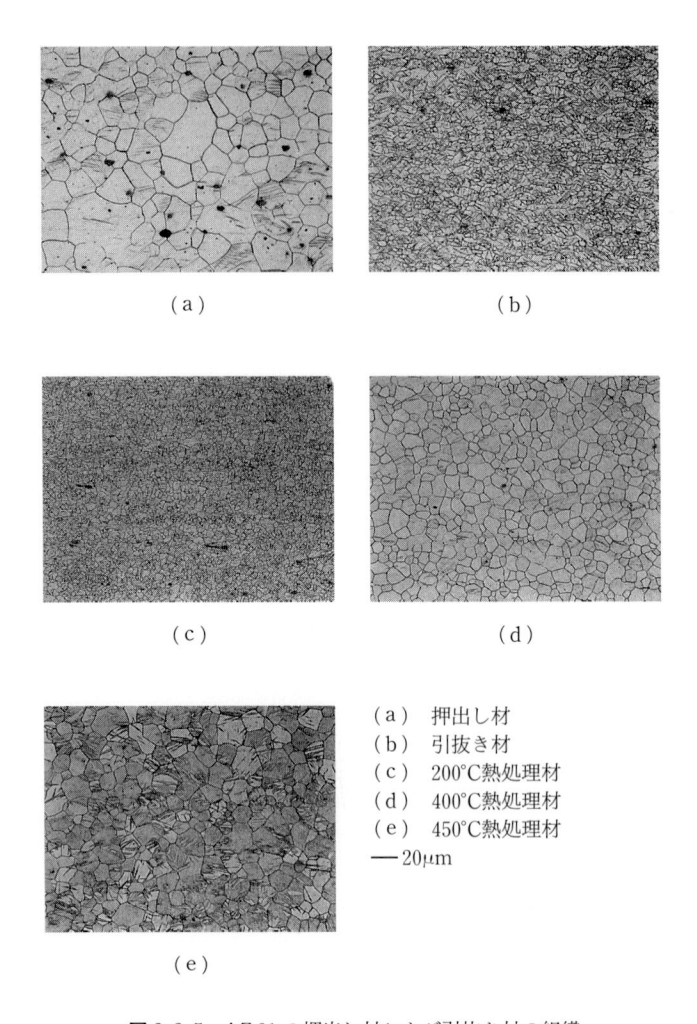

(a) 押出し材
(b) 引抜き材
(c) 200℃熱処理材
(d) 400℃熱処理材
(e) 450℃熱処理材
—20μm

図3.3.5 AZ31の押出し材および引抜き材の組織

れ,結晶粒内には双晶変形が認められる[3]。この変形が加えられた結晶は200℃以上の熱処理によって再結晶が進み,200℃で粒径は3.9μmと微細化するが,熱処理温度が高くなるにつれ結晶粒は粗大化する。結晶粒径と0.2％耐力の関係を**図3.3.6**に示す。0.2％耐力は結晶粒径の−1/2乗に比例し,ホールペッチの法則に従うことがわかる。

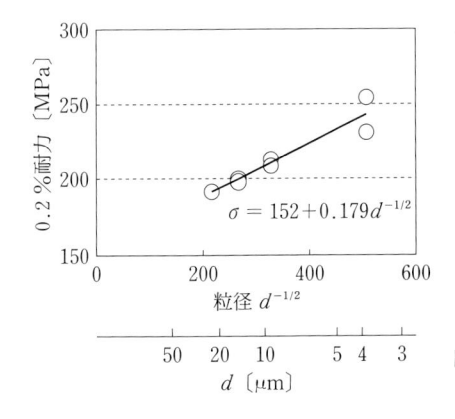

図 3.3.6　結晶粒径と 0.2％耐力の関係

$$\sigma = 152 + 0.179 d^{-1/2}$$

〔2〕 管

（1） 引抜き加工後の引張特性　　AZ 31 の外径 25 mm，肉厚 1.5 mm の押出し材を外径 22 mm，肉厚 1.0 mm まで引抜き加工し，その後，熱処理を行った引抜き材の引張特性を図 3.3.7 に示す。引抜き加工をすることで引張強さは高くなるが，伸びは低下する。250℃熱処理によって伸びは 15％以上に高くなる[3]。

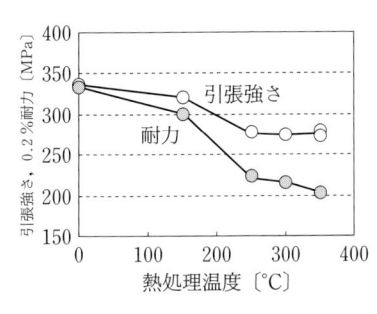

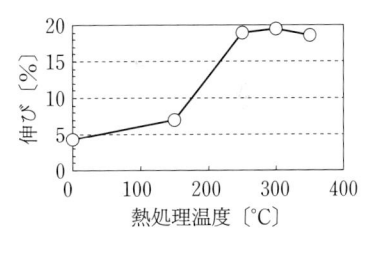

図 3.3.7　AZ 31 の引抜き材の引張特性

（2） 曲げ加工性　　引抜き加工後に 250℃で 30 分熱処理した管を，回転引き曲げにより常温で 180°曲げを行い，割れの有無を評価した。比較材にはアルミニウム合金の 6063，2014 および 2024 を用いた。表 3.3.1 に結果を示す。○は割れなし，×は 180°曲げに至る前に割れが発生したことを表す。なお，R は曲げ半径〔mm〕，D はパイプ外径〔mm〕である。AZ 31 の引抜き

表 3.3.1 曲げ加工評価結果

材料	R/D 5	R/D 4	R/D 3	比強度 (MPa)
AZ 31	○	○	○	152
A 6063 TE-T 5	○	○	○	82
A 6063 TE-O	○	○	○	36
A 2014 TE-T 3	○	○	×	170
A 2014 TE-O	○	○	×	71
A 2024 TE-T 3	○	○	×	180
A 2024 TE-O	○	○	×	73

材は $R/D=3$ まで割れが発生せずに曲げ加工が可能であり，A 6063 と同様の曲げ加工性を示す．

3.3.3 引抜き材の種類と特徴

引抜き可能なマグネシウム合金は，AZ 系以外でも ZK 系や AM 系など，温間で塑性加工が可能な合金では原理的に可能である．また，曲げ加工性を向上させる方法としてロールを利用した引抜き加工が有効であることがわかってきている[5]．

引抜き材の特徴としては，引張強さや耐力が高いことに加え，曲げ加工性の向上がある．さらに，他の金属と同様に寸法精度も高くなり，2 mm 以下の線では線径公差 1/100 mm 以下を確保できる．

第4章

塑性加工による成形

4.1 せん断（打抜き）加工

せん断加工はパンチとダイの一対の工具で材料を挟んで切断する加工法である。広幅材や棒材などの素材切断の分野では，シヤーやスリッターなどの専用機によるせん断加工が行われ，素板からの成形用ブランクの打抜き，成形品への穴あけや縁切りなどではプレス機械によるせん断加工が広く行われる。

4.1.1 加工工具および設備

マグネシウム合金板の打抜きや穴あけなどのプレスせん断加工では，一般的な金属材料の場合と同様に，**図4.1.1**に示すような，パンチ，ダイおよびストリッパー（材料押え）の主要型部品から構成される金型を用いて加工が行われ

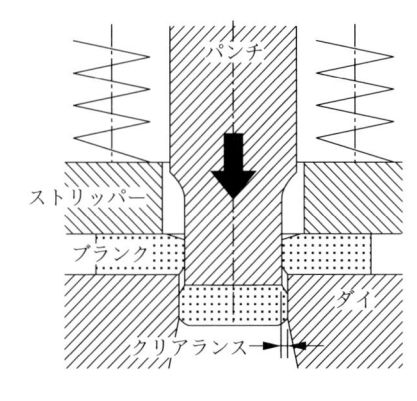

図4.1.1 標準的な打抜き金型の構造

る。パンチやダイは厳しい加工条件にさらされるため，これら工具材質には熱処理を施した合金工具鋼や高速度工具鋼などが用いられる。

マグネシウム合金は耐食性の劣る金属であることから，せん断加工では無潤滑で加工が行われることが多い。このため，工具への被加工材の凝着が顕著となりやすい。また，加工時には針状や粉状のせん断くずが発生するため，生産においては，安全上の観点から，これらくずが金型内に堆積しないような工夫や金型近傍に湿式の集じん機を設置するなどの対策が必要である。

4.1.2 せん断特性と切り口面

マグネシウム合金のせん断特性が，これまで調査された例はきわめて少ない[1]。この項では，マグネシウム合金板の打抜き加工や穴あけ加工について述べる。

〔1〕 **せん断特性**[2] 　図4.1.2は，各種工具クリアランス条件でAZ31合金板を打抜き加工したときの荷重-ストローク線図である。これから求めたせん断抵抗（最大せん断荷重/せん断面積）は同材の引張強さの50％程度であり，一般の金属材料などの同比率（約80％）に比べて小さい。また，いずれのクリアランスにおいても，工具食込みが板厚の20％程度でせん断荷重が低下することから，比較的少ない工具食込み時点で材料分離がなされることがわ

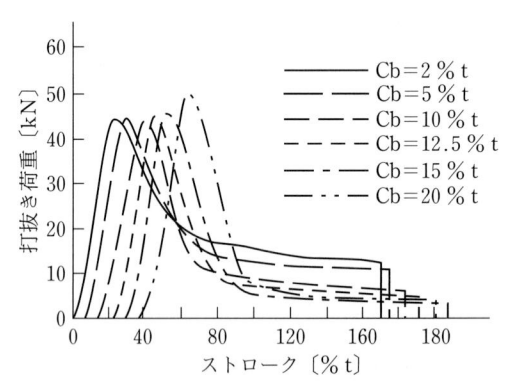

図4.1.2　マグネシウム合金（AZ31）板打抜き荷重-ストローク線図[2]

かる。ただし，マグネシウム合金の場合は，ほかの金属材料のように材料分離後に急激なせん断荷重の低下が認められず，特にクリアランスが小さい場合にはせん断終了時まで比較的大きな押込み荷重が作用する。

図4.1.3にせん断時のクラック発生の様子を示す。マグネシウム合金は，ほかの金属材料のように両工具の刃先近傍から発生したクラックが直線的に成長せず，方向を細かく変化させながら成長し，最終的に会合し，材料分離が行われる。このため，クラックの連通がなされた後も，パンチの下降により切り口面どうし，または切り口面と工具がこすれあいながら，または削られながら加工が進行し，せん断が終了する。このため，前述したように材料分離後の荷重低下が緩慢となり，押込み力が大きくなる。そして，図(e)，(f)中の矢印で示すようなせん断くずが発生する。

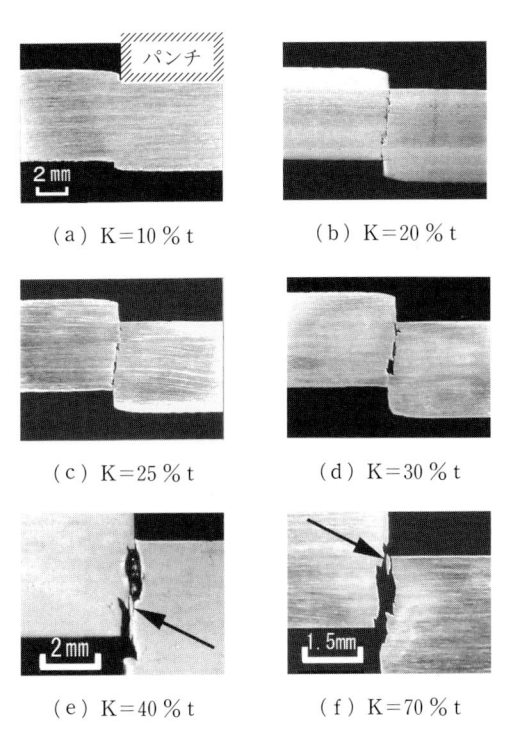

(a) K=10％t
(b) K=20％t
(c) K=25％t
(d) K=30％t
(e) K=40％t
(f) K=70％t

図4.1.3 マグネシウム合金（AZ 31）板せん断時のクラック発生の様子[2)]

〔2〕**切り口面** 慣用のせん断加工により得られるマグネシウム合金の切り口面は，上記せん断時のクラックの発生時期や成長の様子からわかるように，切り口面に占める破断面の割合が多く，この破断面の凹凸は一般の金属材料の切り口面に比べ大きなものとなる[1]。なお，AZ 91 材のせん断切り口面の凹凸は AZ 31 材より小さいものの，同様に切り口面はほぼ全面が破断面となる[3]。

図 4.1.4 は工具クリアランス（Cb）を変化させた場合の AZ 31 材の切り口面性状であり，図 4.1.5 はこのときに得られた抜き落し側切り口面の横断面形状である。一般に，Cb が 15％t 以上になると，切り口面内に大きな段差が発

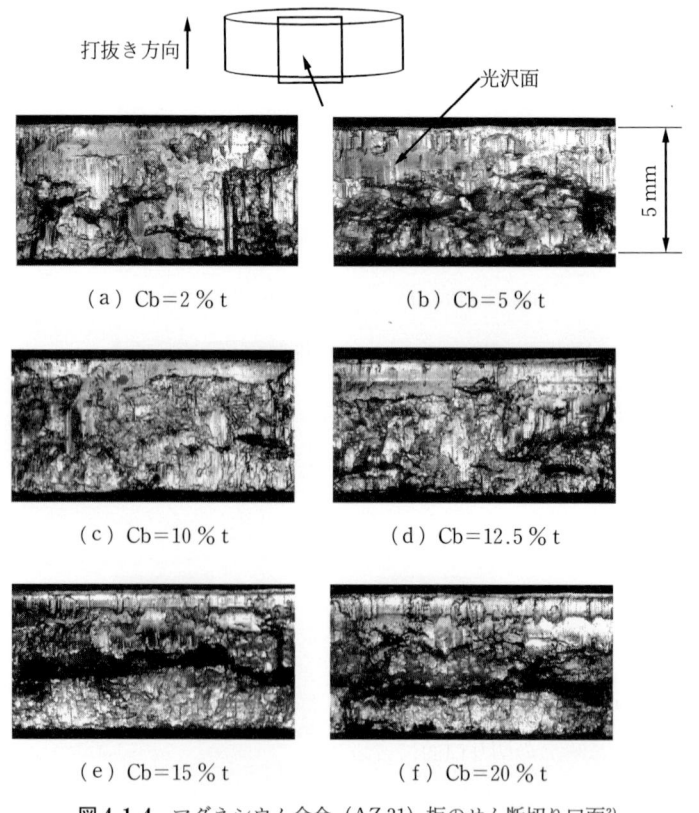

(a) Cb=2％t (b) Cb=5％t

(c) Cb=10％t (d) Cb=12.5％t

(e) Cb=15％t (f) Cb=20％t

図 4.1.4 マグネシウム合金（AZ 31）板のせん断切り口面[2]

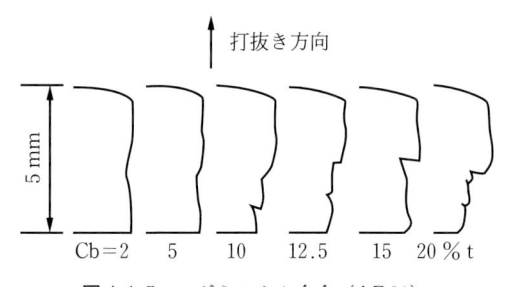

図 4.1.5 マグネシウム合金（AZ 31）板切り口面の横断面形状[2]

生する。また Cb が小さくなるにしたがい，光沢面の切り口面に占める割合が多くなる。この光沢面は，鋼板などの切り口面に認められるせん断面とは異なり，光沢面内に一部破断面が存在すること，さらには前述したように，材料分離後に切り口面同士がこすれ合ったり，工具により切り口面の一部が削られることから，これらにより生成されたバニシ面または切削面と判断できる。

なお，いずれの Cb においても工具食込みが比較的少ない段階で材料分離が行われる脆性材料であるため，だれの発生量は一般の金属に比べて少ない。特に AZ 91 材の場合のだれ発生量は板厚に対し 3〜5 ％程度ときわめて少ない[3]。

4.1.3 精密せん断

平滑な切り口面を得るための代表的な精密せん断法[4]として，精密打抜き法（ファインブランキング）や対向ダイスせん断法などがある。しかし，これら精密せん断法によるマグネシウム合金のせん断切り口面の大きな改善は期待できない。この原因についてはまだ明らかにされていないが，マグネシウムの結晶構造に起因していると考えられている。

〔1〕 **加熱せん断**　鋼材などのせん断では，被加工材を加熱した状態でせん断すると，せん断面の切り口面に占める割合が増加し，再結晶温度以上の加熱温度域になると全面せん断面からなる平滑な切り口面を得ることができる[5]。しかし，マグネシウム合金の場合は，加熱せん断を行っても，**図 4.1.6**

（a）冷間せん断　　　　　　　　（b）加熱せん断

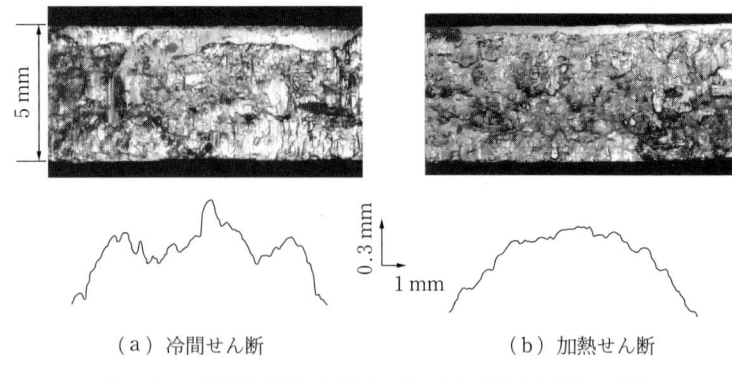

図 4.1.6　冷間せん断と加熱せん断により得られた切り口面[2]

に示すように，わずかの破断面粗さの向上は認められるものの，大幅な切り口面の改善はなされない。

〔2〕**シェービング**　精密せん断法の一つにシェービング[6]がある。この加工法は切削的変形により材料分離がなされるため，比較的広範囲の材質への適用が可能である。

シェービングでは取り代（削り代）の大きさが切り口面の良否に大きく影響する。鋼板などのシェービングでは，板厚が 5 mm 以上に厚くなると，シェービングくずの堆積によりスムーズな切削による材料分離が行われなくなるため，取り代を小さくしても，うろこ状の破断面が発生したり，加工末期に破断面が発生するようになる。これに対し，マグネシウム合金は，図 4.1.7 に示すように，板厚 5 mm 以上の厚板においても，比較的大きな取り代で平滑なシェービング面が得られる。これは図に示すように，シェービングくずが加工中に針状に分断されることで，加工中に堆積することなく排出されるためである。

また，シェービングにおける作業上の問題として，打抜きなどにより得たブランクを取り代が均一になるように金型内に正確にセットしなければならないという問題がある。この問題を解決するための加工法に，図 4.1.8 に示すような重ね抜きがある[7]。この加工法は，パンチと打抜きダイにより打抜いた後，材料を打抜きダイでガイド（位置決め）した状態でつぎの打抜きを行い，打抜

4.1 せん断（打抜き）加工

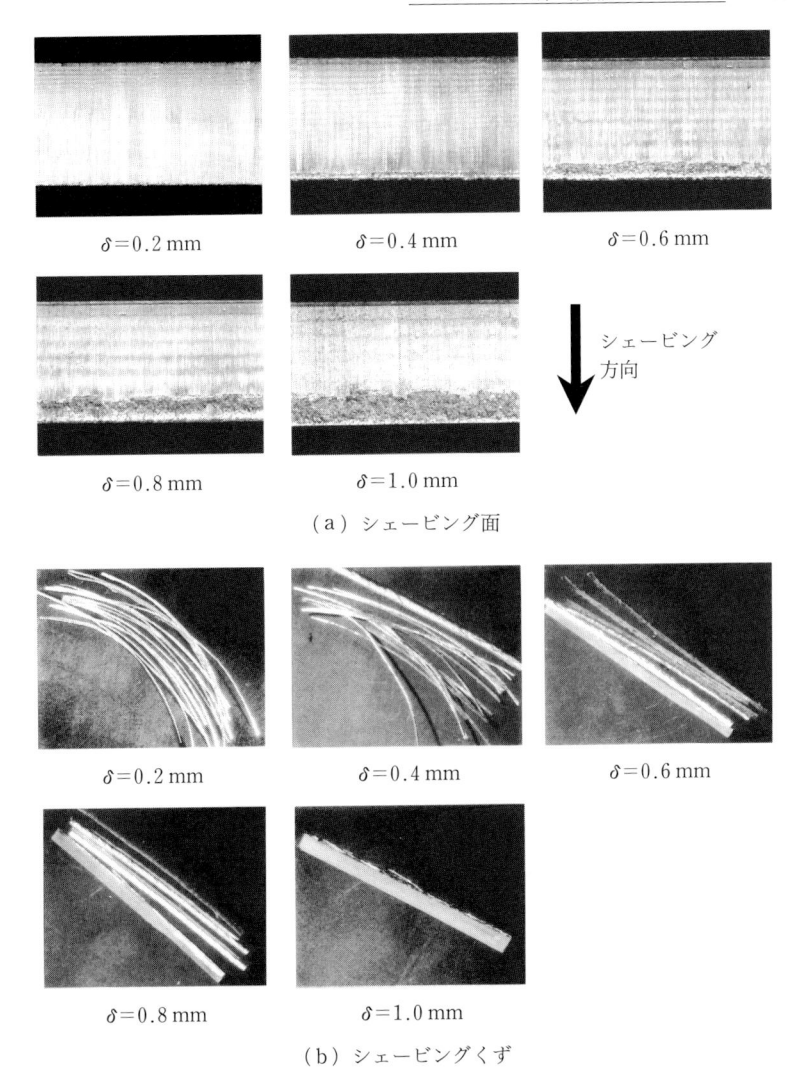

$\delta=0.2\,\mathrm{mm}$　　$\delta=0.4\,\mathrm{mm}$　　$\delta=0.6\,\mathrm{mm}$

$\delta=0.8\,\mathrm{mm}$　　$\delta=1.0\,\mathrm{mm}$

シェービング方向

（a）シェービング面

$\delta=0.2\,\mathrm{mm}$　　$\delta=0.4\,\mathrm{mm}$　　$\delta=0.6\,\mathrm{mm}$

$\delta=0.8\,\mathrm{mm}$　　$\delta=1.0\,\mathrm{mm}$

（b）シェービングくず

図4.1.7　各種取り代 δ でシェービングされた切り口面とくず[2]

かれた材料が下方の以前に打抜かれた材料をシェービングダイへ押し込むことでシェービングを行うものである[2]。すなわち，この加工法を用いれば，打抜きダイでブランクの位置決めが行われるため上記問題が解消され，さらにプレス1工程での精密せん断が可能となる。なお，この方法で鋼製の閉輪郭部品の

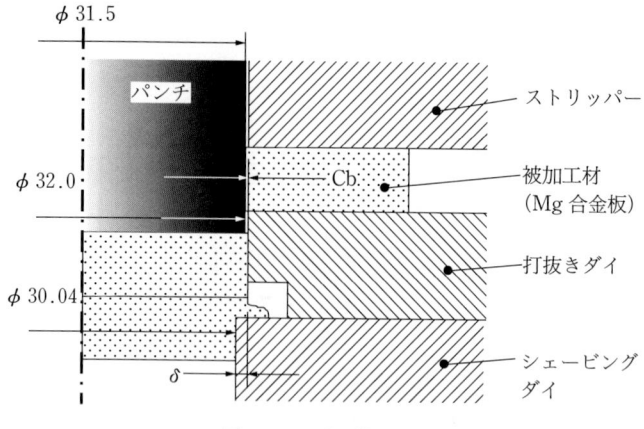

図 4.1.8 重ね抜き法[7]

加工を行うと，シェービングくずがパンチ周囲にからみつき，その処理が問題になる。しかし，マグネシウム合金の場合は取り代を適正に選べば，**図 4.1.9** (a)に示すようにシェービングくずが細かく分離し，図(b)に示すような全面平滑な切り口面を得ることができる[2]。

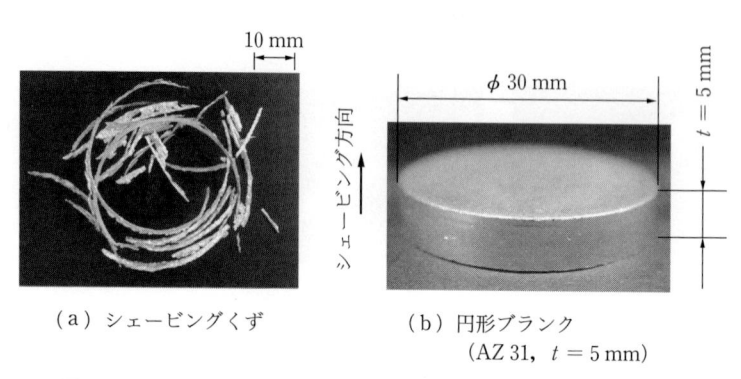

(a) シェービングくず

(b) 円形ブランク
(AZ 31, $t = 5$ mm)

図 4.1.9 重ね抜きにより得られたシェービングくずと円形ブランク[2]

また，穴内面を仕上げる場合は，**図 4.1.10** に示すような 2 段パンチを用いる削り抜き[8]を行えば，**図 4.1.11**[3]に示すような高精度の穴を得ることができる。この加工法はダイカストなどによる成形品などの穴あけやばり取りなどにも利用できる。

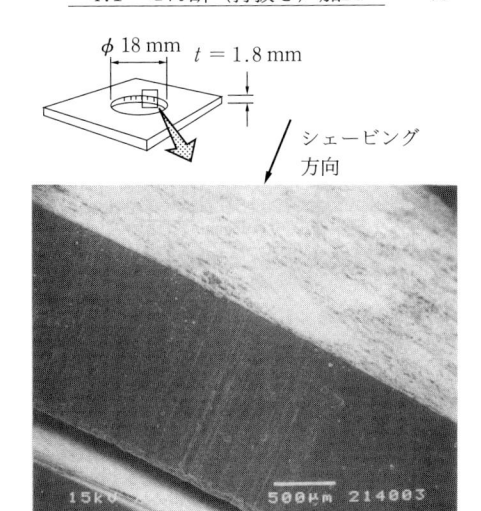

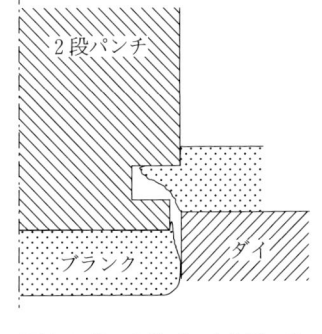

図 4.1.10 2段パンチを用いる穴内面の削り抜き[3]

図 4.1.11 削り抜きにより得られた穴部切り口面（AZ 91, $t = 1.8$ mm）[3]

4.1.4 工具寿命向上策と切り口面悪化防止策

　一般のせん断加工において工具刃先が摩耗すると，切り口面のかえりが増大するため，工具が寿命に達したと判断される。しかし，せん断荷重の小さなマグネシウム合金のせん断やシェービングにおいては，工具刃先の摩耗が原因ではなく，工具に凝着した加工硬化した被加工材（マグネシウム合金）が，材料分離後に切り口面をこすったり変形させたりすることで，かえりが増大し，工具が寿命に達したと判断される場合が多い。

　図 4.1.12[10]は2 000回の無潤滑打抜き後の慣用工具と，PVD法で成膜されたDLC（ダイヤモンドライクカーボン）膜[9]をコーティングした工具の刃先付近の性状である。DLCコーテッド工具はマグネシウム合金の凝着防止効果が高いことが明らかにされている。

　さらに，シェービングにおいては，慣用工具の場合は，刃先付近に凝着物が発生するため，加工回数の増加に伴いシェービング面の表面粗さが悪化する。これに対し，**図 4.1.13**[10]に示すように，DLCコーテッド工具を用いた場合

(a) 慣用工具　　　　(b) DLC コーテッド工具

図 4.1.12 2 000 回打抜き後の刃先近傍の様子[10]

(a) 慣用工具

(b) DLC コーテッド工具

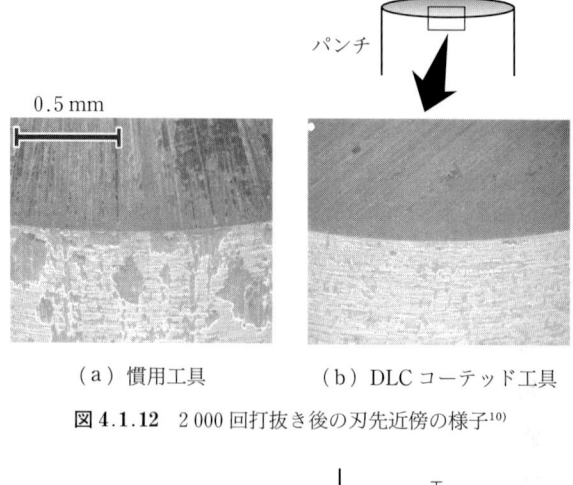

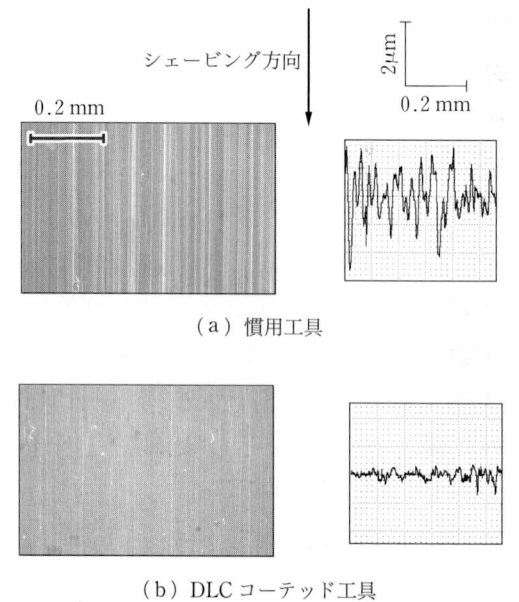

図 4.1.13 シェービング 2 000 回目に得られた切り口面とその表面粗さ[10]

は，加工回数増加に伴うシェービング面の表面粗さの悪化が大幅に防止でき，安定した加工が行える。

　なお，この DLC コーテッド工具は使用頻度が増すと，刃先近傍の膜が摩耗

やはく離により消失し，その効果が薄れるが，この場合には工具の端面のみを再研磨することで再利用が可能になる。すなわち，再コーティングすることなく再利用しても，切り口面の悪化防止効果が十分発揮できる。

4.2 曲げ加工

4.2.1 加工設備[1]

金属板材の曲げ加工は，金型を用いる方法としては，図 4.2.1 に示すように
（1）ダイに材料を載せ，パンチで押して曲げる（（a）突曲げ様式）
（2）材料の一部を固定して，残りの部分をある半径をもつ型，あるいはドラムに押付けて（巻付けて）曲げる（（b）押え巻き様式）
（3）材料を送り，ロールなど型の間隙を通して曲げる（（c）送り曲げ様式）
といった三通りに大別される。

(a) 突曲げ様式　　(b) 押え巻き様式　　(c) 送り曲げ様式

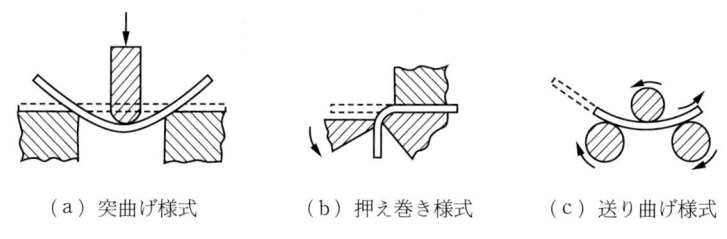

図 4.2.1　曲げ加工の様式

そのほかには，曲げの外側を局部的に圧縮し，それと直交する方向への伸びを得るたたき曲げや逐次鍛造曲げがある。一方，金型を用いない方法としては，ピーニング曲げや，局部加熱後の材料の収縮を利用した線状加熱曲げがあるが，いずれも特別な設備を要する方法である。

4.2.2 加工限界

〔1〕 **曲げ加工性の評価**　マグネシウム合金材料の塑性加工の中で，冷間加工が可能なものは曲げだけである。一般に，板材の曲げ加工性は，常温にお

いてつぎのようなもので評価する。

① 任意のパンチ先端半径（板厚の何倍かで表現）で90°曲げた際，表面に割れが発生しない場合の最小の半径。

② ①で，曲げ内側の半径を0にしても割れが生じない場合，180°曲げ（密着曲げと呼ぶ）において割れが発生するか否か。

③ ある半径で曲げた際，割れが生じるときの曲げ角度。

①と②は，JIS Z 2248で定められている。②で，任意のパンチ先端半径でU曲げを行い，最小の曲げ内側半径で評価してもよい。加工限界と判断する割れについては，材料の引張側表面を目視で確認できるものとされている。

また，曲げ型へのなじみ性（形状性）や形状凍結性も加工上重要であるが，これらについては種々の条件（板幅，板長さ，板厚，曲げ角度）で曲げた際の，そりの大きさや，規定の半径・角度で曲げた際のスプリングバックの大きさを評価する[2]。

〔2〕**板材の曲げ加工限界** マグネシウム合金展伸材の代表的存在であるAZ31合金板材は，前述の型〔図4.2.1(a)〕による曲げ加工性の評価がなされている。板厚0.5 mmの圧延コイル材（F材）の常温における180°曲げの加工限界を**表4.2.1**に示す。パンチ速度は100 mm/minである。

表4.2.1 板材の曲げ加工限界（JIS 3号）

R_p/t_0	圧延方向に対する角度	加工の状態
6	0°	良好
	45°	良好
	90°	良好
4	0°	割れ
	45°	割れ
	90°	分断
2	0°	分断
	45°	分断
	90°	分断

4.2.3 その他の素材の曲げ加工

この項では，AZ 31 マグネシウム合金押出円管の室温におけるプレス曲げで観察される変形の特徴[3]と加工性について述べる。

〔1〕 材　　料　　供試材は AZ 31 マグネシウム合金押出円管の F 材で，外直径 $D_0 = 25$ mm，肉厚 $t_0 = 1.5$ mm を用いた。引張試験および圧縮試験によって得られた材料特性を**表 4.2.2** に示す。引張りに比べ，圧縮側では耐力は低いが，降伏後に変形抵抗が二次曲線的に増加するのが大きな特徴である。

表 4.2.2 AZ 31-F 円管の機械的性質

引 張				
n^*値	F^*値〔MPa〕	0.2％耐力 $\sigma_{0.2}$〔MPa〕	引張強さ σ_B〔MPa〕	破断伸び〔％〕
0.18	380	150	230	16

$^*\sigma = F\varepsilon^n$（引張試験片：JIS 14 B）

圧 縮				
—	—	0.2％耐力 $\sigma_{0.2}$〔MPa〕	座屈応力 σ_{max}〔MPa〕	座屈時のひずみ**〔％〕
		80	290	10

**GL＝50 mm

〔2〕 実　験　方　法　　**図 4.2.2** に示すような，円管の外直径 D_0 と等しい径の溝を持つパンチとダイによって構成される金型を加圧能力 350 kN のクランクプレスに取り付けて実験を行った。曲げ半径 R_0 は，パンチ半径を R_p とすると，$R_0 = R_p + D_0/2 = 62.5, 75, 100$ mm（$R_0/D_0 = 2.5, 3, 4$）である。ウィング式ダイや，背圧，軸力を付加する装置は用いない。加工条件を**表 4.2.3** に示す。

また，マンドレルを用いる場合には，ピアノ線（線径 1.2 mm）の束を管内に可能なかぎり充てんした。断面積から求まる充てん率は約 79 ％である。

〔3〕 プレス曲げによる変形状態　　AZ 31 円管と，比較のため，質別の異なるアルミニウム合金円管を，マンドレルを用いずに $R_0/D_0 = 3$ の加工条件でプレス曲げした状態を**図 4.2.3** に示す。AZ 31 円管は，へん平化を生じるも

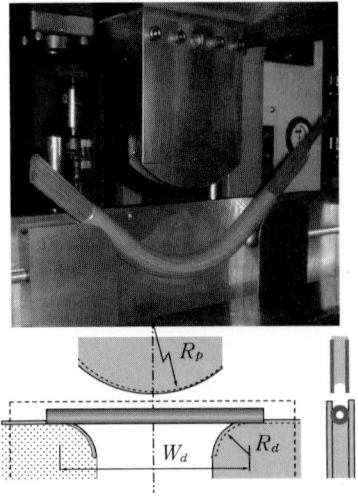

表 4.2.3 円管の曲げ加工条件

パンチ半径 R_p 〔mm〕	50, 62.5, 87.5
ダイ肩半径 R_d 〔mm〕	30
ダイ肩幅 W_d 〔mm〕(R_p に対応)	212, 212, 264
目標曲げ角度〔度〕	90
パンチストローク数〔spm〕	60
拘束板と材料間のクリアランス(両側の合計)〔mm〕	0.5
潤滑油の動粘度(MG-PL 550)〔mm^{2}s^{-1}〕	630

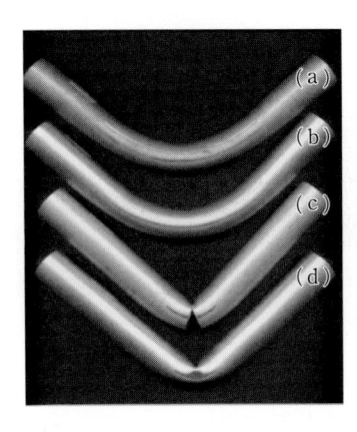

図 4.2.2 プレス曲げ装置の外観と金型の概略図

(a) AZ 31-F, (b) A 6063 TE-O,
(c) A 6063 TD, (d) A 6063 TE-T 5

図 4.2.3 プレス曲げによる円管(R.T., $R_0/D_0=3$, マンドレルなし)

のの，A 6063 の硬質材に見られるような顕著な屈服は生じず，一様変形能の高さからパンチへのなじみも比較的良好な曲げ加工が可能である．

〔4〕 **プレス曲げにおける円管の加工限界** さらに厳しい $R_0/D_0=2.5$ の条件下で曲げたものを図 4.2.4 に示す．AZ 31 管は圧縮側において破断を生じ，加工限界に達するのが大きな特徴である．表 4.2.4 に，種々の条件における加工状態をまとめる．

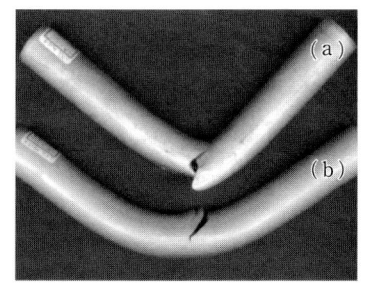

表 4.2.4　各条件による円管の加工状態

R_0/D_0	マンドレル	加工の状態
4	あり	良好
	なし	可能（へん平化　大）
3	あり	良好
	なし	可能（へん平化　大）
2.5	あり	割れ
	なし	割れ

（a）マンドレルなし，（b）マンドレル使用

図 4.2.4　プレス曲げによる円管
（R.T., $R_0/D_0 = 2.5$）

なお，曲げ加工において問題となるスプリングバック量であるが，AZ 31 管は 90°のプレス曲げではどの加工条件でも 15°前後生じ，A 6063 管の 5°〜6°と比較すると 3 倍程度の値を示す。

4.3　張出し加工

張出し変形は，板材を立体形状へ成形するときの変形様式の一つであり，張出し加工では，成形部分の全体が伸び変形を受けて表面積が拡大し，板厚が減少しながら目的の形状となる。実際の成形品の加工では，単純な張出し変形のみによることは少なく，縮みおよび伸びフランジ成形，曲げ変形などのほかの変形様式との組合せで成形されることが多い。

4.3.1　加工工具および設備

張出し加工はつぎのように分類される。

（1）　全体張出し加工　　板を比較的広い面積で張出す加工をいう。自動車ドアの取手部分を局部的に内側に膨らませる成形や，ボンネットのように大曲率半径面の浅い張出し成形が加工例である。浅い張出しでは材料の伸びによる成形限界より，スプリングバックの影響による形状凍結性や表面状態が重要である。通常は，薄板を剛体パンチでダイ形状に油圧プレスで変形させるが，単

純な形状の張出し変形では，**図 4.3.1** のモデルのように内面に液圧を負荷して風船のように膨らませることや，半球状などの剛体パンチでの張出し成形もできる。液圧バルジでは板と成形工具との間の摩擦がまったく生じないため，板はほぼ均一に減少する。

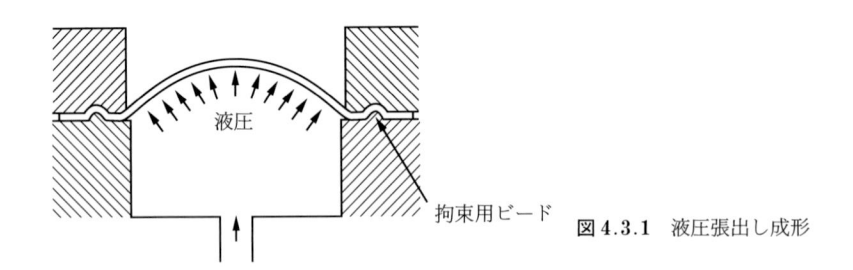

図 4.3.1 液圧張出し成形

（2）エンボス加工　板の比較的小さな部分を張出す加工で，凹凸が逆になった上下1組の金型の間で薄板をプレスで加圧して，板厚をほとんど変えることなく，裏の凹凸を逆に成形する。

（3）バルジ加工　管や容器の中にゴムや液体を入れて，内圧をかけて一部分を膨らます加工法で，張出し限界を向上させるために軸圧縮力を負荷することが多い。成形品の例としては，ドアノブのように円筒に絞った容器の側壁を，所定のデザインの凹型金型内に膨らませる加工がある。

4.3.2　成　形　限　界

板材の張出し成形性を評価する代表的な試験法としてエリクセン試験がJISに定められている。試験法は**図 4.3.2** に示す工具を用いて，材料の流入をおさえるために，周辺部をしわ押えで拘束した試験片に半球状パンチを押込み，表面から裏面に達するまでの割れを生じた時点での張出し高さで表す。パンチと試験片の間の潤滑が不足すると，パンチ先端部において変形が拘束されて破断位置が中心より離れる。なお，エリクセン値は板が厚くなると大きくなる。図 4.3.1 に示す液圧バルジ法によると，材料にはまったく摩擦力が生じないので，材料の純粋な張出し性が評価されるが，パンチによる実際の張出し成形性

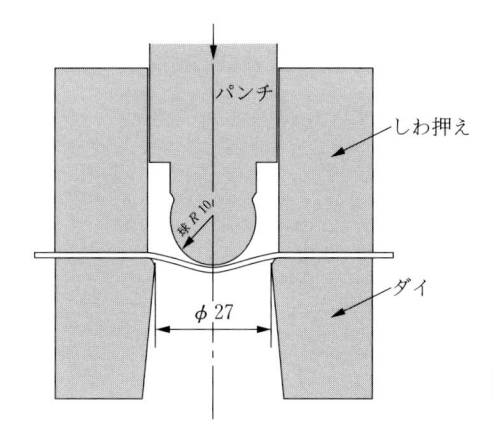

図4.3.2 エリクセン試験法

の評価には適さないこともある。

　図4.3.3はAZ 31合金圧延板（O材）のエリクセン値と，引張試験による全伸びおよび塑性ひずみ比の試験温度による変化であり，純アルミニウム板の1100（O材）は比較材である。高温におけるエリクセン試験は，試験片および工具を加熱炉内に挿入して測定している。AZ 31合金板では常温における全伸びが30％以上であるにもかかわらず，エリクセン値が純アルミニウム板に比

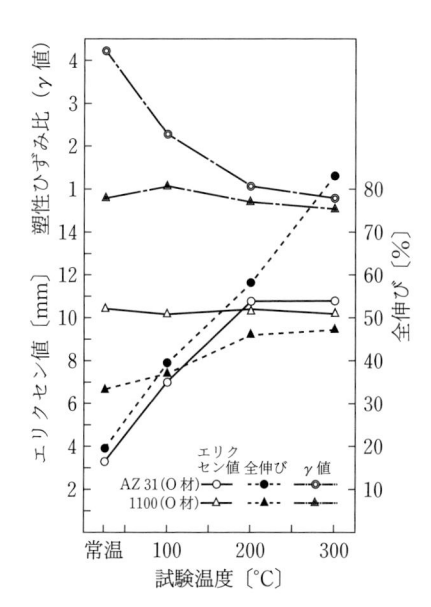

図4.3.3 AZ 31合金板および純Al板のエリクセン値，全伸び，塑性ひずみ比の試験温度による変化（板厚：0.8 mm）

べて著しく低いが，試験温度の上昇とともに急激にエリクセン値が高くなる。加工硬化を示さない熱間加工の温度域である 300°C では，加工硬化係数が低くなってもエリクセン値がさらに向上することはない。したがって，マグネシウム合金板の張出し成形は，金型を 200°C 程度に加熱した温間加工が望ましい。なお，純アルミニウム板のエリクセン値では，試験温度による影響がほとんどない。AZ 31 合金板の塑性ひずみ比は，常温で 4.1 と大きく塑性異方性が顕著である。試験温度が高くなると塑性ひずみ比が 1 に近づいて，異方性が薄れてくる。塑性ひずみ比が高いことは，引張変形に伴う板厚の減少が板幅の減少に比べて著しくおさえられるためである。すなわち，板厚が減少する変形が困難であることであり，二軸引張変形による張出し成形性や平面ひずみ変形である曲げ成形性が劣ることを示唆している。マグネシウム材料の圧延板では，六方晶の常温における優先すべり面である底面が，圧延板面に平行に配列する加工集合組織が形成される。試験温度が高くなると，底面すべり系以外のすべり系も活動するため，延性の増加や塑性異方性の解消によって，張出し変形を含めて成形性が著しく向上する。

図 4.3.4 は，AZ 31 合金板（O 材）の直交二軸引張試験で求めた降伏応力で

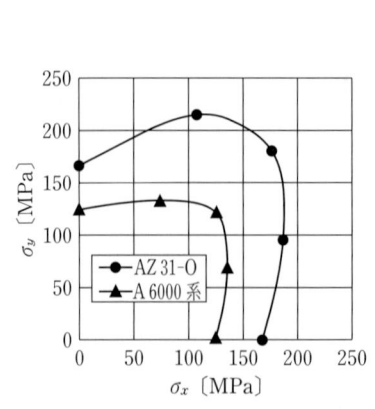

図 4.3.4 AZ 31 合金板（O 材）の二軸引張りによる降伏強度（板厚：0.8 mm）

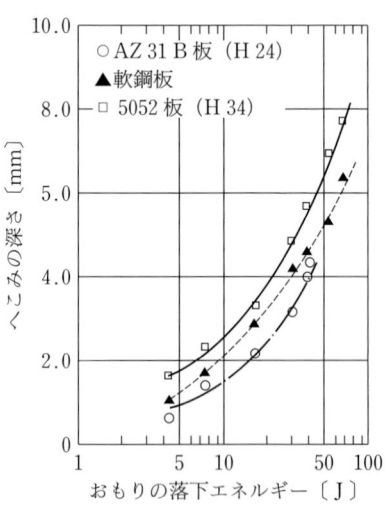

図 4.3.5 耐凹み性の比較（板厚は同一）

ある。x 軸および y 軸の荷重比を変えて常温で試験している。x 軸および y 軸に示す単軸引張りに比べて，すべての荷重比で降伏応力が増加して，比較として示したアルミニウム合金板に比べて高い降伏応力である。等二軸引張りにおいて最も降伏応力が高いことは，常温における AZ 31 合金板の張出し成形性が著しく低いことに対応している。**図 4.3.5** は，マグネシウム板の耐凹み性がほかの金属板に比べて優れていることを示しているが，これは板材のへこみ変形は基本的に張出し変形であることに起因している。

4.4 深絞り加工

深絞り加工は板材から継目のない立体形状品を成形する加工で，プレス加工の中でも技術的に困難な加工法とされている。深絞り加工に用いられる金型は，パンチ，ダイ，しわ押えの三つの主要型要素から構成され，これをプレス機械に取付け，成形加工が行われる。

4.4.1 加工工具および設備

マグネシウム合金板の深絞り加工は，比較的浅い容器や，コーナ部や先端部のアール半径が大きな容器などは冷間での加工が可能であるが，マグネシウム合金が常温でのすべり系の数が少なく延性も乏しいことから，一般には温間または熱間での成形が行われる場合が多い。この場合，**図 4.4.1** に示すように，

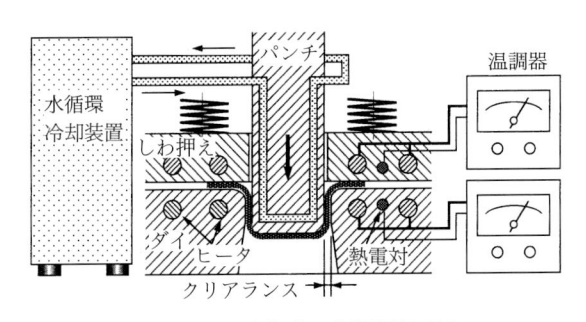

図 4.4.1 局部加熱・冷却深絞り法[1)]

ヒータを内蔵したダイやしわ押えにより素板フランジ部を加熱することで材料の変形抵抗を下げ，同時にパンチ頭部に接する材料を冷却することで材料強度を上げ頭部破断を防止した状態で加工を行う，局部加熱・冷却深絞り法[1]が用いられる．この加工法で成形を行うと，冷間加工に比べ成形限界が大幅に向上する．

4.4.2 成形荷重としわ押え力

プレス機械の選択の際などに必要となる，深絞り時の最大成形荷重 P_max は一般の金属と同様に，最も大きく見積もる場合には式(4.1)を用いる．また，実際の加工では式(4.2)を用いて成形荷重 P を簡便に見積もる場合が多い[2]．

$$P_\mathrm{max} = \pi \cdot d_p \cdot t \cdot \sigma_B \tag{4.1}$$

$$P = \pi \cdot t \cdot \sigma_B \left(\frac{D_0}{d_p} - K \right) \tag{4.2}$$

ただし，d_p：パンチ直径，t：ブランク板厚，σ_B：引張強さ，D_0：ブランク直径．K は定数，マグネシウムでは $K = 0.8 \sim 1.1$ である．

成形中にフランジ部に付与されるしわ押え力は，成形品にしわが発生しない範囲で，できる限り小さな力を付与することが望ましい．このしわ押え力は，成形品の形状，成形温度，潤滑，工具肩アール半径などの違いにより，その適正値が変化するため，試行錯誤や経験により，その最適値を見出す必要がある．一般には $0.35 \sim 1.4\,\mathrm{kPa}$ の範囲が目安とされるが，マグネシウム合金板の深絞りでは比較的広い範囲でしわ押え力を変化させても成形が可能とされている[3]．

4.4.3 成形性への影響因子

〔1〕 被加工材　　深絞り加工には，強度や展延性の面でバランスのとれた AZ 31 マグネシウム合金板が広く用いられており，一部用途では AZ 21 材も利用されている．これら合金板は，実験的に双ロールストリップキャスティングによる試作[4]も一部行われているが，現在市販されているマグネシウム合

金板のほとんどは，圧延加工や押出し加工により製造されている。幅100 mm前後の幅狭コイル材は，製造コスト低減，板厚の均一化や表面性状の向上の観点から，1 mm程度の厚さに押出し加工された狭幅の板材を所望の板厚にまで圧延する工程で製造されるものもある。

AZ 31板材は，冷間では20％程度の伸びを有し，加工硬化指数（n 値）は0.15程度（アルミニウム合金と比べやや小さい値）であり，塑性ひずみ比（r 値）は約4と大きい[5]。これら材料特性値だけを見ると，決して冷間での深絞り加工が困難な材料とは考え難い。しかし，板材の結晶粒径[6]や圧延条件[7]などを適正化することで，わずかな成形性の向上は認められるものの，一般には市販のマグネシウム合金板の冷間深絞り加工における限界絞り比（LDR＝最大ブランク外径/パンチ外径）は1.3～1.5程度と低く，その用途は限られている。これに対し，局部加熱・冷却深絞り法で成形すると，板材の製造履歴により多少の差異はあるものの，いずれの板材も実用的な絞り比での成形が可能となる。

〔2〕**成形温度** マグネシウム合金板の深絞り加工において，深い容器や角部や先端部のアール半径の小さな容器を製作する場合は，材料の加熱が不可欠である。**図 4.4.2**[8]は材料と金型全体を加熱して深絞り加工を行った場合のLDRである。150℃程度までは加熱温度 T の上昇に伴いLDRが向上するが，これ以上の温度になると，成形品底部での割れ発生により，LDRの向上効果が認められなくなる。これに対し，フランジ部を加熱しつつ成形された容

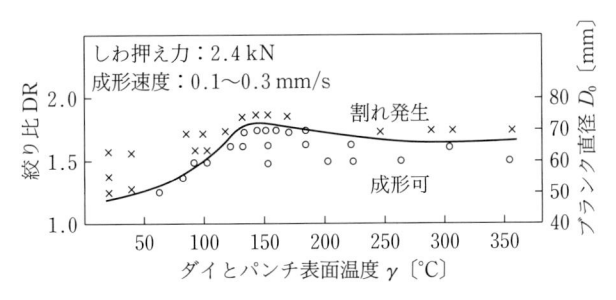

図 4.4.2 全体加熱方式による AZ 31 材の深絞り性[8]

器側壁部を水噴射により冷却しながら成形を行う，局部加熱・冷却深絞り法で成形を行うと，図 4.4.3[8]に示すように，150°C以上になっても LDR の向上が認められる．なお，実用的には，図 4.4.1 に示すように水路を設けたパンチを用いて局部加熱・冷却深絞りが行われる場合が多い．この場合も材料加熱温度が $T = 300$°C程度まで LDR の向上効果が発揮される．

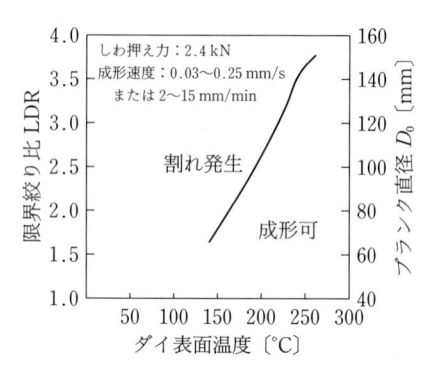

図 4.4.3 局部加熱・冷却深絞り加工による AZ 31 材の深絞り性[8]

ただし，成形温度が高いほど，成形後に製品寸法が大きく変化したり，パンチやダイなどの金型部品の酸化が激しくなること，そして大型部品の成形などにおいては金型の均一加熱が難しくなったり，そりやねじれなどの成形不良の発生が顕著となる．このため，安定した加工が行える必要最低限の温度が最適な成形温度と言えよう．

〔3〕 **成形（ひずみ）速度** マグネシウム合金板の成形においては，成形（ひずみ）速度は成形性に大きな影響を及ぼす．すなわち，成形速度 V が低くなるほど LDR が向上する．図 4.4.4[9]は加熱温度 250°Cにおける，パンチ水冷あり，なしの場合の各種成形速度条件下での AZ 31 材の LDR である．2.5 mm/s 程度の低速条件では LDR が 3.0 以上の成形が可能である．ただし，最近市販されている圧延材は成形性が向上し，油圧プレスの実用的な加工速度と考えられる，30 mm/s においても 2.8 程度の実用的な絞り比まで成形が可能になっている．

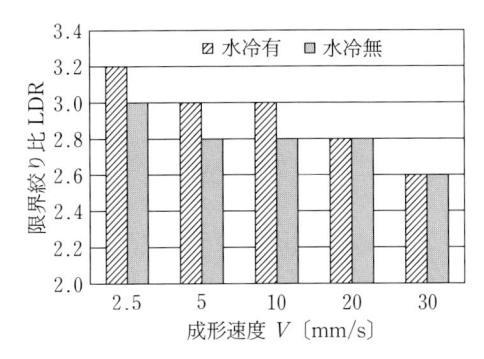

図4.4.4　各種成形速度における限界絞り比[9]

なお，パンチ冷却の効果は，成形速度が遅いほど顕著であり，成形速度が20 mm/s 以上ではその効果は薄れる。

このようにマグネシウム合金板の深絞りでは，速度依存性が高いため，加工中に速度が大きく変化するクランクプレスによる加工では，安定した成形が行えない場合がある。このため，マグネシウム合金板の深絞り加工には油圧プレスが一般に広く用いられる。また，最近では，サーボプレスが普及しつつあり，このプレス機械を用いれば，成形の難易度により成形速度を正確かつ容易に設定でき，成形ストローク以外ではラムの高速移動が行えることから，従来の油圧プレスに比べ効率的な加工が行えるようになり，生産性が向上する[10]。

〔4〕**クリアランス**　一般の金属材料の深絞り加工におけるパンチとダイのクリアランスは，ブランク板厚 t の 1.1～1.3 倍の値に設定される。成形後の円筒容器の最大板厚 t_{max} は式(4.3)で見積もることができる。したがって，容器側壁部にしごきを加えたくない場合は，クリアランスをこの値より大きく設定する必要がある。

$$t_{max} = t\sqrt[4]{\frac{D}{d}} \tag{4.3}$$

マグネシウム合金板の場合も式(4.3)でクリアランスの概略値を見積もることができるが，マグネシウム合金板の深絞りでは縁部の板厚増加が一般の金属材料に比べやや小さいことから，**表4.4.1**[2]に示すような比較的狭いクリアランス値が採用されている。

表 4.4.1 クリアランスの推奨値[2]

板厚 t〔mm〕	クリアランス〔mm〕
0.4 以下	1.07～1.09 t
0.40～1.3	1.08～1.10 t
1.3～3.2	1.10～1.12 t
3.2 以上	1.12～1.14 t

〔5〕 肩アール半径，コーナアール半径　深絞り工具の肩アールやコーナアールの半径も成形性に大きな影響を及ぼす。

図 4.4.5[11] は AZ 31 ビレットから押出し加工により得られた板厚 1.0 mm の板材を 0.5 mm まで圧延したブランク材を，$\phi = 30$ mm，$T = 250$°C，$V = 30$ mm/s の条件で各種肩アール半径の工具で成形した場合の LDR である。

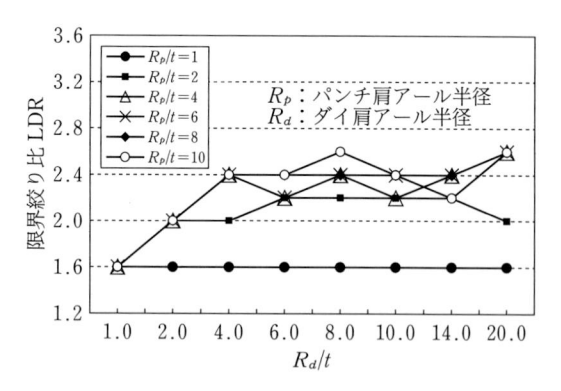

図 4.4.5　AZ 31 材の各種工具コーナアール条件下における限界絞り比[11]

パンチ肩アール半径/板厚（R_p/t）が 2 以上になると，ほぼ一定の LDR となる。また，ダイ肩アール半径/板厚（R_d/t）の影響については，$R_p/t \geqq 4$ になると，R_d がこれ以上大きくなっても LDR の向上は認められず，ほぼ一定の成形限界になる。なお，R_p/t の小さなアールで成形された容器の肩アール部には，いずれの R_d においても細かなクラックや肌あれが発生しやすくなる。

電子機器の筐体などの四角形容器の場合，先端アールやコーナアールの半径がともに小さな容器が多い。図 4.4.6 に示す 2 種類の形状の AZ 31 製ブラン

絞り深さ h [mm]	W [mm]	C [mm]
20	78	12.2
15	66	8.7
10	56.6	6.8
5	47.2	5

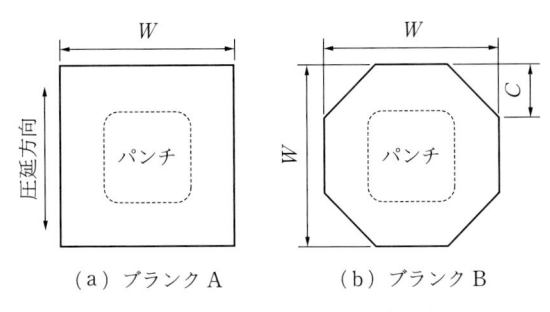

(a) ブランク A

(b) ブランク B

図 4.4.6 AZ 31 製ブランクの形状と寸法[11]

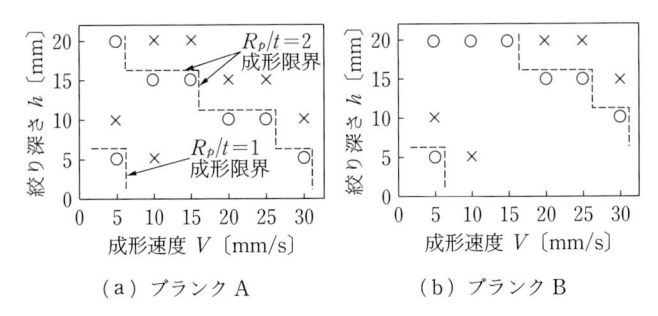

(a) ブランク A

(b) ブランク B

図 4.4.7 小コーナアール半径の角筒容器の成形限界[11]

クA，Bを用い，小さなコーナアール半径 $C_p = 0.4$ mm（$C_p/t = 0.8$）での成形限界を調査した結果が**図 4.4.7**[11]である（□40 mm，$R_p/t = 1$，2，$R_d/t = 4$，$T = 250°C$，$V = 30$ mm/s）。$R_p/t = 2$ ではコーナ部での材料の円周方向への圧縮変形がなされやすいブランク B を用いると $V \leq 15$ mm/s の広い条件域で，絞り深さ h が 20 mm のコーナアール半径の小さな角筒容器を成形することができる。しかし，パンチの先端アール半径が $R_p/t = 1$ と小さくなると，いずれの場合も成形限界は大きく低下する。

このように，マグネシウム合金板の深絞り加工では，コーナアール半径の小さな工具による成形は比較的容易であるが，パンチ先端アール半径の小さなパ

ンチを用いると成形限界が大きく低下する.そこで,このような場合は,R_p/t が比較的大きなパンチで深絞りされた容器の先端部を,小さなアール半径にサイジング(リストライキング)により矯正加工を行わなければならない.ただし,この場合も温・熱間での加工が不可欠である.

$T=250℃$以上の成形温度でサイジングを行えば,図 4.4.8[11]に示すような,先端アールとコーナアールの半径がともに被加工材板厚と同程度の小さなアールの容器を成形することができる.

図 4.4.8 深絞りとサイジングにより成形された小先端アール・小コーナアール半径の角筒容器[11]

〔6〕 潤　　滑　　マグネシウム合金板の成形は温・熱間加工であることに加え,同材がきわめて耐食性の劣る金属であるため,潤滑剤の選定は実用上きわめて重要となる.100℃以下の加工では,鉱物油,グリース,ワックスなどが利用できるが,これ以上の成形温度では牛脂を含むグラファイトや高温用グリースとグラファイトの混合潤滑剤など,高温領域でも潤滑性能を有する潤滑剤を用いなければならない[3].しかし,これらは,高コスト,脱脂の困難さ,作業環境の悪化などの問題があり,この潤滑に関しては,いまだ有効な解決策が見出されていない.このような問題を解決する方法の一つとして,硬質カーボン膜をコーティングした工具を用いる方法[12]が提案されている.

図 4.4.9[12]は円筒深絞り加工における各種潤滑条件下での LDR を調査した結果である.WC/C や Me-C:H などの硬質カーボン(DLC)膜をコーティングした工具(工具 3,4)を用いると,PTFE シートを用いた場合に匹敵する LDR が得られる.さらに,慣用工具で成形された容器の側壁部には,加工中に工具との接触により発生したと思われる摺動光沢面やすり傷が発生するの

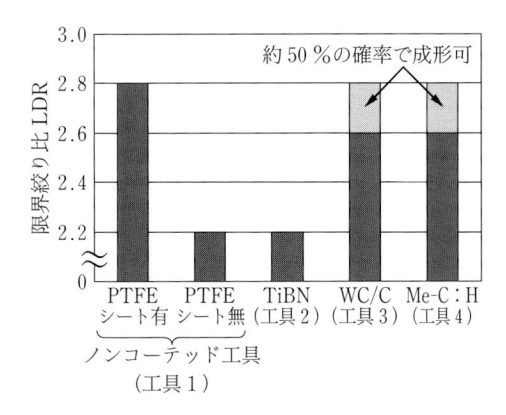

図4.4.9 各種潤滑条件での限界絞り比[12]

に対し，硬質カーボン膜コーテッド工具を用いると，このような製品不良の発生は認められなくなる。

このような，硬質カーボン膜コーテッド工具を用い，無潤滑で量産が行えれば理想的である。しかし現状では，まだ硬質膜自体の耐摩耗性や基材（ダイ，しわ押え）との密着力が，実用に耐えうるほど十分なものではない。このため，アルカリ洗浄剤などで容易に脱脂が可能なプレコート潤滑剤との併用などによる成形が行われている[12]。

図4.4.10は各種潤滑条件下での角筒容器深絞り実験の結果である。無潤滑では，いずれも加工回数早期で材料破断が発生する。プレコート潤滑剤を用い

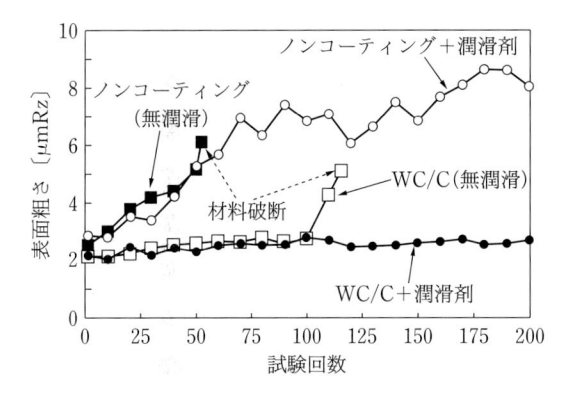

図4.4.10 連続深絞りにおける成形品表面粗さの変化[12]

るとノンコーテッド工具でも試験終了時（200回）まで成形が行えるが，この場合は成形品の表面粗さが加工回数の増加に伴い悪化する。これに対し，硬質カーボン膜コーテッド工具とプレコート潤滑剤を併用した潤滑方法で成形を行った場合は，終了時まで高精度の容器が安定して成形できる。

しかし，この場合も，硬質膜の信頼性（寿命）や，プレコート潤滑剤を使用すると製品表面へのしみ（腐食）やへこみが発生しやすいこと，潤滑剤の取扱いが面倒であることなどから，今後の液体潤滑油の開発に期待が寄せられているのが実情である[13]。

4.4.4 特殊な深絞り加工法

〔1〕 **ラバーフォーミング**　航空機部品などの加工のように，冷間で比較的浅い容器状の製品を少量生産する場合には，ラバーフォーミングというゴム圧を利用した成形法が用いられる[3]。この加工法は，圧力媒体にゴムを用いるため，摩擦保持効果などの破断防止効果が高く，比較的変形抵抗の小さな材料の成形に適した加工法とされている。しかし，複雑形状部品の成形は困難であり，ゴムの劣化が激しいことなどから大量生産には不向きな加工法である。

〔2〕 **対向液圧深絞り法**　対向液圧深絞り法は，図 4.4.11[14]に示すように，パンチと上下のしわ押えから構成される金型と，金型内に創成される液圧によって薄板を成形する加工法である。マグネシウム合金板の成形にこの深絞り法を適用する場合は，200〜250℃程度まで加熱した上下のしわ押えと液圧室内の難燃性油により，被加工材を加熱した状態で成形が行われる[15]。この場

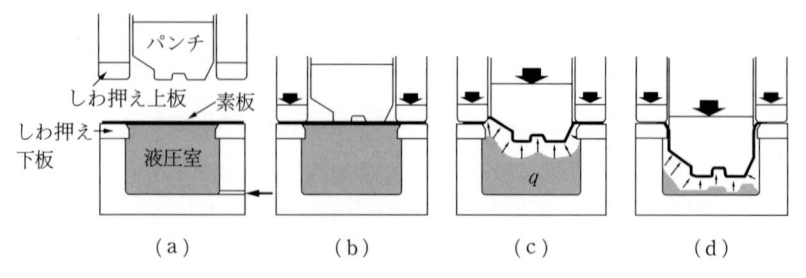

図 4.4.11　対向液圧深絞り法[13]

合，しわ押えと素板フランジ間には二硫化モリブデンなどの耐熱性のある潤滑剤が必要であり，加工中の液圧 q は，板厚 0.5〜0.8 mm 程度の AZ 31 マグネシウム合金板の成形においては，20〜40 kg/cm² 程度に設定される。

慣用深絞りに比べ，対向液圧深絞り法による加工が有利な点は，液圧により素板がパンチに押付けられながら成形されるため，特に薄板の成形においてボディーしわの発生が抑制できること，そして，成形品の形状凍結性が期待できるという点である。さらに底付きダイを用いないため，成形品外表面に傷が発生しないことも利点として挙げられる。

4.5 鍛 造 加 工

マグネシウムは結晶構造が六方晶ですべり面が少ない。そのため，常温での塑性加工は難しく，簡単な曲げ成形ができる程度である。高温になると，すべり面が増えていくので，ある程度までは塑性加工ができるようになる。実際には，材料，金型ともに 200°C 以上に加熱して鍛造加工（恒温鍛造）を行う。

鍛造用の加工設備は，基本的にはほかの金属材料の設備と変わらないが，熱間鍛造が基本なので，高温時も高い寸法精度を保持できるような耐熱構造や制御機構が必要である。

4.5.1 加工設備と加工方法
〔1〕 加 工 設 備

（1） 鍛 造 機　鍛造機としては，静的荷重を加える液圧プレス，動的荷重を加える機械プレス（メカニカルプレス），衝撃荷重を加えるハンマーの三つが一般的である。以下にそれぞれの鍛造機械の特徴とスクリュープレス，特殊鍛造機の概略を述べる[1〜5]。

（a） 液圧プレス　高圧力の油圧や水圧によってシリンダーのピストンを作動させ，連結したラムを動かす機構であり，ほかの機械より加圧速度は小さいが，加圧負荷時間が長いので，複雑形状や大物品の製造に適する。設備は，

図 4.5.1 液圧プレス構造概念図

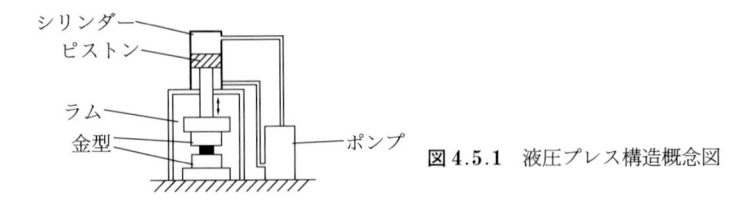

加圧能力が数百 t から数万 t タイプまで幅広い[1),2)]。図 4.5.1 に構造概念図を示す[3)]。

設備としての最大の特徴は，鍛造圧力やワークの変形速度を高精度に制御できることであり，特に高速で変形させると割れが生ずるような製品を成形する際には，低速制御が可能な液圧プレスは有効である。加圧速度が小さいことは，鍛造時の衝撃力が小さいことであり，この結果，金型への負荷は小さく，また，設備の大きな故障は起こりにくく，メンテナンスは比較的容易である。

短所は設備が大型化し，ほかの鍛造設備に比較して高価であること，加圧速度が小さいので生産効率が悪いことなどが挙げられる。

（b）機械プレス（メカニカルプレス）　機械プレスは，フライホイールの回転を偏心機構により上下運動に変え，連結されたロッド，ラムを介して加圧するものである。クランク軸を有するクランクプレスおよびジャーナル軸受間距離が短く曲げ剛性が高いエキセンプレス，直結のクランクレスプレス，トグル機構で作動するナックルプレスが代表的なものである。図 4.5.2 におのお

（a）クランクプレス　（b）クランクレスプレス　（c）ナックルプレス

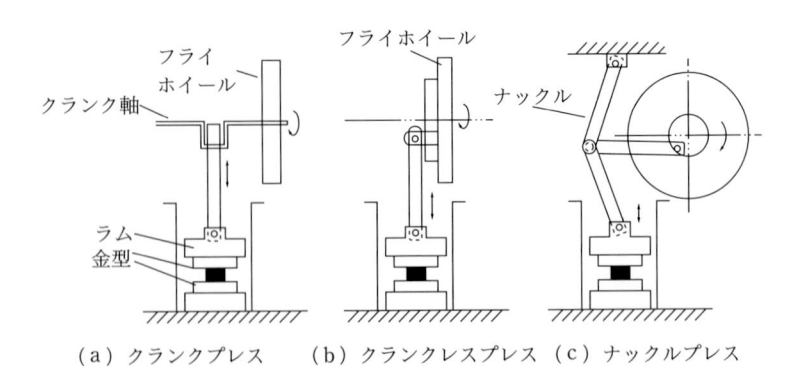

図 4.5.2 機械プレス構造概念図

ののの機構の概念図を示す[3), 4)]。

　加圧ストロークは，フライホイールの径，ラムをつなぐ軸の長さ，連結位置等により異なるが，一般的には前述の液圧プレスより小さく，加圧方向に浅い比較的平坦な，例えばコネクティングロッド（コンロッド）などを鍛造するのに適し，深い製品，非対称形状品，複雑形状品等の成形には不向きである。

　特徴は生産性が高いこと，加圧条件が高精度に制御できること，適正条件に設定すれば製造作業が安定することなどである。また，下死点に近づくにつれて加圧力はしだいに大きくなるが，速度は下がっていき，下死点で0になるので，金型への負荷は比較的小さく，その結果，金型寿命は，液圧プレス用金型と同程度で，後述の衝撃的な加圧がなされるハンマー用金型に比べ長い。

　設備は液圧プレスほど大型化はしないが，剛性には工夫が必要であり，また制御機構が複雑なため，設備費は同様に高価である。加圧能力範囲は数十tから1万t程度である。

（ｃ）ハンマー　　図4.5.3にハンマーによる鍛造の構造概念図を示す。ハンマーは鍛造加工の原点であり，わが国では古くから手動ハンマーにより刀剣類をはじめ，さまざまな道具類の製造が行われてきた。本加工は，圧縮空気，蒸気，ボード，ベルト，チェーン等により，ラムと上型を持ち上げ，自由落下させ（ドロップハンマー），あるいは圧縮空気で初速を与えて落下させ（エアハンマー），その衝撃圧力で鍛造加工を行うものである。一般的には，前者は小物品の熱間鍛造の型打鍛造用に，後者は型打鍛造の前工程や自由鍛造に使用される。

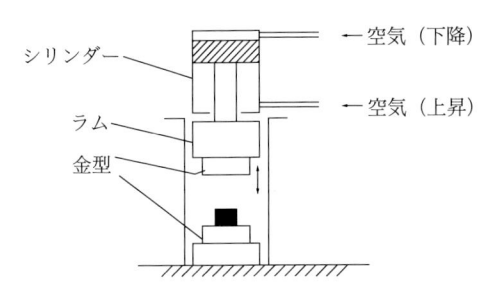

図4.5.3　ハンマー構造概念図

特徴は大きな衝撃荷重をかけることで，成形を行うもので，比較的小さな設備で厚肉品や複雑形状品が製造できる。

問題は衝撃力による振動がほかの設備に影響を与えるため，設備の基礎を周囲と切り離す必要があり，また，自由鍛造作業には特に熟練が必要である点である。

ハンマーの設備は小型が多く，容量として，0.2～20 t が一般的である。加圧能力は，容量を 50～100 倍した値が機械プレスの加圧能力と同程度で，例えば 10 t のハンマーは約 900 t の機械プレスに相当する[1],[3],[4]。

（d）スクリュープレス　機械プレスと同様にフライホイールの回転力を用い，フレーム内でネジをかみ合わせながら加圧力を発生させる機構のプレスである。ホイールの回転速度で加圧力が調節され，かつ加圧速度も維持されるので，加圧は機械プレス以上に衝撃的に行われる[4]。加圧能力は数百～千 t 程度で機械プレスより小さい。

（e）特殊鍛造機　図 4.5.4 に各種特殊鍛造機の構造概念図を示す[1],[3]。

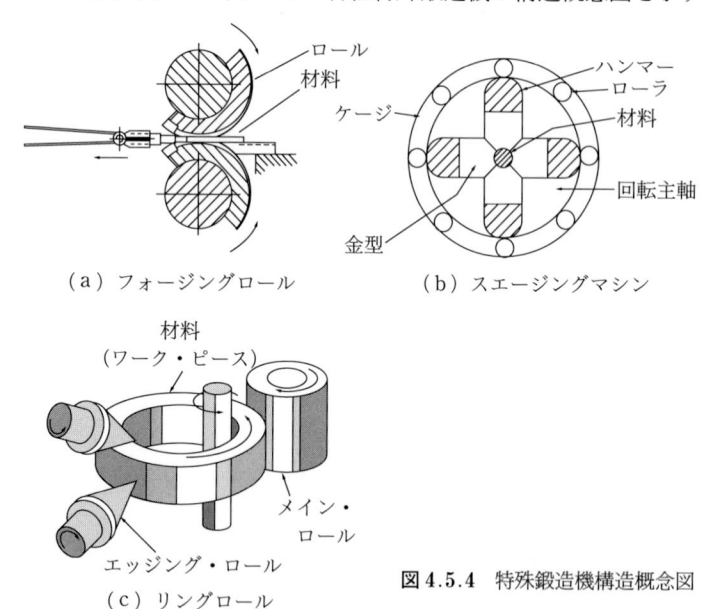

(a) フォージングロール

(b) スエージングマシン

(c) リングロール

図 4.5.4　特殊鍛造機構造概念図

① フォージングロール　型鍛造を行う前工程の予備鍛造のための機械であり，丸棒素材の直径を小さくするための加工設備である。回転する一対のロールに直角方向に素材を挿入し，ロールの回転力を利用して鍛造加工するものである。

② スエージングマシン　回転鍛造加工機の一種で，円形ケースの中でハンマーに支えられた，回転可能な2組または4組の金型が，ケージのローラー部の位置で閉じて素材を鍛造加工し，ローラーと接していない位置では遠心力で開く。この繰返しで材料の径を小さくする機械である。

③ リングロール　リング状の材料の半径方向に圧力を加えることにより厚みを減らし，かつ，直径を大きくするための設備である。

④ その他　その他，高圧ガスを瞬時に放出することで大きな衝撃力を発生させ，この力により高精度の小物部品を製造する高速ハンマー，金型中心軸に対し，揺れ回りながら材料を局部的に圧縮していく揺動鍛造機，クランク機構を用いてダイスを開閉しながらパンチを上下させ据込み鍛造するアップセッター，長尺材料を切断しながら自動的に複数工程を連続的に鍛造成形し，100ヶ/分以上の高速で鍛造を行うフォーマー等，強度改善や特殊形状を得ることなどを目的としたさまざまな特殊鍛造機がある[2),3),4)]。

（2）鍛造付帯設備　鍛造品を製造するには，上記主設備を支える設備として，材料を一定の寸法に整えるための切断機あるいはプレス，材料を鍛造機にセットしたり，取り出すための搬送装置，離型剤塗布装置，金型および材料加熱炉，鍛造後のばり除去（チリキリ）等のトリミング装置，ショットブラストマシン，機械加工機，表面処理および塗装装置，品質保証設備（寸法測定，外観検査，材質試験）等，さまざまな設備が必要である。これらの代表的な設備について述べる。

（a）加熱炉　前述のように，マグネシウム合金の鍛造加工は，基本的には材料を変形しやすい温度まで加熱して行う熱間鍛造である。安定した鍛造条件を維持するには金型も一定温度に保持しておくことが望ましい。そのためには，金型を雰囲気炉等により指定温度まで加熱昇温するのではなく，金型内に

直接ヒーターを入れ加熱し,長時間の作業でも連続して温度制御できるようにする必要がある。

　材料の加熱は,小ロットではバッチ炉で行うのが一般的であり,一定温度に加熱されたら順次取り出しながら鍛造する。この場合,作業は手動に頼ることが多いため,製造条件が不安定になりやすい。連続生産では搬送装置を有する加熱炉を用いるため,作業は安定し,一定品質を有する製品が得られる。

　加熱温度は材質により,また製品形状により異なるが,200〜500℃程度である。加熱が,高温,長時間になるにつれて酸化が進み,表面性状等を害するため,要求される表面品質によっては,0.5〜5％程度のSO_2,CO_2,Ar ガス等のガス雰囲気を作って酸化防止することが望ましい。雰囲気ガス量は,ガス炉より電気炉のほうが制御しやすい。

　(b) トリミング装置　鍛造工程で成形する際に,端部に発生するばりは,通常は専用のプレスにより除去される。鋼材やアルミニウム合金のプレス成形では,複数ステーションを有する大型の装置を用いワークを自動搬送し,多方向に出たばりの除去,穴あけ,曲げ等の多工程が一設備で行われている。マグネシウム合金製薄肉ケースの製造においても同様の加工が行われている。

　(c) 検査設備　一般の鍛造品で品質的に問題になる欠陥は,表面のきず,割れ,介在物,欠肉(充てん不足)等の表面欠陥であり,マグネシウムでも同様の欠陥が発生する。これらの簡便な検出法は目視であるが,さらに品質保証が必要な場合は,そのレベルを確認できる検査方法を用いなければならない。鉄鋼材料では磁気探傷法により表面欠陥を検出できるが,マグネシウムは非磁性なので磁気探傷法は使用できず,蛍光浸透探傷法が用いられる。簡便な方法として,赤色浸透探傷法(カラーチェック法)が利用される場合もある。

　蛍光浸透探傷法は蛍光物質を含む浸透液に材料を浸漬し,表面を洗浄した後,現像液を塗布し,残存する蛍光物質をブラックライトの紫外線により発光させ,表面欠陥を検出するものである。

　内部欠陥の検出には超音波探傷器が利用される。製品の表面に当てた超音波が底面で反射して戻るエコーと,肉厚中間部にある欠陥部で反射して戻るエコ

一の差をブラウン管で捕え,欠陥の大きさ,位置を検出するものである。この方法は反射エコーが複雑なので判定には経験と熟練が必要である[5]。

(d) ショットブラストマシン　鍛造作業では,金型との摩擦を軽減し,材料をスムーズに塑性流動させるために潤滑剤を用いる。200℃以上の高温では黒鉛系潤滑剤が適しているが,鍛造後,ワーク表面に黒く付着するので,ショットブラストで除去する必要がある。

ショットブラストマシンは,一般には乾式であるが,乾燥したマグネシウム粉が堆積すると,火種となり爆発する危険がある。したがって,マグネシウム用には湿式で,しかも上部には粉と水との反応で発生する水素の排出口を設けたものが用いられる。

ショットブラスト工程により,付着した潤滑剤や介在物を除去し,同時に表面の凹凸を均一にするためには,#50〜200程度の角張ったアルミナショットが用いられる。仕上げ用に細かいガラスビーズを用いると,より緻密で,木目が細かくなり,見栄えの良い表面が得られる。

(3) 金　　型　熱間鍛造用の金型は,鍛造圧力,鍛造温度,摩擦状況,熱サイクル等を考慮して材質を選定し,構造設計をしなければならない。金型に必要なおもな性質は,耐摩耗性,硬さ,靱性,耐熱性であるが,一般には硬さと靱性とは両立しにくい。そのため,ハンマー鍛造用には硬さをおさえた靱性の高い型材を,機械および液圧プレス鍛造用には,硬く耐摩耗,耐熱性に優れた型材が選定される。

マグネシウム合金の熱間鍛造用金型は,基本的にはアルミニウム合金用と同様の考え方で材質選定が行われ,通常は合金工具鋼 SKD,SKT 等の焼入れ材が用いられる[3]。表 4.5.1 に熱間加工用型鋼の JIS 規格を示す。

金型の寿命は,おもにキャビティ部の形状,コーナアール部,抜け勾配の大きさに影響される。荒,仕上げの2工程で鍛造を行う場合,例えば,外観の品質要求が特に厳しいものでは,荒型が20〜30万ショット持つのに対し,仕上型では局部的な割れや摩耗により,半分以下の10万ショット程度で寿命に達する。

表 4.5.1 熱間加工用型鋼 JIS 規格

記号	化学成分〔%〕									用途例
	C	Si	Mn	P	S	Ni	Cr	Mo	W	V	
SKD 4	0.25〜0.35	0.40以下	0.60以下	0.030以下	0.030以下	—	2.00〜3.00	—	5.00〜6.00	0.30〜0.50	プレス型, ダイカスト用ダイス
SKD 5	0.25〜0.35	0.40以下	0.60以下	0.030以下	0.030以下	—	2.00〜3.00	—	9.00〜10.00	0.30〜0.50	プレス型, ダイカスト用ダイス
SKD 6	0.32〜0.42	0.80〜1.20	0.50以下	0.030以下	0.030以下	—	4.50〜5.50	1.00〜1.50	—	0.30〜0.50	プレス型, ダイカスト用ダイス
SKD 61	0.32〜0.42	0.80〜1.20	0.50以下	0.030以下	0.030以下	—	4.50〜5.50	1.00〜1.50	—	0.80〜1.20	プレス型, ダイカスト用ダイス
SKD 62	0.32〜0.42	0.80〜1.20	0.50以下	0.030以下	0.030以下	—	4.50〜5.50	1.00〜1.50	1.00〜1.50	0.20〜0.60	プレス型, 押出しダイス
SKT 2	0.50〜0.60	0.35以下	0.80〜1.20	0.030以下	0.030以下	—	0.80〜1.20	—	—	—	ダイブロック
SKT 3	0.50〜0.60	0.35以下	0.60〜1.00	0.030以下	0.030以下	0.25〜0.60	0.90〜1.20	0.30〜0.50	—	—	ダイブロック
SKT 4	0.50〜0.60	0.35以下	0.60〜1.00	0.030以下	0.030以下	1.30〜2.00	0.70〜1.00	0.20〜0.50	—	—	ダイブロック
SKT 5	0.50〜0.60	0.35以下	0.60〜1.00	0.030以下	0.030以下	—	1.00〜1.50	0.20〜0.50	—	0.10〜0.30	ダイブロック
SKT 6	0.70〜0.80	0.35以下	0.60〜1.00	0.030以下	0.030以下	2.50〜3.00	0.80〜1.10	0.30〜0.50	—	—	プレス型

〔2〕 **加工方法**　マグネシウムは常温では塑性加工しにくいため基本的には熱間鍛造で成形が行われる．素材は目的に応じて，押出し丸棒，角棒，管，異形材，圧延板あるいは鋳造材を用いる．一般に，金属材料を鍛造加工すると，加工硬化により高強度品が得られる．表 4.5.2 に示すように，マグネシウムでも厚肉形状品を得ようとする鍛造加工ではわずかな加工硬化が認められ

表 4.5.2 AZ 31 B 材の機械的性質（常温）

	引張り強さ〔MPa〕	0.2 %耐力〔MPa〕	伸び〔%〕	硬さ〔HB〕
押出し丸棒	288	216	19.8	52.3
圧下率 25 %(250°C加熱)	333	293	17.0	60.5
圧延素材	259	174	19.5	56.3
圧下率 50 %(400°C加熱)	273	203	20.7	58.0

るが,板材を高温にして塑性流動させ,さらに薄物品とする場合には粒間すべりが起こりやすく,圧下量の割には加工硬化の程度は小さい。

さて,実際の温間や熱間の鍛造加工方法としては,大きく自由鍛造法と型鍛造法に分けられる[1), 5), 6)]。

自由鍛造法はハンマーや液圧プレスを用いて材料を上下および横方向に変形させ角柱,円柱,円盤,リング等の比較的簡単な形状に鍛造する加工法であり,次工程の型鍛造成形あるいは機械加工の予備成形に利用される場合が多い。この方法は金型の代わりに金敷や簡単な治工具のみで形状を作るため,作業には熟練が必要であり,大量生産には向かない。

型鍛造は金型を用いて任意の形状に成形する鍛造法であり,同一形状で寸法精度の高い製品が得られる。図4.5.5に例を示すように,最終形状に対する余肉の程度により,余肉の多い方からブロッカータイプ鍛造,普通鍛造(コンベンショナルタイプ),精密鍛造の3種に分けられる。

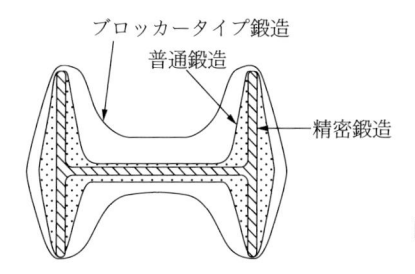

図4.5.5 各種鍛造法の形状比較

ブロッカータイプ鍛造は,一工程目の荒鍛造レベルに相当し,コーナアール,面取りアール(アール半径5mm以上),リブ厚さ,抜け勾配(5°〜10°)が大きく,通常はこのままでは製品にはできず,全面機械加工が必要となる。この場合,鍛造圧力は3.0 t/cm^2以下と小さい。

普通鍛造は仕上げ鍛造に相当し,コーナ,面取りアール(アール半径約3mm),リブ厚さ,抜け勾配(3°〜5°)はブロッカータイプに比べ小さいので,寸法精度はより高く,リブ壁以外は黒皮で使用可能である。この場合の鍛造圧力は5 t/cm^2程度である。

精密鍛造はさらに寸法精度が高く最終製品を鍛造のみで製造するように，コーナや面取りアール半径は1mm程度，抜け勾配もロードラフト鍛造で約1°，ノードラフトで0.5°以下と小さい。この場合，金型設計にも工夫がなされており，勾配を小さくするために分割，入子方式が採用されている。鍛造圧力は，10 t/cm² 程度必要である。

4.5.2 加工条件の影響

マグネシウム材料を熱間鍛造する条件として重要な因子は鍛造圧力，鍛造温度，金型温度，鍛造速度である。もちろん，これらの適正な値は製品形状，鍛造機の形式（機械プレス，ハンマー），工程（荒型，仕上型），潤滑剤等により異なる。表4.5.3に合金別の標準的な鍛造温度，金型温度を示す[5]。耐熱合金では，特殊元素添加により耐熱性を上げているため，ほかの材質より設定温度は高い。

表4.5.3 各種マグネシウム合金の標準的な鍛造温度，金型温度

合金	化学成分〔%〕						鍛造温度〔℃〕	金型温度〔℃〕	備考
	Al	Zn	Mn	Zr	RE	Th			
AZ 31 B	3.0	1.0	—	—	—	—	290〜340	260〜310	
AZ 61 A	6.5	1.0	—	—	—	—	320〜370	290〜340	
AZ 80 A	8.5	0.5	—	—	—	—	290〜400	210〜290	高抗張力合金
ZK 60 A	—	5.5	—	0.5	—	—	290〜380	210〜290	高抗張力合金
ZK 21 A	—	2.0	—	0.8	—	—	300〜370	260〜310	
HM 21	—	—	0.8	—	—	2.0	400〜520	370〜420	耐熱合金
EK 31 A	—	—	—	0.6	3.0	—	370〜480	350〜400	耐熱合金

鍛造圧力は材料の変形抵抗と変形能により決められる。変形抵抗は力量計算の基本となる数値であり，実際の値は耐力値に相当し，200℃では55〜90 MPa，300℃では20〜50 MPa程度が目安[7]であるが，ひずみ量，ひずみ速度，温度，材質，結晶粒度，熱履歴等さまざまな因子が関係する。変形能は一回の加工工程で割れが発生することなく変形できる量の限界ひずみ量で示され，これも上記の因子が関係する。

AZ 31 B押出し丸棒を切断し，ϕ 30 mm，厚さ20 mmの試験片に加工し，

400℃で油圧プレスを用い荷重と厚さの低下状況について調べた結果を図 **4.5.6** に示す。400℃以上の高温では，500 t 以上の荷重をかけると圧下率が 90 ％以上の 1 mm 近くに変形するが，端部は極端に薄くなり，割れが出やすくなる。また，表面には長い鍛流線が認められ，全体的に均一面は得られない。実際の鍛造作業では外観品質が重視されることを考慮すると，圧下率を極端に高くしないで，50 ％程度にとどめておくことが望ましい。

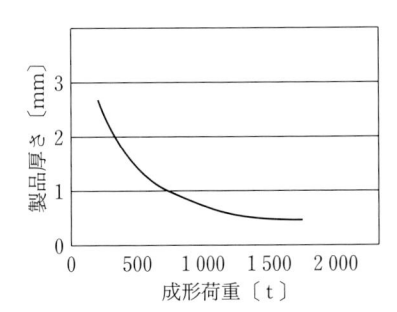

図 **4.5.6** 成形荷重の製品厚さに及ぼす影響（成形温度 400℃）

図 **4.5.7** に圧下された薄板から切り出した試験片の常温での引張試験結果を示す。成形荷重を高めても引張強さはほとんど変化しないが，伸びは上昇する傾向が見られる。荷重が高まるにつれ，材料はより薄くなるので，圧縮ひずみが増大し，わずかながら伸びが改善される。また，図 **4.5.8** に示すように成形温度が上がると引張強さ，伸びともに低下する。これは鍛造温度が上がるにつれて結晶粒が粗大化するためと考えられる。

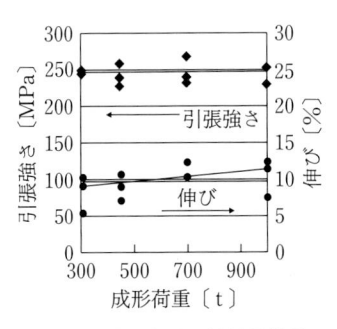

図 **4.5.7** 成形荷重の機械的性質に及ぼす影響（成形温度 400℃）

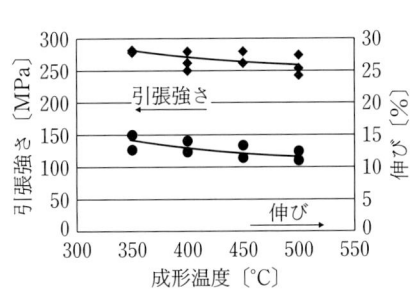

図 **4.5.8** 成形温度の機械的性質に及ぼす影響（成形荷重 700 t）

4.5.3 成形品例

マグネシウム合金の鍛造成形品の実用例は、図 4.5.9 に示すような軽量化を目的とした特殊な航空機部品[8]が主である。

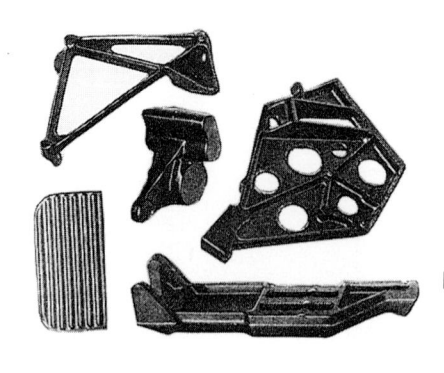

図 4.5.9 マグネシウム鍛造品
(航空機部品)

民生品では鋳造品がほとんどで、鍛造品はわずかに携帯用小型製品の MD プレーヤーケース、デジタルカメラケースが報告されている程度である[9]。

MD ケースは、家電業界の目まぐるしく動く市場ニーズの変化により生まれたものである。それ以前は、ケース類はプラスチック製が主体であったが、デザインの高級志向、軽量化、環境への配慮等から、しだいにアルミニウム製やマグネシウム製に移行している。マグネシウム製は当初はダイカスト(チクソモールド)品であったが、さらに、新しい製法による高級感が求められるようになり、開発中の特殊鍛造法に注目が集まった。この方法は、AZ 31 B-0 材の 1.0〜1.5 mm の薄板を 300°C 以上の高温で荒、仕上げの 2 工程の鍛造により、薄くすると同時に、目的の凹凸形状や肉厚段差を作り、側面も折り曲げながら薄くする加工法であり、従来の鍛造法の考え方を変えるものとして、プレスフォージング法と呼ばれている。鍛造成形後は、トリミング(チリキリ)、ショットブラスト、機械加工により後加工が行われた後、化成処理、塗装、印刷、特殊加工(ダイアカット、ヘアライン)などで表面仕上げを行い、最終製品とする。この加工法で成形された製品例を図 4.5.10 に示す。図 4.5.11 に示すデジタルカメラケースも仕様や細部の製法は異なるが、基本的にはプレスフォージング法で製造が行われている。

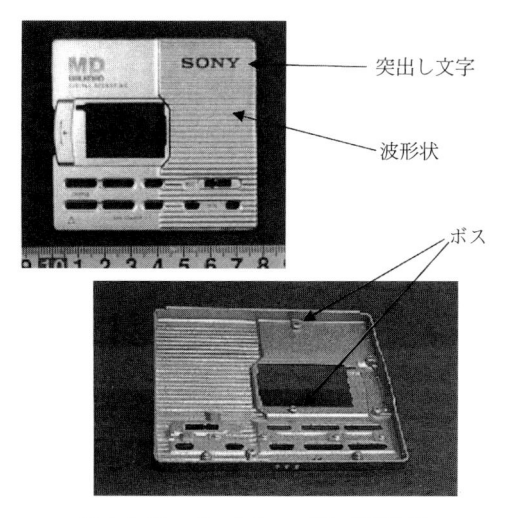

図 4.5.10 プレスフォージング製品例（MD ケース）

図 4.5.11 プレスフォージング製品例（デジタルカメラケース）

4.6 スピニング加工

4.6.1 加工方法と加工設備

〔1〕 **加工方法** スピニング加工は素材を成形型に取り付け，回転させながらロールまたはへらを押し付けて所望の形状を成形する加工技術であるため，製作される製品は多分野に及んでいる。また，その形状は多岐にわたり，素材としても板材，管材あるいはプレス，鍛造，鋳造および切削加工によってプリフォームされた半製品が用いられる。

一般的に，スピニング加工は，絞りスピニング，しごきスピニング，回転しごき加工，ネッキング，カーリング（ヘミング），バーリング，リッジングまたはビーティング，表面仕上（バニシング）等に分類される。**表 4.6.1**にこれらスピニング加工方法をまとめたものを示す。これらのうちはじめの二つは板材または半製品を素材とする加工法であり，その他のものは管状の素材または半製品が加工に使われることが多い。

表 4.6.1 種々のスピニング加工方法

	名称	加工方法	
1	しぼりスピニング	(図：素材、成形型、ロール、製品)	1枚の円板を成形型に沿って，ロールで成形。通常，ロールを破線のように何度も往復させて成形 →多サイクルしぼりスピニング
2	しごきスピニング	(図：α)	素材から円錐体をロール1パスで成形。製品の壁厚はもとの板圧の$\sin\alpha$倍にしごかれる。
3	回転しごき加工	(図)	円筒形状素材，管材の壁厚を薄くしごいて長くする加工方法。
4	ネッキング	(図)	円筒形状素材，管材の端部あるいは中間部をしぼって，その部分の直径を小さくする加工方法。
5	バルジグ	(a)(b)(図)	比較的直径の大きな管状材あるいは円錐体等に適用。
6	トリミング	(a)(b)(c) バイト	スピニング後，不ぞろいの端部を修正したり，不必要な底部の切り落し加工方法。 (a) 2枚刃のカッターロール (b) 1個のトリミングロール (c) 1個のトリミングバイト
7	カーリング	(a) (b) ヘミング	製品の端部を丸めたり，丸めたものを押しつぶして平らにする加工方法。 (a) カーリングロール (b) 平坦なロール
8	バーリング	(図)	あらかじめ打ち抜かれた下穴をロールによって，内側に折り曲げる加工方法。
9	角きめ加工	角きめロール	スピニングした半製品にアールの小さなロールで，所定のアールの製品にする角きめ加工方法。

4.6 スピニング加工

〔2〕 加工設備　表4.6.2に代表的なスピニング加工設備とその加工事例を示す。

表 4.6.2 代表的なスピニング加工設備とその加工事例
（日本スピンドル製造(株)製スピニング加工設備より抜粋）

加 工 設 備	主 仕 様	加 工 事 例
プレイバックNCスピニングマシン	・最大ブランク径 ϕ 300 mm ・主軸電動機容量 3.7 kW ・機械重量 2 400 kgf	
スピニングマシン（ホイール加工機）	・最大ブランク外径 ϕ 800 mm ・主軸電動機容量 30 kW ・機械重量 7 500 kgf	
フローフォーミングマシン（プーリ加工機）	・最大ブランク外径 ϕ 200 mm ・主軸電動機容量 22 kW ・機械重量 10 500 kgf	
ハイパワーフローフォーミングマシン	・最大ブランク外径 ϕ 450 mm ・主軸電動機容量 75 kW ・機械重量 36 500 kgf	
スピニングマシン（ワーク固定式）	・最大パイプ径 ϕ 150 mm ・主軸電動機容量 15 kW ・機械重量 4 350 kgf	

4.6.2 成 形 限 界

マグネシウム合金板がスピニング加工によって，どの程度まで深絞りが可能か，その限界はどの程度かを把握するため，円形の板材を円筒状に加工した際の事例を以下に示す．素材には AZ 31 B，直径が $d = 100$ mm，板材厚さ $t = 0.6$ mm，0.8 mm，1.2 mm，1.6 mm，2.6 mm の 5 種類の素材を用い，直径 $D = 30$ mm の円筒容器を加工した．図 4.6.1 には $t = 1.2$ mm 厚さの板をロ

図 4.6.1 スピニング加工中の状態

図 4.6.2 完成品（中央）と加工検討途上品（左右）

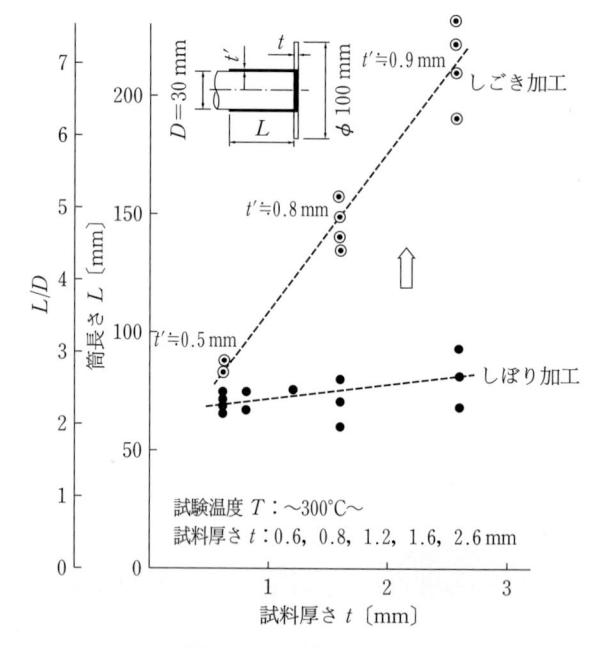

図 4.6.3 深絞り試験結果

ーラで筒状に引き延ばしている様子を，**図 4.6.2** にはそのテスト結果の一例を示す．図の中央のサンプルは，上に素材の板，下に成形品を示すが，左側のサンプルは，加工時に素材温度が最適加工温度より低過ぎ（〜200℃）曲げ部で割れ抜けてしまったもの，右側のサンプルは，加工時の素材温度が最適加工温度より高過ぎ（350℃〜）たため回転時に最外周部にひだが発生し，目的の形状に加工できなかったものである．

また，このような円筒容器の深絞り加工の限界を探るために実施したテストの結果を**図 4.6.3** に示す．例えば，$t = 2.6$ mm の素材を用い加工する場合，円筒長さ 200 mm 以上，すなわち $L/D ≒ 7$ 以上（この場合，側壁厚み ≒ 0.9 mm）までスピニング加工ができることを示している．

4.6.3　成　形　品　例
〔1〕　円筒容器の試作例

図 4.6.4 に板材厚さ $t = 1.6$ mm のマグネシウム板材を用いて，直径 $d ≒ 100$ mm，筒長さの比率 $L/d ≒ 1$ に成形した円筒容器を示す．この円筒容器のスピニング加工前後の機械的性質の変化と金属組織の変化を**図 4.6.5** に示す．加工後，結晶粒径は小さくなり，引張強さは大きく，伸びは小さくなっている．

図 4.6.4　円筒容器

136　第4章　塑性加工による成形

スピニング加工前後の機械的性質の変化

スピニング加工前後の金属組織の変化

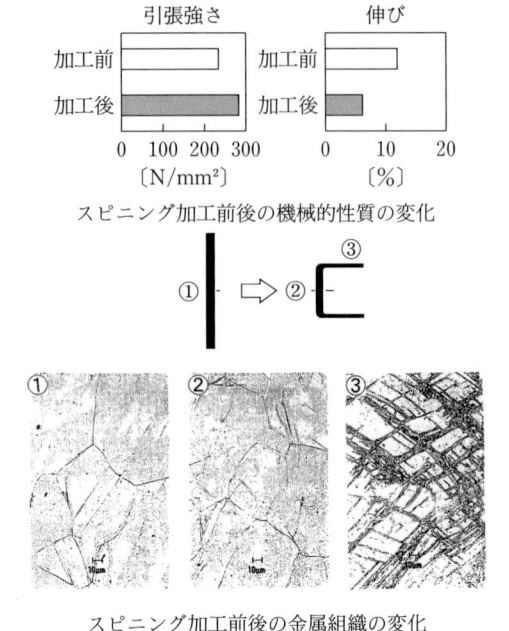

図 4.6.5　スピニング加工前後の機械的性質の変化と金属組織の変化

〔2〕 **自動車ホイールの試作例**　　素材直径 $d = 320$ mm, $t = 6$ mm の材料を用いて小型バイクのホイールを加工したときの加工前の素材と製品を**図 4.6.6** に，このときの加工温度条件（状態）を**図 4.6.7** に示す．また，加工前後の材料特性の変化（硬さの変化）を**表 4.6.3** に示す．（a）の未加工部（素材把持部）に比べて，（b）〜（d）の加工部は硬く，内部より表面部が，また位置が（b）→（d）になるのにしたがい硬くなっている．

図 4.6.6　加工前素材と加工されたホイール

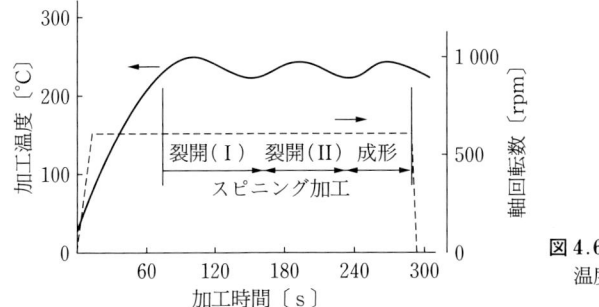

図4.6.7 加工中の温度状態例

表4.6.3 ホイール加工前後材料特性：硬さの変化

測定箇所	硬さ (HV 0.05)	
	表面付近	中心付近
(a)	52.7	58.9
(b)	59.0	56.8
(c)	63.3	61.3
(d)	63.3	61.3

4.7 超塑性成形加工

4.7.1 超塑性材料

超塑性とは，「多結晶材料の引張変形において，変形応力が高いひずみ速度依存性を示し，局部収縮（ネッキング）を生じることなく数百％以上の巨大な伸びを示す現象」と定義される[1]。図4.7.1に示した試験片のように，通常では考えられないほど大きな伸びを示すのが超塑性の最大の特徴である。

マグネシウムの結晶構造は最密六方格子であり，底面すべりと非底面すべりの臨界せん断応力の差が大きいため[2]，一般にほかの金属材料に比べ塑性変形

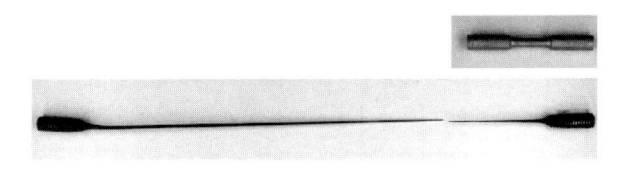

図4.7.1 超塑性変形を示したマグネシウム合金試験片

能に劣る．しかし，超塑性により塑性変形能が飛躍的に向上することから，超塑性はマグネシウム合金にとって乏しい塑性変形能を克服する有効な手段であると言える．

　超塑性変形の流動応力とひずみ速度の関係を両対数グラフにすると，**図 4.7.2** のように S 字形になり，応力勾配の高い領域，すなわち，ひずみ速度感受性指数の高い領域で超塑性（巨大伸び）が得られる[3]．その理由は，以下のように説明される．一般に，高温変形の流動応力とひずみ速度の関係は式(4.4)で表される．

$$\sigma = K\dot{\varepsilon}^m \tag{4.4}$$

ここで，σ は流動応力，K は定数，$\dot{\varepsilon}$ はひずみ速度，m はひずみ速度感受性指数である．また，ひずみ速度と試料の断面積の関係は式(4.5)で表される．

$$\dot{\varepsilon} = \frac{d}{dt}\ln\left(\frac{A_0}{A}\right) = -\frac{1}{A}\frac{dA}{dt} \tag{4.5}$$

ここで，A は断面積，A_0 は初期断面積，t は時間である．したがって，式(4.4)，(4.5)より式(4.6)が得られる．

$$-\frac{dA}{dt} = A\dot{\varepsilon} = \left(\frac{P}{K}\right)^{\frac{1}{m}}\frac{1}{A^{\frac{1-m}{m}}} \tag{4.6}$$

ここで，P は荷重である．式(4.6)から，ひずみ速度感受性指数が高いほど局部ネッキングの発達が抑制されることがわかる．特に，ひずみ速度感受性指数が 1 の場合

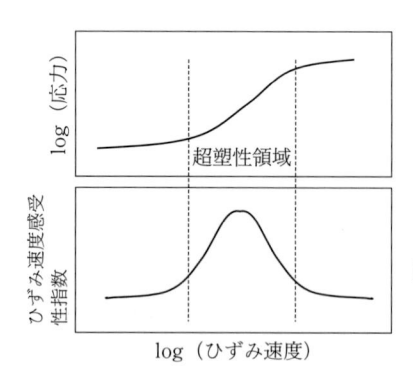

図 4.7.2 超塑性変形の流動応力，ひずみ速度感受性指数とひずみ速度の関係

$$-\frac{dA}{dt} = \frac{P}{K} \text{ (一定)} \tag{4.7}$$

式(4.7)の関係が得られる。これは，定荷重時の試料断面積の変化率が一定であること，すなわち局部ネッキングが生じることなく変形が持続することを意味している。したがって，超塑性の巨大伸びは，高いひずみ速度感受性指数により局部ネッキングの発達が抑制されるためであることがわかる。このように，超塑性の巨大伸びと高いひずみ速度感受性指数には強い相関関係があり，超塑性の一つの目安としてひずみ速度感受性指数が0.3以上であることが挙げられる。

　超塑性変形を成形に利用する上でもう一つ重要な特徴として，流動応力が低いことが挙げられる。すなわち，結晶粒が微細であればあるほど流動応力は低くなり，超塑性を示すようになる。超塑性の主要な変形プロセスは粒界すべりであり[4]，高いひずみ速度感受性指数や低い流動応力は粒界すべりに起因することがわかっている。

　ここで，超塑性を得るためには粒界すべりを持続させるための特別なメカニズムが必要であることを指摘したい。すなわち，粒界すべりが発生した場合，一般に粒界三重点や異相界面等で応力の集中が起こる。このような応力集中が緩和されない場合，粒界すべりが持続されないか，もしくは空洞が発生し，大きな伸びが得られない。したがって，粒界三重点や異相界面等で発生する応力集中の緩和が超塑性変形機構にとって本質的に重要である。このような応力集中の緩和機構は"付随調整機構"と呼ばれ，拡散あるいは拡散支配の転位によってなされる[5]。したがって，付随調整機構には拡散が重要な働きをすることから，超塑性を発現させるためには適切な温度と速度が必須条件となる。

　以上のように，超塑性を発現させる条件として微細結晶粒組織（一般的に結晶粒径が $10\sim20\mu m$ 以下）という内的因子と適切な変形温度や速度の選択という外的因子が不可欠であり，これらの条件が整って初めて超塑性が得られる。このことはマグネシウムに限らず，すべての超塑性材料に共通である。

　一方，マグネシウム特有の性質にも注目する必要がある。その一つに，動的

再結晶による微細粒化が挙げられる。マグネシウムを温間あるいは熱間で加工すると動的再結晶が発生しやすく，結果として微細粒組織が得られる[6]。このことは比較的容易に超塑性材料を製造できることを意味し，工業的観点からも注目される。図4.7.3にマグネシウム合金の圧延後の組織写真を示す[7]。熱間圧延中に動的に再結晶が生じ，結晶粒径10μm以下の微細粒組織が得られている。図4.7.4は加工後の結晶粒径と加工時のZener-Hollomonパラメータ($=\dot{\varepsilon}\exp(Q/RT)$，ここで$Q$は拡散の活性化エネルギー，$R$はガス定数，$T$は絶対温度）の関係である[8]。加工温度を下げることにより，結晶粒の微細化が促進されることがわかる。しかし，加工温度を下げすぎると，再結晶が生じる前に破断に至ることがあるので注意が必要である。

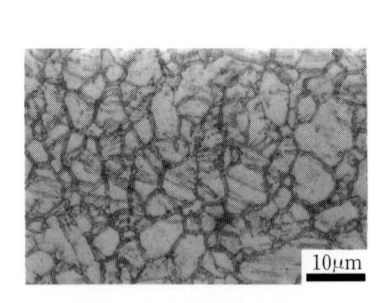

図4.7.3 マグネシウム合金の圧延後の組織写真[7]

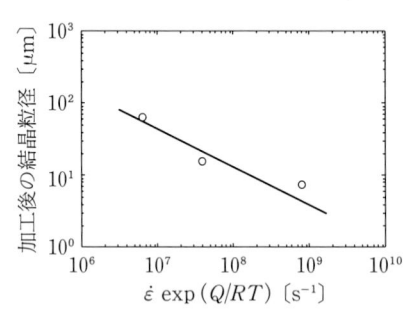

図4.7.4 加工後の結晶粒径と加工時のZener-Hollomonパラメータ($=\dot{\varepsilon}\exp(Q/RT)$) の関係[8]

マグネシウム合金のもう一つの特徴として，粒界での物質移動が起こりやすく，粒界すべりが生じやすいことが挙げられる。粒界拡散による粒界すべり速度は式(4.8)で表される[9]。

$$U \propto \frac{\varOmega\delta D_{gb}}{T} \tag{4.8}$$

ここで，Uは粒界すべり速度，$\varOmega$は原子体積，δは粒界厚さ，D_{gb}は粒界拡散係数である。図4.7.5にマグネシウム，アルミニウム，鉄における$\varOmega\delta D_{gb}/T$と相対温度（$=T/T_0$，ここでT_0は各材料の融点）の関係を示す[9]。マグネシウムはほかの材料に比べ，粒界すべり速度が大きいことがわか

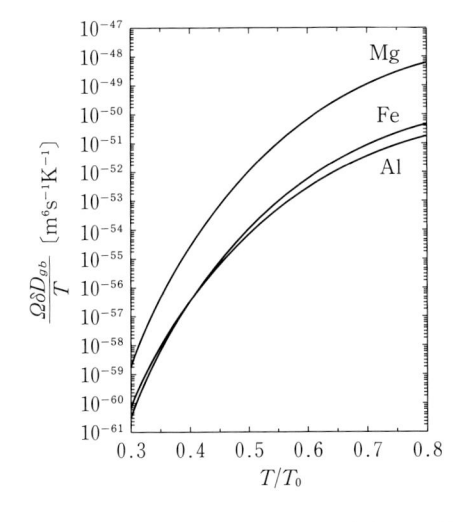

図 4.7.5 マグネシウム，アルミニウム，鉄における $\Omega \delta D_{gb}/T$ と相対温度（$= T/T_0$）の関係[9]

る。したがって，マグネシウム合金では粒界すべりを主とする超塑性が生じやすく，超塑性成形条件を広く設定することが可能である。

以上のことから，マグネシウムは一般に塑性加工性に劣るものの，微細結晶粒が得やすく，かつ，超塑性条件が広いことから，超塑性成形はマグネシウム合金にとってきわめて有効な加工法であると言える。

4.7.2 加工設備と加工条件

超塑性は大きな均一伸びを示すことから，複雑形状をニヤネットシェイプで一体成形が可能であり，航空宇宙機部材の成形等にすでに実用化されている。超塑性は巨大な伸びを示すとともに流動応力が低いという利点がある。この利点を生かして，複雑かつ精密な形状の製品をガス圧でブロー成形することが可能であり，成形品形状に対する精密かつ自由なデザイン性が期待できる。また成形型は雌雄型のどちらか一つあればよいため，簡便で経済的である。図 4.7.6 に超塑性ブロー成形法の概念図を示す。このような方法を用い，アルミニウム合金やチタン合金の超塑性成形がすでに実用化されている。

アルミニウムのブロー成形機を利用し，マグネシウム合金の超塑性ブロー成形を行った例を図 4.7.7 に示す[7]。成形温度は 723 K である。このように，ア

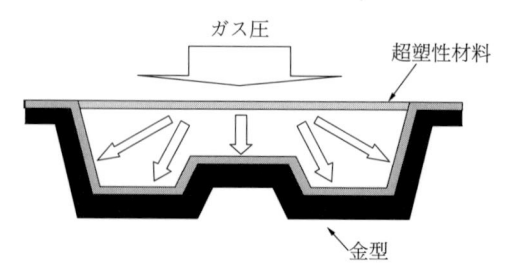

図 4.7.6　超塑性ブロー成形法の概念図

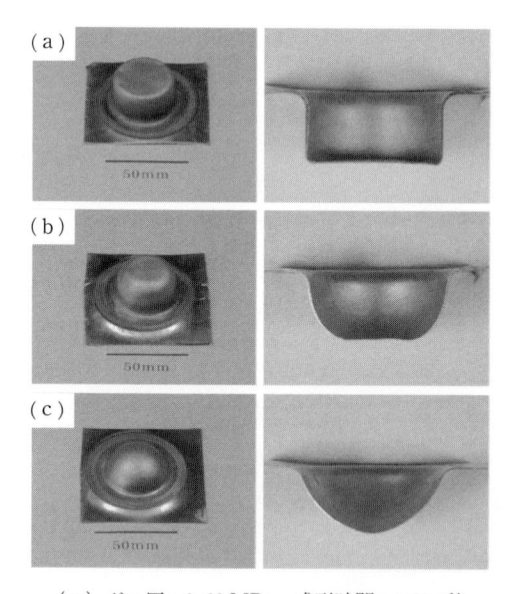

（a）ガス圧＝0.68 MPa，成形時間＝1 800 秒
（b）ガス圧＝1.23 MPa，成形時間＝130 秒
（c）ガス圧＝1.84 MPa，成形時間＝10 秒
成形温度はいずれも 723 K

図 4.7.7　マグネシウム合金の超塑性ブロー成形例[7]

ルミニウムの加工設備を用いて，マグネシウムの超塑性成形が可能である。しかし，加工条件はマグネシウムとアルミニウムでは若干異なる。例えば，マグネシウムは先述したように粒界すべりが生じやすいため，加工温度が 453～773 K[10]とアルミニウムに比べ低い。超塑性成形を行うには温度と速度の適切な選択が不可欠であるが，これら外的因子は結晶粒径や合金成分等の内的因子

に影響される。現在までのところ，マグネシウム合金において内的因子と外的因子の相関関係は十分整理されておらず，超塑性成形を行う前に引張試験等の予備実験により必要なデータをあらかじめ収集しておくことが必要である。

4.7.3 成形限界

超塑性マグネシウム合金の二軸応力状態での成形限界に関して，これまでのところほとんど明らかにされていない。ここでは，一軸引張試験の結果を基に，空洞，速度，温度の観点から成形限界を述べる。

先述したように，超塑性の巨大伸びはひずみ速度感受性指数と強い相関関係がある。しかし，実験を行うとひずみ速度感受性指数だけでは整理できないことがある。これは，超塑性変形時に形成される空洞が超塑性伸びを低下させるためである。**図4.7.8**に超塑性マグネシウム合金に生じた空洞を示す[11]。空洞は粒界三重点に形成されている。このような空洞は，超塑性伸びの低下をもたらすだけでなく，成形後の特性にも悪影響を及ぼす。したがって，できるだけ空洞形成を抑制するよう，粒界での析出物を低減することが望ましい。

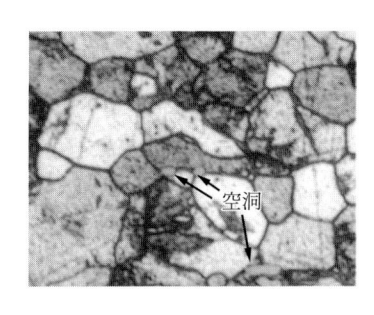

図4.7.8 超塑性マグネシウム合金に生じた空洞[11]

一方，外的因子も成形限界に大きな影響を及ぼす。特に，超塑性は拡散支配の変形機構であることから，成形速度には上限，成形温度には下限が存在する。これまでの超塑性材料の成形速度は10^{-4}〜$10^{-3}\mathrm{s}^{-1}$程度であり，通常の工業的な生産速度（10^{-2}〜$10\,\mathrm{s}^{-1}$）に比べ著しく遅い。このような低速度では数百％の伸びに数十分から数時間を要することから，超塑性は一般の成形・加工には不向きという固定概念をつくってしまった。しかし，近年通常の工業生産

速度である $10^{-2}s^{-1}$ 以上の高ひずみ速度で超塑性成形が可能となってきた[12]。
図4.7.9は，各種超塑性マグネシウム合金における超塑性ひずみ速度（最大伸びが得られたひずみ速度）と結晶粒径の逆数の関係を示したものである。結晶粒径が一桁小さくなると，超塑性の速度がおよそ千倍速くなることがわかる。このように，超塑性の高速化は結晶粒径の超微細に起因する。マグネシウム合金において $10^{-2}s^{-1}$ 以上の高ひずみ速度で超塑性を発現させるためには，結晶粒径を約 $3\mu m$ 以下にする必要がある。

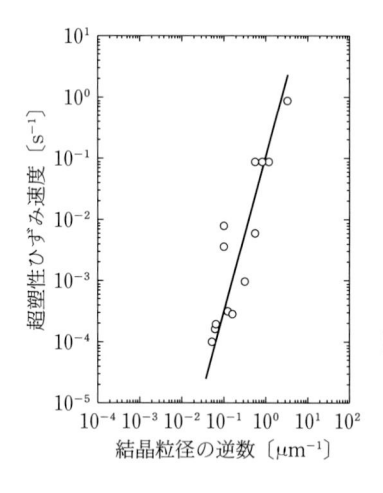

図4.7.9 各種超塑性マグネシウム合金における超塑性ひずみ速度（最大伸びが得られたひずみ速度）と結晶粒径の逆数の関係

また，成形温度の下限も成形限界の一つである。特にマグネシウムは活性な金属であることから，高温での酸化が著しい。したがって，できるだけ低温で超塑性成形を行うことが望まれる。一般に超塑性変形は，融点の半分以上の高温域で得られる。しかし，マグネシウム合金では粒界すべりが生じやすいことから，比較的低温で超塑性が得られる。特に，結晶粒径を $1\mu m$ 以下にすると融点の半分という低温で超塑性を得ることが可能である[13]。

以上，マグネシウム合金の超塑性について概説したが，上記以外に粗大結晶粒超塑性[14]や拡散接合[15]，リサイクル材の超塑性[11]等，新しい研究がいくつか報告され注目されている。

第5章

鋳 造 加 工

5.1 砂型および金型鋳造

　マグネシウム合金鋳物のほとんどは砂型鋳造によって作製されており，その砂型の種類には生型，CO_2型，シェル型，有機自硬性型などがある。金型鋳造に関しては量産工法としてはあまり使われていないが，最近は低圧鋳造法の開発が進んでおり，一部では量産に使われている。いずれの鋳造法でも一番の問題はマグネシウム溶湯の安全性確保である。いかに安全に溶解・鋳造作業を行うかが重要になってくる。以下に溶解・鋳造における重要な項目について述べる。

5.1.1 溶　　　　　解
〔1〕 **溶解炉および溶解るつぼ**　　マグネシウムの溶解炉はアルミニウム合金の溶解に用いられているものとほぼ同じ密閉式のるつぼ炉が用いられる。ほとんどが定置式のものであり，熱源にはガスを用いる場合が多い。
　るつぼにはマグネシウム溶解中の鉄の溶解をなるべく最小限にするためにボイラー用圧延鋼鈑（SB 42 など）やニッケルを含まない耐熱鋼鈑（SUS 430）の溶接構造のものか，鋳鋼（SC 材）を使用する。黒鉛るつぼは溶解作業時に使用するカバー用フラックス，精錬フラックスなどが浸透して割れやすくなるために使用できない。また鋳鉄製るつぼも高温強度が低く，溶解作業中に割れる恐れがあるので使用できない。なお，るつぼ表面にスケールが発生するのを

防止する目的で表面をアルミナイズド処理することが推奨されている。

〔2〕**溶解作業（手順）**　図5.1.1に一般的な溶解から鋳造までの手順を示す。図中に示すようにマグネシウム合金の溶解では酸化防止のためにカバー用フラックスやSF_6系の不燃性ガスでカバーリングする。また，合金地金だけでなく返り材も同時に溶解する場合は精錬フラックスを用いて溶湯の精錬浄化が必要である。表5.1.1および表5.1.2にフラックス組成と不燃性ガス組成について示す[1]。

溶解時に使用するフラックスは流動性が良いため，不必要に多量にフラックスを使用すると製品中にフラックスを巻き込み不良の原因となる。また精錬作

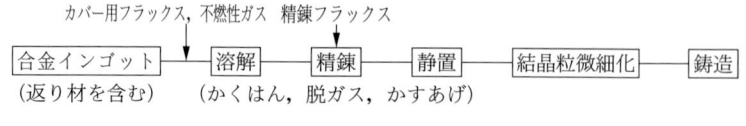

```
                カバー用フラックス,不燃性ガス  精錬フラックス
                          ↓              ↓
┌──────────┐   ┌──┐   ┌──┐   ┌──┐   ┌──────┐   ┌──┐
│合金インゴット│→│溶解│→│精錬│→│静置│→│結晶粒微細化│→│鋳造│
│(返り材を含む)│   │(かくはん,脱ガス,かすあげ)│
└──────────┘   └──┘   └──┘   └──┘   └──────┘   └──┘
```

図5.1.1　一般的な溶解手順

表5.1.1　マグネシウム合金溶解時に使用するフラックス組成例
（マグネシウム技術便覧より転記）

米　　国		英　　国	
溶解用（Dow 230）		溶解用	
KCl	5 %	KCl もしくは NaCl	35 %
$MgCl_2$	34 %	$MgCl_2$	34 %
$CaCl_2$	9 %	$CaCl_2$	30 %
CaF_2	2 %	MgO	1 %
精錬用（Dow 310）		溶解用	
$MgCl_2$	50 %	KCl もしくは NaCl	14 %
KCl	20 %	$MgCl_2$	45 %
CaF_2	15 %	MgF_2	18 %
MgO	15 %		
（Dow 234）		固化用	
$MgCl_2$	50 %	$MgCl_2$	40 %
KCl	25 %	$CaCl_2$	14 %
$BaCl_2$	20 %	NaCl	6.50 %
CaF_2	5 %	KCl	7 %
カバー用（Dow 181）		MgO	12.50 %
S	80 %	CaF_2	20 %
H_3BO_3	15 %		
NH_4BF_4	5 %		

表 5.1.2 マグネシウム合金溶湯の保護ガス組成
(IMA 推奨，マグネシウム技術便覧より転記)

溶解温度〔℃〕	溶湯上の推奨ガス組成〔Vol %〕	溶湯の表面状態		
		かく乱	フラックス	結果
670-705	空気+0.04 % SF_6	なし	なし	優れている
650-705	空気+0.2 % SF_6	あり	なし	優れている
650-705	75 %空気/25 % CO_2+0.2 % SF_6	あり	あり	優れている
705-760	50 %空気/50 % CO_2+0.3 % SF_6	あり	なし	優れている
705-760	50 %空気/50 % CO_2+0.3 % SF_6	あり	あり	非常に良い

用を施したフラックスは溶湯中に非金属介在物や酸化物，窒化物とともにスラッジとなるつぼ下部に沈殿するため，注湯作業ではこのスラッジを巻き込まないように注意する必要がある。

〔3〕 **結晶粒微細化処理** 図 5.1.1 に示したように合金溶解後，結晶粒微細化処理を行う。この処理方法は合金系によって異なる。アルミニウムを含んだマグネシウム合金では過熱処理や炭素添加処理を行い，それ以外の合金ではジルコニウムを添加するのが一般的である。以下にそれぞれの処理方法の概略を述べる。

（1） **過 熱 処 理** アルミニウムを含有したマグネシウム合金に用いる方法で，溶解炉中で溶湯を 850～900℃に加熱し，850℃では 15 分程度，900℃では 5 分程度保持する。その後，150℃/min 以上の冷却速度で鋳造温度まで冷却し，ただちに鋳造する方法である。溶湯を高温に保持しなければならないので，溶湯の酸化燃焼防止に工夫が必要であるとともに，多量の溶解では 150℃/min 以上の冷却速度で溶湯を冷却するなどの工夫が必要である。

（2） **炭素添加処理** 先に述べた過熱処理と異なり，溶湯を高温で保持しなくてもよい処理方法として，アルミニウムを含有したマグネシウム合金の場合にこの処理法を用いることができる。この方法は炭素源としてヘキサクロロエタン C_2Cl_6 やヘキサクロロベンゼン C_6Cl_6 を溶湯中にホスホライザーを用いて添加する。添加量は溶湯量に対して 0.1 % 以下である。この処理では結晶粒微細化効果とともにこれら炭素源が溶湯中で気化することによる脱ガス効果も得ることができる。しかし，これらの炭素源として用いられる物質は環境有害

物質として指定されているため，現在では炭素添加による結晶粒微細化は行われていない。

(3) ジルコニウム添加処理　アルミニウムを含有しないマグネシウム合金には0.1％程度のジルコニウムを添加することにより結晶粒を微細化できる。ジルコニウムの添加方法としてはMg-30%Zr合金を用いる場合と$ZrCl_4$やK_2ZrF_6を含んだフラックスで添加する場合がある。現在ではMg-30%Zr合金を用いて添加するほうが主流であり，この場合の添加温度は750～850℃である。

5.1.2 砂型鋳造

〔1〕鋳型　マグネシウム合金鋳物に用いられる鋳型は，一般的にアルミニウム合金鋳物に用いられる鋳型に防燃剤を混合したものが多い。この場合，防燃剤としては，S，H_3BO_3，KBF_4，$(NH_4)_2BO_3F_2$，$(NH_4)_2SO_4$，NH_4HF_2，$(NH_4)_2SiF_2$などがある。防燃剤の添加量は鋳型の種類や鋳物の大きさにより異なるため，あらかじめ試験をして決定する必要がある。

また，鋳型に防燃剤を添加するだけでなく，注湯作業前に鋳型内にSF_6やCO_2ガスを流して鋳型内の空気と置換して防燃効果をあげる工夫が必要である。

〔2〕鋳造方案　JISに規格化されているマグネシウム合金は凝固温度範囲が広く，凝固潜熱や比重が小さいため，アルミニウム合金などに比べて押湯がききにくく鋳造欠陥が発生しやすい。また，合金が活性であるために酸化皮膜の巻き込みや溶解時に使用したフラックスの巻き込み等による欠陥も発生しやすい。このため表5.1.3に示す合金ごとの特性[2)]を十分理解して鋳造方案を決定する必要がある。

以上のことを考慮して，マグネシウム合金の鋳造方案決定における注意点を以下に述べる。

① 注湯時に溶湯が乱流状態になり，酸化物や空気を巻き込まないようにする。

② 湯口部で発生する酸化物を除去する。

表 5.1.3 鋳造用マグネシウム合金の特性

規格名	合金名	熱処理効果(強度向上)	鋳造特性				その他特性				
			鋳造割れ性	耐圧性	流動性	ミクロポロシティー発生傾向	溶接性	表面処理	耐食性	高温強度
JIS	MC 1 (AZ63A)	○	3	3	1	3	3	1	2	3
	MC 2 (AZ91C)	○	2	2	1	2	2	2	2	3
	MC 3 (AZ92A)	○	2	2	1	2	2	2	2	3
	MC 5 (AM100A)	○	2	2	1	2	2	2	2	3
	MC 6 (ZK51A)	○	3	3	2	3	4	2	1	3
	MC 7 (ZK61A)	○	3	3	2	3	4	2	1	3
	MC 8 (EZ33A)	○	1	1	2	1	1	1	2	2
	MC 9 (QE22A)	○	2	2	2	2	2	1	2	1
	MC 10 (ZE41A)	○	2	1	2	1	3	1	2	2

③ 溶湯が鋳型などと反応しないようにする。

④ 凝固潜熱が小さく冷却速度が速いので，鋳型から押湯にかけて凝固するように温度勾配をつける。

ここで，注湯時の溶湯の乱れによる酸化物，空気の巻込みや湯口部で発生する酸化物の巻込みを防止するにはフィルターの使用が有効である。フィルターの効果を最大限に発揮させるためには湯口部以降の湯道部に取り付けるのがよい。また，フィルターは目開きが細かいほど酸化物除去や湯流れを層流化する効果が高いが，注湯速度は低下する。よって，フィルターの取付けは面積の大きなところに取り付けるようにする。

5.1.3 金型鋳造

一般的に金型鋳造された鋳物は砂型鋳造鋳物よりも冷却速度が早いので，機械的性質に優れており，寸法精度や鋳肌も良好である。また，砂型に比べて生産性が良いので量産鋳物に向いている。

しかし，マグネシウム合金鋳物ではほかの金属のように金型鋳造を量産工法として使用している例は少ない。この理由はマグネシウム合金に適した給湯設備が開発されないことや量産化する製品がないことなどが挙げられる。

溶湯を酸化させずに金型に充てんするという観点から金型鋳造法の中でも低圧鋳造法がマグネシウム合金には一番向いていると考えられる。低圧鋳造法の概略図[3]を図5.1.2に示すが，この方法は鋳型内に溶湯を層流充てんできることから，酸化物や空気の巻込みを防止できるとともに溶湯の鋳型内注入速度もコントロールできる。よって，高品質な鋳物の製造が可能である。

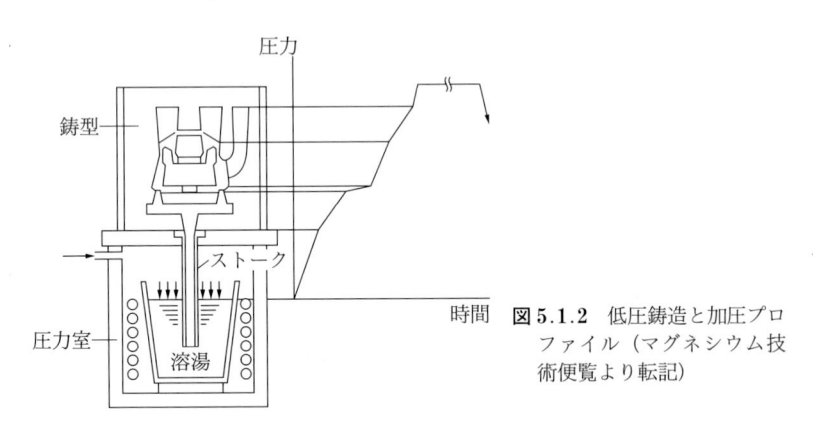

図5.1.2 低圧鋳造と加圧プロファイル（マグネシウム技術便覧より転記）

この方式でマグネシウム鋳物を製造する場合には，マグネシウム合金の燃焼を防止するために鋳型内やるつぼ内の雰囲気ガスは砂型鋳造のところでも述べたように不燃性ガスを用いる。

低圧鋳造法に近い鋳造法として提案されているノルスク法[4]~[6]と差圧鋳造法[7], [8]がある。それぞれの特徴を以下に述べる。

（1）ノルスク法　ノルスクヒドロ社が開発した方法で図5.1.3に装置の概略を示す[9]。先に述べた低圧鋳造装置にはない溶解炉と鋳造炉をそれぞれ保有しているためにインゴットを溶解炉に連続投入できる。そのため連続操業が可能である。

（2）差圧鋳造法　マグネシウムエレクトロン社（MEL社）が開発した方法で図5.1.4に概略を示す[9]。差圧鋳造法（differential pressure sand cast-

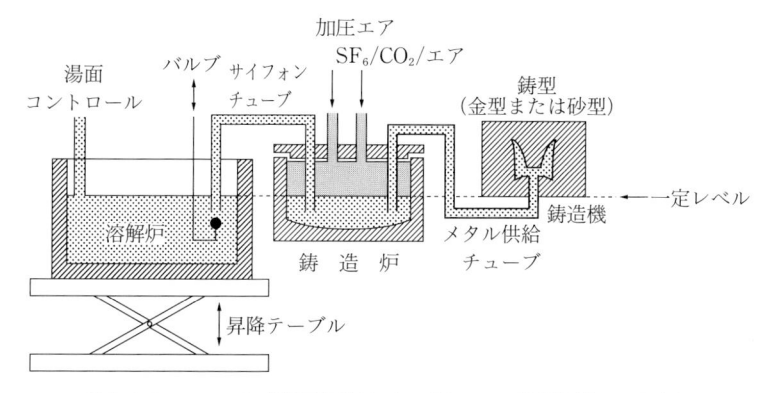

図 5.1.3 ノルスク式低圧鋳造法(マグネシウム技術便覧より転記)

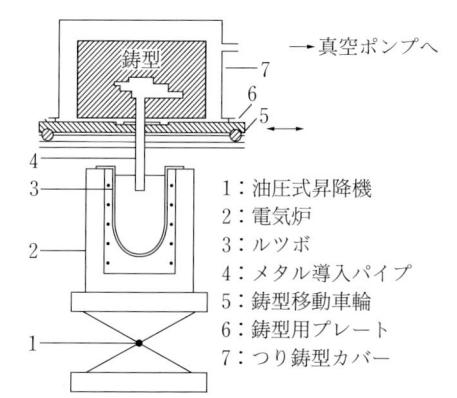

図 5.1.4 マグネシウムエレクトロン社の差圧鋳造法(マグネシウム技術便覧より転記)

ing)と呼ばれているが,英語を直訳しているためであり,その概念は減圧鋳造法である。すなわち,鋳型内をあらかじめ不燃性ガスで充てんしておき,鋳型下部の溶解炉より鋳型内を真空ポンプで減圧することにより溶湯を鋳型中に充てんする。注湯が終了すると鋳型を移動させ,つぎの鋳型をセットして鋳造を行う方法である。

5.1.4 マグネシウム合金鋳物の製品例

マグネシウム合金鋳物の自動車部品,二輪車部品および電動工具などへの製品例を**図 5.1.5〜5.1.12**に示す[10]。

図 5.1.5 インテークマニホールド（競技車両用）

図 5.1.6 カバー（競技車両用）

図 5.1.7 リヤエクステンション（競技車両用）

図 5.1.8 釘打機ボディー

図 5.1.9 スリーピースロードホイール(四輪車両用)

図 5.1.10 ハブ（二輪競技車両用）

図 5.1.11 エンジンクランクケース(二輪競技車両用)

図 5.1.12 エンジンクランクケース(二輪競技車両用)

5.2 ダイカスト鋳造

ダイカスト鋳造法は，5.1.2項に示した砂型鋳造法に比べて大量に部品を生産するのに適した方法である。その特徴は，①生産性が高い，②寸法精度がよい，③薄肉・複雑形状が可能，④鋳肌が平滑で綺麗などが挙げられる。また，アルミニウムダイカストに比べても，①ショットサイクルが短い，②金型寿命が長い，③薄肉が可能などの点が優れている。

マグネシウム合金のダイカスト法としては，亜鉛合金のダイカストで用いられているホットチャンバーダイカスト法とアルミニウム合金で用いられているコールドチャンバーダイカスト法の2種類が使い分けられている。これら両者の違いは金型へ溶融金属を送り込む方法が異なる。ホットチャンバーは図5.2.1[1]に示すように垂直なスリーブが炉内の溶融金属中に沈められている。

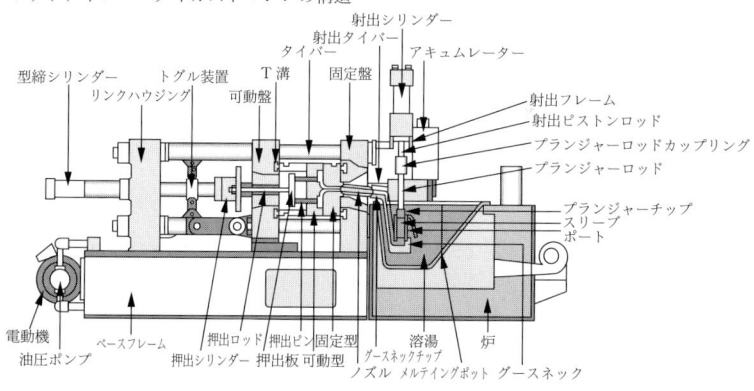

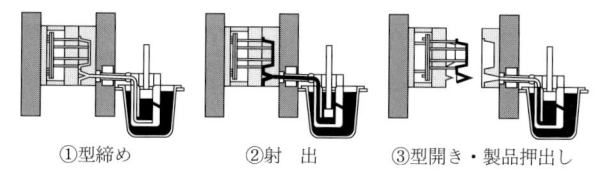

図5.2.1 ホットチャンバーダイカストマシン

溶融金属はスリーブ上部のポートよりスリーブ内に入り，プランジャーを押し下げることによってプランジャーチップがポートを閉じ，溶融金属がグーズネックを通過して金型中に充てんされる。充てん後はプランジャーが元の位置に戻り，ポートが開くことによって再度スリーブ内に溶融金属が入る。

一方，コールドチャンバーは図5.2.2[1]に示すように，スリーブは溶融金属中に沈められておらず，溶融金属をひしゃくでスリーブ中に注湯する。このような注湯機構の違いから両者の比較をすると，以下のようなメリットとデメリットがある。

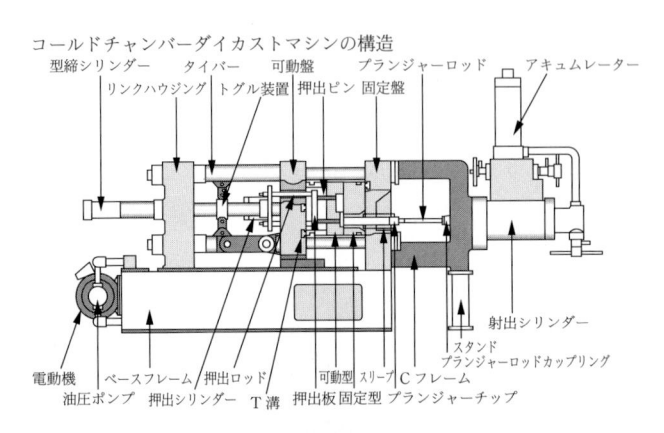

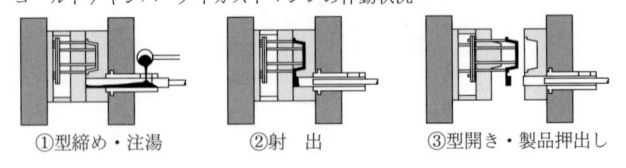

図5.2.2 コールドチャンバーダイカストマシン

ホットチャンバーのメリットとしては

① ショットサイクルが短く，生産性が高い
② 鋳造圧力が低いので同じ型締め力であれば，投影面積の大きな製品ができる
③ スリーブが溶融金属中にあるので空気の巻込みが少ない
④ 注湯時の酸化がない

⑤　金型寿命が長い

などが挙げられる。

また，デメリットとしては

①　設備費が高価である

②　射出部などの部品交換に時間を要する

③　安全性に劣る（ノズルと型あわせ面）

などが挙げられる。

ダイカスト法で製品を作る場合も砂型鋳造と同様に，溶湯の酸化防止（燃焼防止）やマグネシウムに適した鋳造方案の決定などが必要になる。

5.2.1　溶湯の酸化防止

ダイカスト鋳造の場合，砂型鋳造と違い早いサイクルで溶湯をくみ出したり射出（ショット）したりするので，酸化防止の目的でフラックスを用いることはできない。この理由は溶湯表面が揺れているのでフラックスでは完全にカバーできないし，間違ってフラックスが製品に混入する場合があるためである。したがって，一般的には溶湯の酸化防止のために合金中に Be を 0.001〜0.003 %添加し，保護ガスとして SF_6 ＋空気または CO_2 を溶湯表面に流している。しかしながら，コールドチャンバーダイカストにおいては溶解炉中での溶湯酸化防止に加えて，溶解炉からスリーブへの溶湯移動中の酸化防止についても工夫が必要である。

この解決策として，マグネシウム溶湯の際に自動給湯機を用いる方法がある。国内開発品として**図 5.2.3** に東芝機械が開発した電磁ポンプ Mg 供給システム[2]を示す。また，海外開発品には，**図 5.2.4** に示すラウフ社のスクリューポンプ式自動給湯装置[3]，**図 5.2.5** に示すノルスク社のガス置換ポンプ＋サイホン式自動給湯装置[4]などがある。各装置とも給湯制御に電磁ポンプ，スクリューポンプ，サイホンを使用していることが特徴であり，その他の溶湯燃焼防止のための装置上の対策点は非常に似ている。

また，この自動給湯装置の開発に伴って，コールドチャンバーを用いたマグ

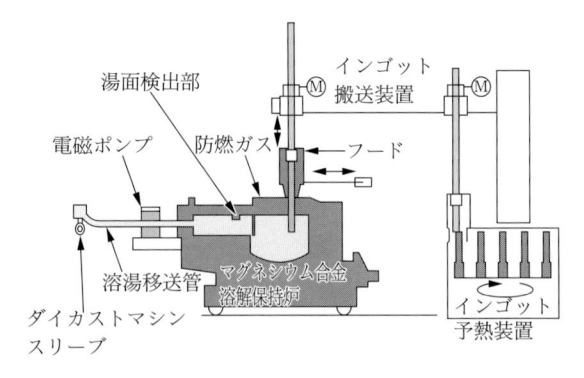

図 5.2.3　電磁ポンプ Mg 供給システム（東芝機械）

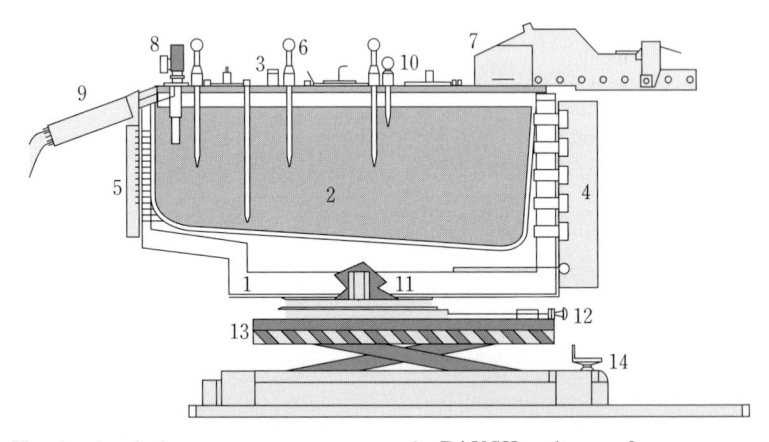

1　Housing insulation
2　Two-chamber crucible
3　Covering plate with control openings
4　Heating melt chamber
5　Heating pump chamber
6　Thermocouples[1]
7　Duct for ingots[2]
8　RAUCH melt pump[3]
9　Heated transfer tube[4]
10　Level probe
11　Initiator pivoting position[5]
12　Brake
13　Hydraulic lifting table
14　Gear for horizontal positioning[6]

1＝Themcouples：melt chamber, pump chamber, safty temperature limiter, 2 for temperature-controlled transfer tube
2＝Optional for equipments with magnesium ingot prewarning/feeding unit MVE
3＝Screw melt pump with electric drive
4＝Temperature-controlled transfer tube with 2-7 heating elements
5＝Dosing is only possible in dosing position
6＝Optional electric drive

図 5.2.4　スクリューポンプ式自動給湯装置（ラウフ社，マグネシウム技術便覧より転記）

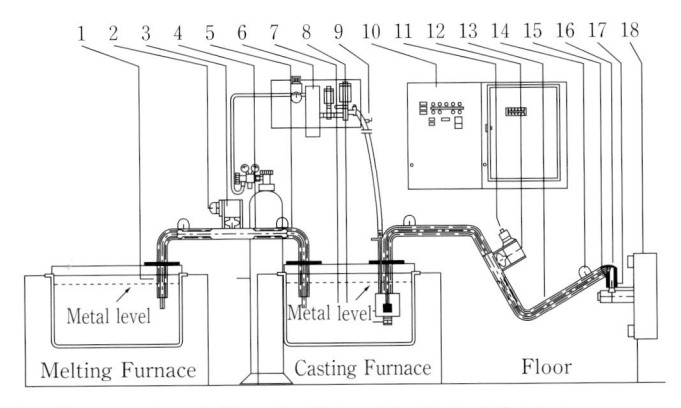

5.2 ダイカスト鋳造

1 Heating Element, Zone 1, Transfer Tube
2 Cable/Multiplug
3 Junction Box for Transfer Tube
4 Stainless Steel Cover
5 Inner Transfer Tube
6 Ar Gas Distribution
7 Valve
8 Metering Pump Housing
9 Pressurized Argon Gas Supply
10 Control Cabinets
11 Cable/Multiplug
12 Junction Box for Metering Pump
13 Heating Element, Zone 2 Metering
14 Thermocouple, Zone 2
15 Inner Metering Tube
16 Protection Gas Line
17 Special Design Metal Outlet
18 Pressure Die Casting Machine

図5.2.5 ガス置換ポンプ＋サイホン式自動給湯装置（ノルスク社,マグネシウム技術便覧より転記）

ネシウム合金大型鋳物の製造においては，いままで手作業で行っていた給湯作業が自動化され，鋳造条件や鋳造サイクルの安定化が図られ，マグネシウム合金鋳物の品質の向上につながっている．

5.2.2 鋳造方案

マグネシウム合金のダイカストの場合，その鋳造方案は合金の性質に大きく依存している．**表5.2.1**にマグネシウム合金とアルミニウム合金の特性の比較を示すが[5]，アルミニウム合金の約70％の熱量で凝固することがわかる．よって，ダイカストでは以下に短時間で金型中にマグネシウム合金溶湯を充てんさせるかが重要となってくる．以下に鋳造（金型）方案決定までの手順を示す．

① ダイカストができるように製品形状を変更する．

表5.2.1 ダイカスト合金の特性(マグネシウム技術便覧より転記)

特性＼合金名	マグネシウム合金 AZ-91 A	アルミニウム合金 ADC 12
平均比熱〔kcal/kg°C〕	0.28	0.23
融解熱〔kcal/kg°C〕	89	93
熱伝導率〔CGS〕	0.19	0.24
熱膨張率〔1/°C〕	26×10^{-6}	21×10^{-6}
凝固範囲〔°C〕	468〜596	516〜582
放出熱〔kcal/dm³〕* マグネシウムに対する比率	310 1	450 1.4
融解熱〔kcal/dm³〕** マグネシウムに対する比率	480 1	630 1.3
鉄との反応性	なし	有り
最低燃焼開始温度〔°C〕	420°C	—
溶湯保護雰囲気	要	不要
高温強さ	強い	普通

② 量産品質の決定。

③ 型分割面の選定。

④ 湯口方案の決定。

⑤ 流動比(流動長/肉厚)と充てん速度の決定。

⑥ 充てん時間の決定。

　一般的には 0.02〜0.10 s

⑦ 湯口速度の決定。

　一般ダイカスト品　　30〜50 m/s

　小物・薄肉形状　　　50 m/s 以上

　大型品　　　　　　　30 m/s 以下

⑧ ランナー断面積とゲート位置の選定。

⑨ プランジャー径とプランジャー速度の決定。

⑩ 鋳造圧力と型締力の検討。

　鋳造圧力　　コールドチャンバー　　400〜800 kg/cm²

　　　　　　　ホットチャンバー　　　150〜400 kg/cm²

また，溶湯温度は AZ 91 合金の場合でコールドチャンバーで 650〜680°C，

ホットチャンバーで620〜650℃である。

　良好な品質の鋳物を作製するためには金型を一様に加熱しておき，充てん完了まで溶湯が凝固しないようにしなければならない。よって，金型は製品の大きさにもよるが一般的には200〜300℃に加熱される。

　図5.2.6にダイカスト鋳物で発生する欠陥とその原因，そして考えられる鋳造要因についての関連図[6]を示す。各欠陥の詳細についてはここでは省略するが，この関連図より品質向上のためには鋳造方案の最適化が重要であることがわかる。

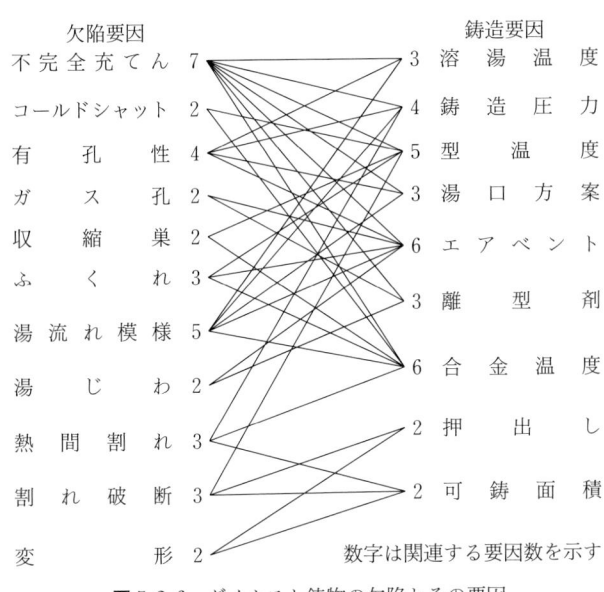

欠陥要因		鋳造要因
不完全充てん	7	3 溶湯温度
コールドシャット	2	4 鋳造圧力
有孔性	4	5 型温度
ガス孔	2	3 湯口方案
収縮巣	2	6 エアベント
ふくれ	3	3 離型剤
湯流れ模様	5	6 合金温度
湯じわ	2	2 押出し
熱間割れ	3	2 可鋳面積
割れ破断	3	
変形	2	数字は関連する要因数を示す

図5.2.6　ダイカスト鋳物の欠陥とその要因

5.2.3　ダイカスト製品例

　マグネシウムダイカスト製品は軽いという特徴を生かし，おもに携帯機器の筐体に使用されている。図5.2.7[7]にキヤノンのデジタル一眼レフカメラのボディーを示す。軽さと頑丈さを兼ね備えるためにマグネシウム合金を使用した

図5.2.7 キヤノンデジタルカメラ（EOS 10 D）

図5.2.8 キヤノンデジタルビデオカメラ（PV 130）

図5.2.9 キヤノンデジタルビデオカメラ（CV 11）

図5.2.10 ソニーデジタルカムコーダー（DSR-PDX 10）

例である．図5.2.8〜5.2.10[7),8)]にはマグネシウム製筐体が使用された各種商品の写真を示す．

5.3 半凝固・半溶融加工

5.3.1 加工設備と加工方法

〔1〕 はじめに　大量生産型マグネシウム製品は，主として高圧鋳造プロセスであるダイカスト（スクイズキャストを含む）と金属射出成形（チクソモールディング）により量産されている．ダイカストは1838年にBruceによって発明された活字鋳造機がその原型となり，今日までに亜鉛，アルミニウム

などで長年の歴史がある.他方,半溶融成形が可能なチクソモールディングは,作業者と地球環境に優しいプロセスとして最近特に注目されている.合金の半凝固・半溶融状態を利用したそのほかの成形プロセスはいくつか研究されている.しかし,これらの加工方法の中で実際にマグネシウム合金に適用され,量産技術として確立・実用化されているのはチクソモールディングのみである.そこで本項では,このチクソモールディングのプロセスと成形体の特徴,さらにリサイクルシステムについて述べる.

〔2〕 **射出成形プロセスの概略**　チクソモールディング (thixomolding) とは,チクソトロピー (thixotropy) とインジェクションモールディング (injection molding) を組み合わせた造語で,米国のダウ・ケミカル社とバッテル研究所により発明された低融点合金 (900 K 程度) の半溶融射出成形法を指す.すなわち,ある程度の固相率を有する金属スラリーでも,溶融プラスチックのように射出成形が可能ということを意味している.固液が共存する温度範囲においても,固相粒子が比較的粒状で存在するため,スラリー全体の粘性が低く,結果として流動抵抗が完全液相なみに小さくなることが期待される.また,このスラリーの粘性はせん断速度依存性を有しており,本プロセスの名称はこの性質,すなわち,チクソトロピー性に由来している[1]~[6].

合金の半溶融状態を利用したそのほかの成形プロセスには,MIT の Flemings らによって開発されたレオキャスト法[7,8]を筆頭に,いったん固相を粒状化した状態で冷却した素材を半溶融に再加熱した後に成形するチクソキャスティング法[9],レオモールディング法[10],そしてチクソフォーミング法[11]などがある.また,半溶融状態で繊維や粒子を添加して複合材料を成形するコンポキャスト法では,固相の物理的なかくはん作用による添加物の均一分散が可能であることや,比較的低温であることにより,母相と添加材の界面反応制御が可能と言われている[12].

ダイカストなどの従来プロセスに比較して,特にマグネシウム合金の金属射出成形法には以下の特徴がある[13]~[16].まず第一に,原料の溶解がシリンダ内に限られるため,作業者は大気に触れると容易に燃焼する危険性の高いマグネ

シウム溶湯を直接取り扱うことなく製品を得ることがでる。また，放置すると NH_3 ガスや Cl_2 ガスを発生する上，非常に硬いので処理方法が問題になっているドロスやスラッジが金属射出成形法では発生しない。さらに，従来プロセスで溶湯の酸化防止ガスとして必須の SF_6 は，地球温暖化係数が CO_2 の数万倍以上も大きいことが知られており，今後，使用量の規制が行われる予定である。また，代替ガスとして提案されている亜硫酸ガスも人体に有害であることは周知のとおりである。一方，金属射出成形法の使用ガスは不活性ガスである Ar のみであることから，環境に優しいプロセスと言える。また，一般のダイカストに比べて溶湯温度が 100 K 近く低いため，金型への焼付きが少なく，かつ，熱負荷が小さくなり金型寿命が延びる。さらに，装置以外に溶解炉を必要としないため，トータルとしての設備費が安くなる。

一方，成形体品質に関しては，溶湯温度が低いため引けや割れなどの凝固欠陥が少なく，寸法精度が高い，そりが小さいなどの長所がある[17]。また，スラリー温度の選択の幅が大きく，完全液相でも，数十％の固相を含むスラリーでも成形できるため，対象製品の形状や要求品質により，最適な固相率を選ぶことができる[18]。さらに，スクリューによるかくはん効果により，従来は高価で，かつ，複雑であった金属基複合材料製造プロセスへの応用が期待できる[19), 20)]。

〔3〕 **マグネシウム合金射出成形機の構造**　装置の概略図，および原料チップの外観図を**図 5.3.1，5.3.2** にそれぞれ示す。金属射出成形用のマグネシウム合金原料は，インゴットから機械的に数 mm 程度にチッピングされたも

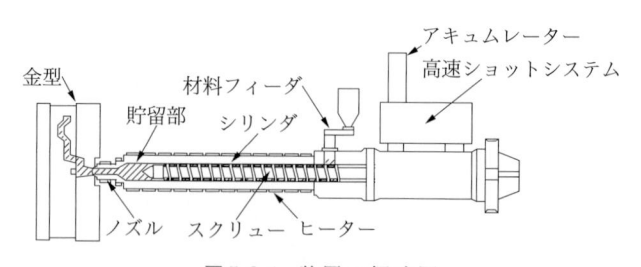

図 5.3.1　装置の概略図

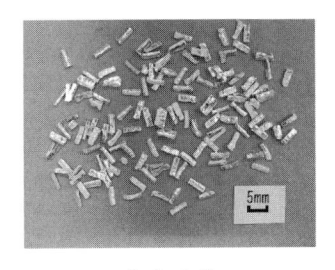

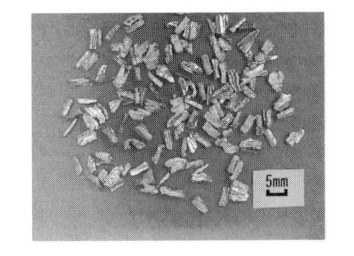

(a) A社　　　　　　　　　　　　(b) B社

図 5.3.2　原料チップの外観

ので，火薬や古くはカメラのフラッシュなどに用いられていた微粉末状のマグネシウムと異なり，自然発火などの心配がなく，消防法で定める危険物には相当しない。この原料チップをローダによりホッパ内に自動供給した後，二軸の容量フィーダにより成形体に応じた量をシリンダ内に供給する。その際，不活性ガスである Ar を一定量流すことにより，原料中にわずかに含まれる微粉による粉塵爆発を防止している。したがって，従来法であるダイカストで一般に使用される保護ガスである SF_6 や，溶湯搬送装置などを一切必要としない。

シリンダ内に供給されたチップは，スクリューの回転により前方に搬送されるが，輸送量を厳密に制御するため，プラスチックの場合と異なり，スクリューは一定速度で後方に引かれながら計量する（サックバック計量）。工業的なサイクルタイムはこの計量時間にほぼ律速される。チップはこの搬送過程で急速な加熱を受けて軟化し，かさ密度が上昇するとともに部分的な溶融が進行する。つぎに圧縮部では半溶融状態でせん断を受け，最終的に逆流防止装置を通過して貯留部に移動した後，ノズルを通して金型内に高速射出され，エジェクタピンにより製品として取り出される。工程の概略を図 5.3.3 に示す。

さらに図 5.3.4 に示すように，射出直前にはノズル先端に前回の射出後，自然冷却して形成された凝固プラグが存在し，これがノズルからのスラリーの漏れとともに大気の混入を防止する。また，このプラグは，つぎの射出時に金型内に設置されたプラグキャッチャーに捕獲され，製品部に混入するのを防いでいる。

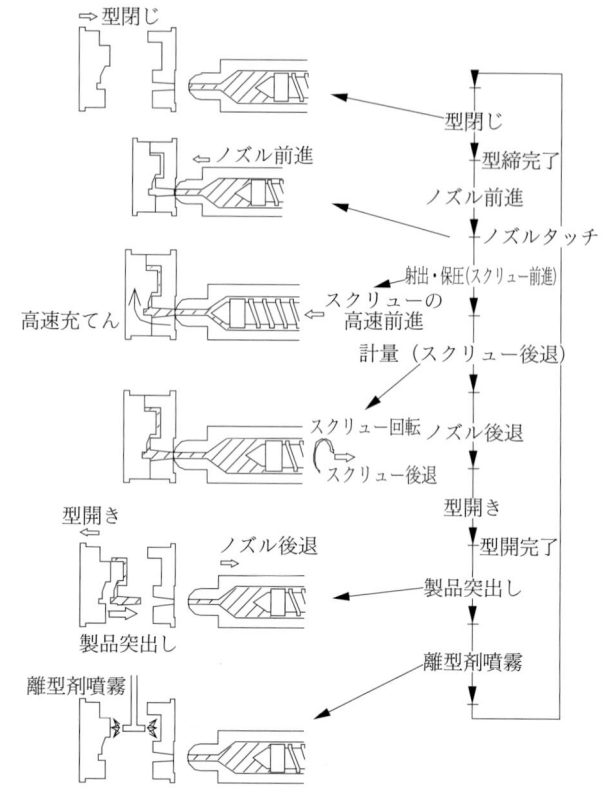

図5.3.3 工程の概略

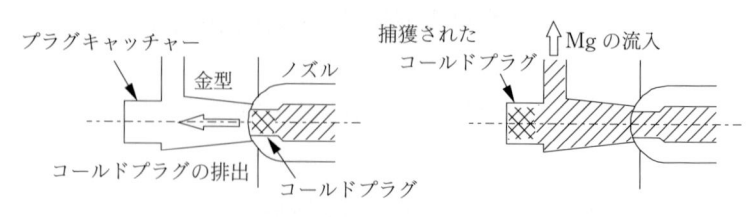

図5.3.4 プラグの役割

　一般のプラスチック用射出成形機と比較すると，加熱温度が高いために特殊なヒーターと構造材料が使用されている。特にシリンダ，スクリュー，逆流防止リング，ノズルといった構造材料は，高温強度やクリープ抵抗性のみならず，溶融マグネシウムスラリーに対する化学的な溶損や，機械的な摩耗に関し

ても十分な特性を有することが必要とされる。またスラリーの凝固速度が速いため、プラスチックの十倍以上の射出速度が可能な油圧機構が要求される。さらに、プラスチックでは金型を冷却するのに対して、金属射出成形では金型を所定温度に加熱・保持するため、プラスチックより高温仕様の金型温調装置が必要になる。

〔4〕 **等軸晶生成のメカニズム**　固液共存状態のスラリーを連続的にかくはんすると、完全液相の場合と同等度まで粘性が低下するというチクソトロピー性の本質は、そのミクロ構造にある。一般の金属の凝固形態であるデンドライト組織は流動性の阻害要因となるため、金型へ射出する直前に等軸晶をいかにして生成させるかがポイントとなる。その際、半溶融か半凝固かで等軸晶の生成メカニズムが異なる。

多くの場合、半凝固、すなわち完全液相から固液共存状態にするためには、機械的なかくはん作用を必要とする。古くは、荻原らが回転るつぼ内壁に固定したスクレーパを設置して、凝固偏析を改善した研究が始まりといわれている[21]。また、Flemingsらは機械的なかくはんから始まり、現在では電磁かくはんを用いて等軸晶インゴットを作製している。これらはいずれも、デンドライトを機械的にかくはんし粒状化を図っている。

一方、Kirkwoodらが発見したSIMA (strain induced metal activate) プロセスでは、一般の鋳造素材に圧延などの加工を加えたときに導入される加工ひずみが、その後の加熱により、デンドライト内に微細な再結晶を促進し、固相線温度を超えると液相がその再結晶粒界に浸透する結果、等軸晶が液相中に分散した組織が得られることを利用している。また、切削により作製されたマグネシウム合金チップには、やはり加工ひずみが導入されており、半溶融温度に加熱するだけで等軸晶が混在した組織が得られることを松井らが報告している[22]。

これらに対して、チクソモールディングにおいては、原料チップの作製方法からSIMAと同様の等軸晶生成が行われていると思われる。したがって、シリンダ内のスクリュー回転は、せん断によるデンドライトの機械的粉砕効果を

狙ったものではなく，むしろスラリーの熱拡散を容易にする混合溶解効果とも考えることもできる。

〔5〕 成形体の機械的性質と耐食性[23)~25)]　チクソモールディングにより得られる成形体品質に関しては，溶融温度が低いために引けや割れなどの凝固欠陥が少ない，寸法精度が高い，そりが小さいなどの長所がある。またシリンダ温度の設定の幅が広く，完全液相から数十％の固相を含むスラリーでも成形できるため，対象製品の形状や要求特性により，最適な固相率を選ぶことができる。

チクソモールディングでは，各種ダイカスト用マグネシウム合金のインゴットから作製された原料チップを使用できる。実用マグネシウム合金に関して，チクソモールディングにより試験片を作製し，機械的性質と耐食性に関する評価が行われている。まず，原料チップの組成分析結果とASTM規格を**表5.3.1**に，また常温における引張試験結果を**表5.3.2**に，さらに360 ksの塩水噴霧試験によって得られた腐食速度を**図5.3.5**に示す。

表5.3.2より，いずれの合金についてもチクソモールディング材は従来プロセスであるダイカスト材参考値に比べて優れた機械的性質を有していることがわかる。また，AM 60 BとAM 50 Aに関しては，コールドチャンバー式ダイカストで作製した同一形状試験片を同じ引張試験機により評価したが，やはりチクソモールディング材のほうが実際に高い特性値を示している。また試験片のミクロ組織を示す**図5.3.6**から明らかなように，チクソモールディング材では液相から晶出した等軸晶が微細であるのに対して，ダイカスト材では射出前にスリーブ内で凝固したと推定されるデンドライトが多数観察される。したがって，この機械的性質の差はマトリックス結晶粒のサイズに起因しているものと考えられる。

一方，図5.3.5から明らかなように，各合金ともチクソモールディング材のほうがダイカスト材に比べて優れた耐食性を示すことがわかる。その理由は，初晶粒を取り囲むように晶出した耐食性に優れる共晶化合物の形態の違いに起因するものと考えられる。すなわち，結晶粒が等軸で微細なチクソモールディ

5.3 半凝固・半溶融加工

表 5.3.1 原料チップの組成分析結果と ASTM 規格 〔mass %〕

物質	Mg	Al	Zn	Mn	Si	Cu	Ni	Fe
AZ 91 D	bal.	8.89	0.70	0.25	0.01	≦0.005	≦0.001	≦0.004
AZ 91 D*	bal.	8.5-9.5	0.45-0.9	0.17-0.4	≦0.05	≦0.025	≦0.001	≦0.004
AM 60 B	bal.	5.61	0.01	0.29	0.01	≦0.005	≦0.001	≦0.004
AM 60 B*	bal.	5.6-6.4	≦0.20	0.26-0.5	≦0.05	≦0.008	≦0.001	≦0.004
AM 50 A	bal.	5.19	0.01	0.38	0.01	≦0.005	≦0.001	≦0.004
AM 50 A*	bal.	4.5-5.3	≦0.20	0.28-0.5	≦0.05	≦0.008	≦0.001	≦0.004
AS 41 B	bal.	4.30	0.01	0.36	0.71	≦0.005	≦0.001	≦0.0035
AS 41 B*	bal.	3.7-4.8	≦0.10	0.35-0.6	0.60-1.4	≦0.015	≦0.001	≦0.0035

* ASTM B 93-94 a に明記されたマグネシウム合金鋳型に対するもの

表 5.3.2 引張試験結果

材料	プロセス	シリンダ温度〔K〕	射出速度〔m/s〕	Y.S.〔MPa〕	T.S.〔MPa〕	El.〔MPa〕
AZ 91 D	チクソモールディング(ダイカスト)*	878	1.4	180 160	299 240	10 3
AM 60 B	チクソモールディング ダイカスト (ダイカスト)*	893 963	1.4 2.9	148 115 130	278 239 225	19 12 8
AM 50 A	チクソモールディング ダイカスト (ダイカスト)*	898 963	1.4 2.9	140 112 125	269 232 210	20 13 10
AS 41 B	チクソモールディング(ダイカスト)*	903	1.7	157 140	249 215	9 6

* ダイカストの数値は便覧より[10]

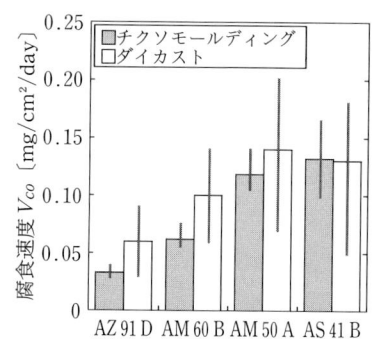

図 5.3.5 各種マグネシウム合金の腐食速度

(V_{co} 〔mg/cm²/day〕 vs AZ 91 D, AM 60 B, AM 50 A, AS 41 B; チクソモールディング／ダイカスト)

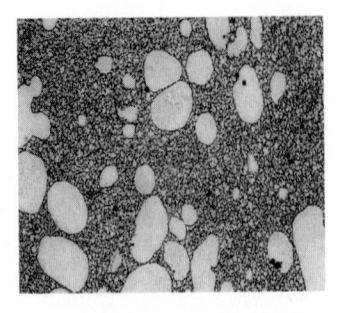

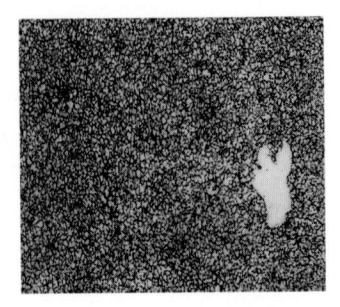

(a) チクソモールディング(873 K)　(b) チクソモールディング(903 K)

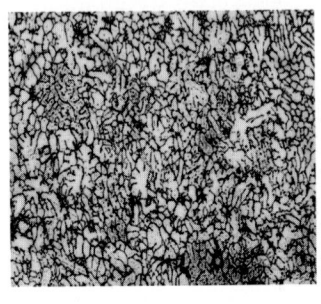

(c) ダイカスト (963 K)

100μm

図5.3.6　AM 60 B の典型的なミクロ組織

ング材では，初晶粒の腐食に対してネットワーク状に発達した共晶化合物がバリアの役目を果たしている。一方，ダイカスト材では，粗大なデンドライト状結晶粒界の共晶化合物が不連続に晶出しているために，腐食が進行しやすくなっているためと考えられる。

〔6〕 **チクソモールディング用リサイクルシステム**[26), 27)]　マグネシウム合金はプラスチックと比較して，原理的にリサイクルしやすい材料である。プラスチックは材質がきわめて多岐にわたるため分別回収が困難である上，燃焼させる際にダイオキシンなどの有害ガスを発生するなどの問題点がある。一方，マグネシウム合金は比較的材質が限られているため，回収のインフラが整備しやすいことや，溶解により容易に原料として再生できるなどの優位性を有している。特にチクソモールディングでは，使用原料形状が特殊であるため，ユニークなリサイクル方法も可能となる。

図5.3.7には，チクソモールディング工場で発生したスクラップのリサイク

5.3 半凝固・半溶融加工

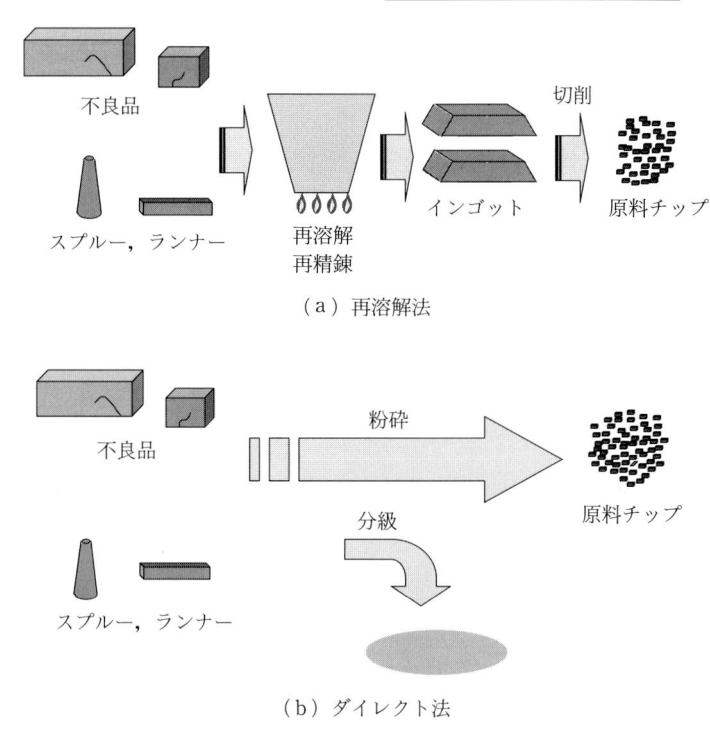

(a) 再溶解法

(b) ダイレクト法

図 5.3.7 金属射出成形法のリサイクル方法

ル方法を示す．まず再溶解法では，成形時に発生するスプルー，ランナー，オーバーフローあるいは不良成形体を回収後，再溶解・再精錬を行い，所定形状のインゴットに鋳込みなおす．ここまでは，従来のダイカストと同様のリサイクル方法である．ダイカストでは，この再生インゴットをいったん溶解炉に投入して完全に溶解した後，高圧鋳造を行う．これに対してチクソモールディングでは，バージンチップの場合と同様に切削・分級して原料チップを作製し，射出成形を行う．もう一方の直接法では，再溶解工程を経ずに直接スクラップを粉砕し，その際生じた微粉末を分離・除去して原料チップを作製する．したがって，再溶解法と比較してより省エネルギー型のリサイクル方法であり，かつ，コストも低くおさえられるという特徴を有する．

表 5.3.3に示す各種の合金に着目し，いろいろなスクラップを用いてリサイ

表5.3.3 供試材の製造方法

No.	材料	スクラップ	製法
1	AZ 91 D	—	バージン
2	AZ 91 D	ダイカスト	再溶解
3	AZ 91 D	チクソモールディング	再溶解
4	AM 60 B	—	バージン
5	AM 60 B	チクソモールディング	直接法
6	AM 60 B	ダイカスト	直接法
7	AM 60 B	チクソモールディング	再溶解
8	AM 60 B	ダイカスト	再溶解
9	AM 50 A	—	バージン
10	AM 50 A	チクソモールディング	直接法
11	AM 50 A	チクソモールディング	混合

混合＝バージン：直接法（8：2）

クル材原料チップを作製し，引張試験片を連続50ショット成形した。その2本おきの17本について，常温における機械的性質の評価を行った。試験結果の一例を図5.3.8に示すが，耐力，引張強さ，破断伸びのいずれの特性値ともすべての供試材においてダイカスト材カタログ値を上回っていた。また合金別に比較しても，バージン材とほぼ同等の特性を示すことが確認された。

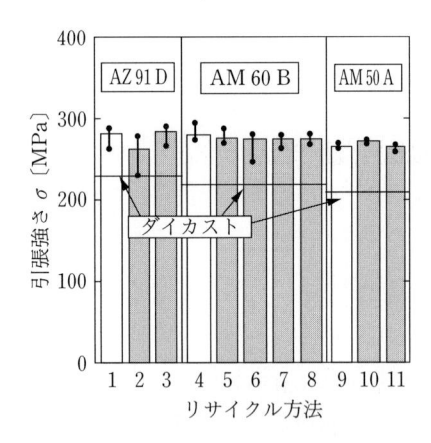

図5.3.8 各種リサイクル方法と引張強さ

さらに直接法に着目し，繰り返しリサイクルすることによるAZ 91 D成形体の機械的性質について検討した。引張強さに及ぼすリサイクル回数の影響を図5.3.9に示すが，各特性とも繰り返しリサイクルした7回目においてさえも，バージン材と同等の特性が得られた。さらに各特性の最小値ですら，ダイ

カスト材カタログ値を上回ることが判明した。また標準偏差も小さく，安定した特性が得られていることが，従来のプロセスと比較したときの大きな特徴である。

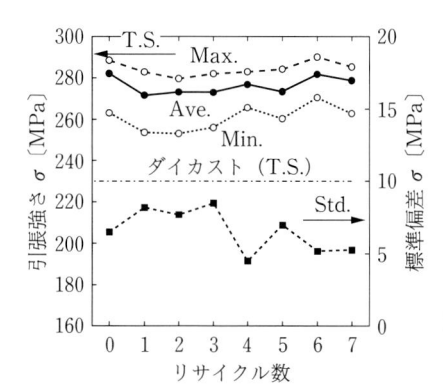

図5.3.9 リサイクル材の特性変化（引張強さ）

5.3.2 成形品例

これまでに，半凝固・半溶融加工で量産された製品の一例を図5.3.10に示す。前述のように，これらはすべてチクソモールディングで製造されたものであり，今後も数多くの製品に本加工法が適用されていくと思われる。

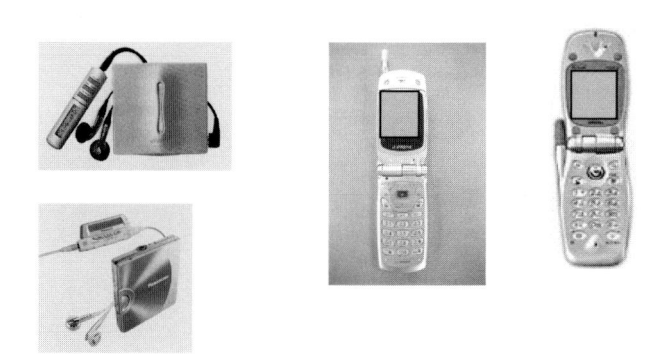

図5.3.10 チクソモールディングで成形された製品の一例

172　第5章 鋳造加工

図 5.3.10　（つづき）

第6章

粉 末 成 形

6.1 はじめに

　マグネシウム粉末製造の歴史は，文献に詳しく述べられている[1]。写真技術の発展に伴って，日光に類似した輝きを持つ白色光を得るために，フラッシュ用の純マグネシウム粉末が1855年ごろに作られたのが始まりである。当時の粉末はインゴットをやすりで削るといった単純な方法で製造された。その後，マグネシウム合金粉末を固化成形した粉末冶金材料に関する研究が行われて，急冷凝固法による組織の微細化[2]，新しい合金組成[3]，粒子やファイバーとの複合化[4]によって強度の向上や耐熱性の改善が報告されている。また，マグネシウム合金切削くずを熱間押出してバルク材とする手法が，リサイクルの観点から注目されている[5]。しかし，粉末冶金法によるマグネシウム材料およびその複合材料の優れた材料特性が実験室規模では明らかにされているものの，信頼性の高い材料を製造する技術が未確立であることや製造コストが高いなどの理由によって実用化された製品は見られない。ここでは，マグネシウム粉末の製造技術とマグネシウム基粉末冶金材料の特性について述べる。

6.2 マグネシウム粉末の製造

　マグネシウム粉末はその貯蔵量により危険物としての届け出が規定されており，粉末の製造・保管や取扱いには，酸化防止や防爆の機構を備えた設備が必

要である．金属粉末の製造方法には，溶融るつぼ遠心法，溶解電極遠心法，遠心アトマイズ法，ガスアトマイズ法，水アトマイズ法，噴霧ロール法などがある．粗大な初晶の晶出を抑制して，微細なデンドライトからなる均質な凝固組織を得るためには，粉末を微細化して凝固冷却速度を高めなければならない．この微細粉末の安定な製造に対しては，合金溶湯を高圧のガスまたは水で霧状とするアトマイズ法が適している．ただし，溶融マグネシウムが水に触れると爆発する危険があるため，水アトマイズ法はマグネシウム粉末製造に用いられない．一方，急冷凝固による凝固組織の微細化効果はないが，合金鋳塊等を機械加工した切りくずを，リサイクル性向上の観点から粉末冶金材料のスタート材に用いる試みがある．

6.2.1 ガスアトマイズ法

雰囲気を制御することができるガスアトマイズ装置〔産業技術総合研究所（つくば）所有〕の概略図を図6.2.1に示す．マグネシウム合金を溶解するチャンバー，アトマイズチャンバー，アトマイズ用高圧ガス供給機構から装置は構成されている．アトマイズの原理図を図6.2.2に示す．あらかじめ溶製した合金鋳塊を高周波誘導加熱により黒鉛るつぼ内で再溶解する．雰囲気は真空度

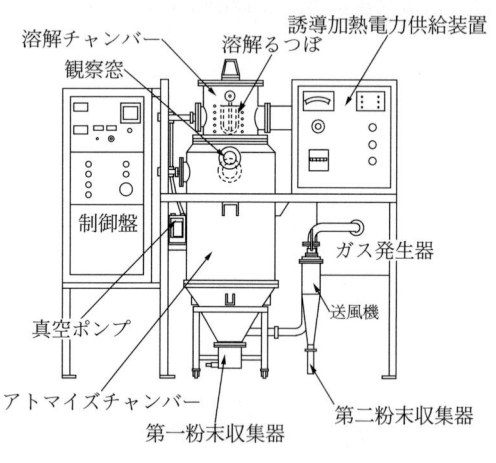

図6.2.1 ガスアトマイズ装置概略図

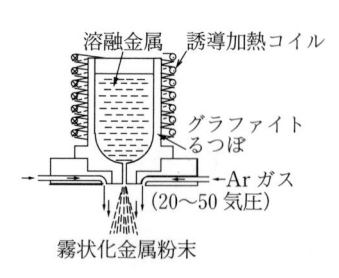

図6.2.2 アトマイズの原理図

が 53.3 Pa の真空状態であり，液相線温度より 200℃高い温度に保持して鋳塊に付着していた酸素系ガスを脱ガスした後，アルゴンガスで置換する。溶解チャンバー内のアルゴンガス圧を高めて，合金溶湯を穴径が 1.5 mm のノズルよりアトマイズチャンバー内に流出させる。溶湯流を圧力が約 5 MPa のアルゴンガスでアトマイズする。このとき，チャンバー内に起きるアルゴンガス流を利用して粉末どうしの溶着を防ぐ。また，アルゴンガスに少量の酸素（0.2%程度）を含んだアトマイズガスを用いることによって，マグネシウム粉末の取扱いを安全にすることもできる。アトマイズチャンバー下部の回収容器（第 1 回収容器）と，アトマイズガスを外部に放出するガス排出部に設けた回収容器（第 2 回収容器）の 2 か所で粉末を回収する。回収された粉末の形状を**図 6.2.3** に示す。比較的細かい粉末は，ガスの流れに乗って浮遊して第 2 回収容器で回収される。

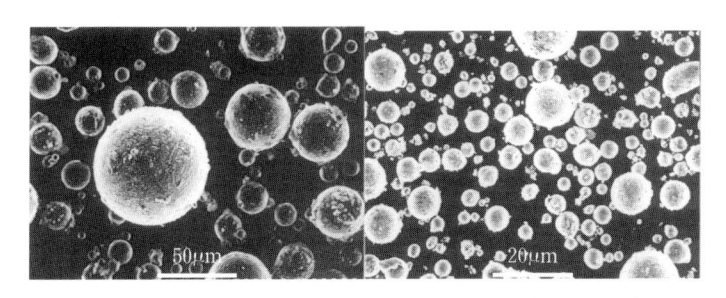

(a) 第 1 回収容器の粉末　　(b) 第 2 回収容器の粉末

図 6.2.3　回収容器中の粉末形状

アトマイズ装置の心臓部は，溶融金属を細い溶湯流として流出させる噴射ノズルである。一般に本装置に類するアトマイズ法でのトラブル発生要因としては，溶湯が噴射ノズル内で凝固することが多い。本装置では噴射ノズル部のセラミックパイプの周囲に通電ヒーターを組み込んで溶湯の凝固を防いでいる。

6.2.2　機械的粉末製造法

ガスアトマイズ法に比べて製造装置が安価であり，酸化防止対策が比較的容

易な機械加工によって，微細な切削粉を製造する装置がある．機械的手法による微細切削粉末製造装置の外観を図 6.2.4 に示す．この粉末製造装置は，素材の自動供給装置（図 6.2.5）と工具刃を装着した回転ドラム（図 6.2.6）および切削粉の回収装置より構成されている．マグネシウム粉末の製造では酸化・燃焼を防ぐため，装置内をアルゴンガス雰囲気に保つことができる．

図 6.2.4　微細切削粉末製造装置

図 6.2.5　素材供給部

図 6.2.6　粉末製造部の工具

　旋盤加工では回転する素材を固定した工具で切削するが，この装置では固定した素材を回転する工具で切削する．回転ドラムには位相をずらして，超硬製の工具刃が 42 個装着されている．工具刃には回転方向と平行に数十本の溝が等間隔に設けてあり，1 個の工具刃が数十個の工具刃として働いて細かい切削粉を効率よく製造する．回転ドラムの直径は 260 mm であり，回転数を 380

rpm から 760 rpm の範囲で無段変速することができる．素材の送り速度は 10 mm/min から 25 mm/min の範囲で変えることができる．素材の形状は，60×75×60 mm の直方体であり，回転数を最大として，送り速度を最小とした条件で運転すると，1 時間当り約 5 kg のマグネシウム粉末が製造される．図 6.2.7 は製造された切削粉であり，表面には微細なクラックが生じている．切削粉の幅は約 50 μm と一定寸法であり，厚さは，ドラム回転数が速く，素材送り速度を遅くすると薄くなり，約 10〜50 μm となる．

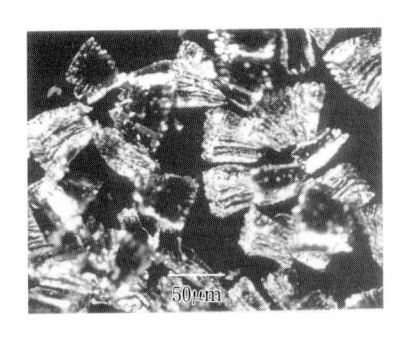

図 6.2.7 低コスト粉末（切削粉）の形状

ガスアトマイズ法では，消耗品の噴射ノズル部品やアトマイズ用アルゴンガス，および合金鋳塊の再溶解に要する電力を積算すると，粉末 1 kg 当り数万円の製造コストとなる．機械的粉末製造では，切削工具刃の摩耗はごくわずかであり，チャンバー内の置換用アルゴンガス，運転電力を積算して 1 kg 当り約 500 円と製造コストが極端に低い．

6.3 マグネシウム粉末の固化成形

マグネシウム粉末は，アルミニウム系合金粉末やほかの金属粉末と同様に，ホットプレスや熱間押出し加工によって健全なバルク材とすることができるが，加熱の際には酸化や燃焼の防止対策が必要である．粉末の固化成形においては，粉末表面の酸化膜が粉末のせん断変形とともに破壊して，露出した新生面の間で原子の拡散が活発となることが，材料欠陥の低減の点で望ましい．酸化傾向の強いマグネシウム粉末については，粉末にせん断力が加わる熱間押出

し加工が固化成形に適している。また，半溶融成形やパルス通電焼結により固化成形してバルク材とすることもできる。これら粉末をスタート材として固化成形した材料をP/M材（powder metallurgyの略）と称して，溶製した鋳塊を加工する通常の加工プロセスによるI/M材（ingot metallurgyの略）と比較される。マグネシウム粉末をマトリックスとしてセラミックス粒子等の強化材を添加した複合材では，マトリックスと強化材を均一に混ぜ合わせる混練工程が必要である。その後，熱間押出しなどの加熱を伴う固化成形工程で，強化材が均一に分散した複合材とする。

6.4 マグネシウム合金粉末成形材料の性質

6.4.1 急冷凝固粉末からの材料

急冷凝固による晶出化合物の微細分散，溶質原子の強制固溶体からの析出，結晶粒の微細化は，引張強さをはじめとして材料特性の向上に効果をもたらす。鋳造用等として規格されたマグネシウム合金の急冷凝固粉末を熱間押出し材（P/M材）とすると，急冷凝固による組織上の効果によって引張強さが鋳塊からの押出し材（I/M材）に比べて向上する。この急冷凝固粉末からの材料特性については1950年代に調べられており，AZ31合金やZK60合金P/M材の強度や耐SCC性の改善効果が報告されている[6]。P/M材では晶出化合物が微細に分散するとともに結晶粒径が細かくなってAZ91合金P/M材では室温における引張強さが432 MPaとI/M材の341 MPaに比べて高くなる[7]。

急冷凝固した粉末やリボンを出発材料とする粉末冶金法では，合金の平衡状態図にとらわれることなく合金組成を選択することができる。添加元素およびその組成を幅広く選択して，高濃度のMg-Al-Zn合金をはじめとしてMg-Al-Zn系に希土類元素を添加した合金，Mg-Ca系合金，Mg-希土類金属系など新しい合金の粉末冶金材料が創製されている。図6.4.1ではAlとZnの添加量の合計を最大で20 mass%とした，6種類の高濃度Mg-Al-Zn系合金P/M材の添加量による引張強さをI/M材と比較している[8]。引張強さはAl+Zn量

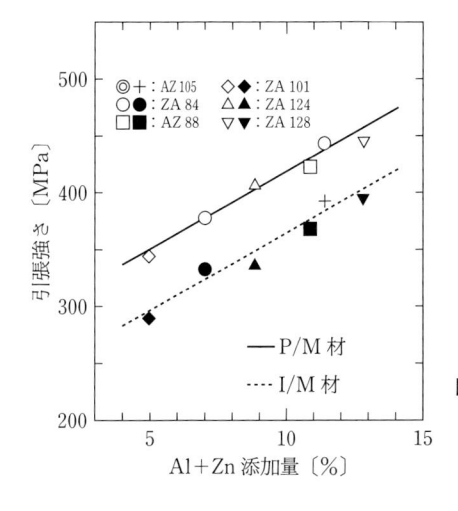

図 6.4.1 高濃度 Mg-Al-Zn 合金 P/M 材および I/M 材の添加量による常温における引張強さの変化[8]

の増加とともに直線的に高くなっており，おもに晶出化合物の微細分散によって強さが向上している。

急冷凝固によって生成するアモルファス相を利用した P/M の高い強さが報告されている。アモルファス化した合金粉末を熱間押出しするとナノ結晶の P/M 材が得られ，図 6.4.2 に示すように常温における降伏強さが 700 MPa を超える高強度マグネシウム材料が創製される[9]。

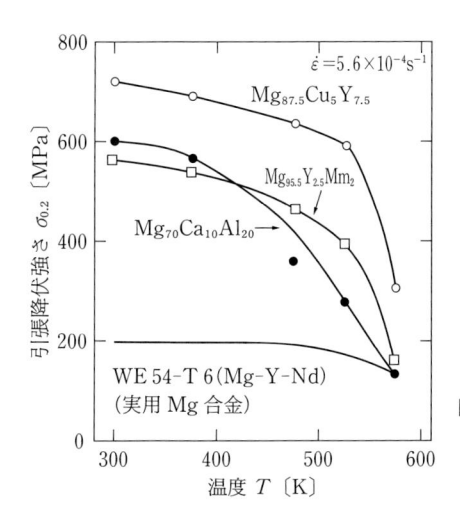

図 6.4.2 アモルファス合金粉末と Mg 粉末の混合粉末からの P/M 材の引張降伏強さの試験温度による変化

6.4.2 切削粉からの材料

マグネシウム合金切削粉の再利用を目的として，切削粉を熱間押出しによって固化成形したP/M材の材料特性が報告されている。鋳造用マグネシウム合金であるAZ91合金の旋盤による切削くずを熱間押出ししたP/M材の常温における引張特性値を，鋳塊からの押出し材（I/M材）と比較して表6.4.1に示す[10]。切削粉からのP/M材の引張強さおよび0.2％耐力は鋳造押出し材よりやや高く，鋳造材に比べると強さが高いことがわかる。

表6.4.1 AZ91合金のP/M材とI/M材の引張特性値[10]

材　料	引張強さ〔MPa〕	0.2％耐力〔MPa〕	破断伸び〔％〕
切削粉を押出したP/M材	378.0	280.3	7.7
T6処理したP/M材	408.8	298.1	4.8
鋳塊を熱間押出したI/M材	339.5	241.2	10.0
T6処理したI/M材	360.6	261.7	5.3
鋳造材	121.6	72.0	3.1
T6処理した鋳造材	229.8	107.8	5.1

（押出し温度：673K）

6.4.3 マグネシウム基複合材料

マグネシウム基複合材料はアルミニウム基に比べて研究開発の歴史は新しく，1980年代後半から研究成果が報告されている。マトリックスのマグネシウム合金には，AZ91合金，QE22合金，ZE63合金などが選ばれて，強化材にはSiCやAl_2O_3等のセラミックウィスカーおよび粒子が多く用いられている。複合化のプロセスは，マトリックス合金粉末と強化材をV型混合機で均一に混ぜ合わせて，ホットプレスや熱間押出しで固化成形することが多い。

表6.4.2に粉末冶金法による粒子分散型のAZ91合金基押出し複合材料の引張特性を示す。複合化によって引張強さと縦弾性率が向上している。

図6.4.3はAZ91D合金の種々の材料について，結晶粒径と引張強さの関係を示している[11]。結晶粒径には幅があり，横に伸びた線の長さはそれぞれの材料の結晶粒径幅を示している。結晶粒径が細かくなると引張強さが高くなることがわかる。また，熱間押出し工程の押出し比が高くなると結晶粒径は微細

6.4 マグネシウム合金粉末成形材料の性質

表 6.4.2 粉末冶金法による AZ 91 合金基複合材料の特性

材　料	引張強さ〔MPa〕	伸び〔%〕	縦弾性係数〔GPa〕	備　考
AZ 91	318	4	45	複合化なし
AZ 91+SiC	398	0.9	68	粒径 6.5μm の SiC 15％添加
AZ 91+TiB$_2$	350	—	76	粒径 6μm の TiB$_2$ 15％添加
AZ91+Ti(N,C)	399	1.2	71	粒径 6μm の Ti(N, C) 15％添加
AZ 91+Al$_2$O$_3$	352	0.8	67	粒径 6.2μm の Al$_2$O$_3$ 15％添加

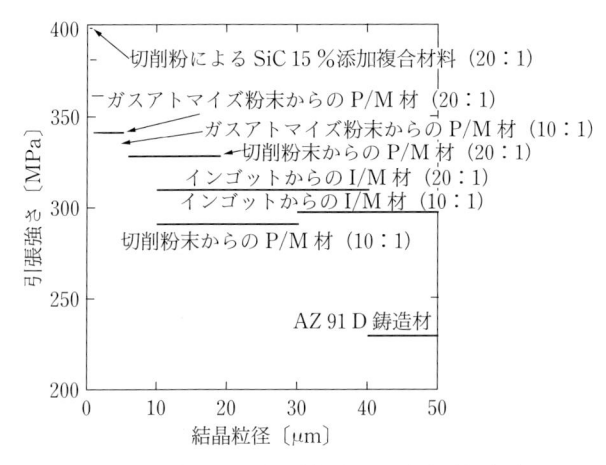

注) いずれの試料も熱間押出による

図 6.4.3 AZ 91 D 合金の結晶粒径と強度（（ ）内は押出し比を示す）[11]

となる．切削粉をマトリックスとした SiC 粒子添加押出し複合材料では複合化による強化が発揮されるとともに結晶粒径は微細となる．

　AZ 91 D 合金の切削粉とガスアトマイズ粉末をマトリックスとした SiC 粒子分散複合材料における，SiC 粒子添加量による縦弾性係数と伸びの変化を**図 6.4.4** に示す[12]．粒子添加量が多くなると縦弾性率が明瞭に向上してほぼ 70 GPa に達している．しかし，伸びは添加量の増加とともに著しく低下する．切削粉をマトリックスとした複合材料の縦弾性率が高いのは，強化粒子のより均一な分散が得られたことによる．

　粉末冶金法によると新しい合金組成で優れた材料特性を示すマグネシウム合金が実現される．また，粒子あるいは短繊維で強化したマグネシウム基複合材

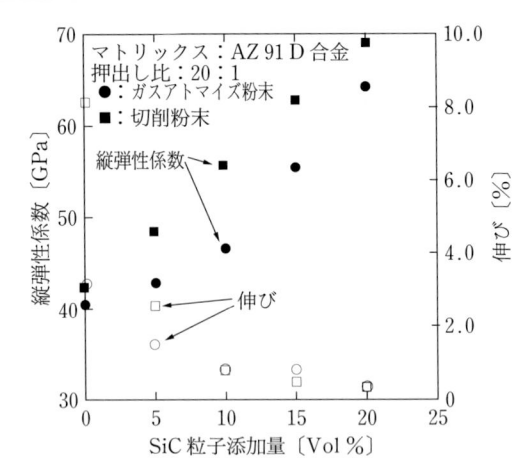

図 6.4.4 SiC 粒子添加量による AZ 91 D 合金基複合材料の縦弾性係数と伸び[12]

料を粉末冶金的手法で作製することができる。しかし，マグネシウム合金の粉末冶金材料の歴史は浅く，この優れた特性を生かして自動車を中心とする輸送用機器の軽量化等を目的として幅広く利用するためには，材料の特性向上や信頼性等においてさらにデータの積重ねが重要である。

第7章

切削加工

7.1 マグネシウム切削の特徴

　マグネシウム製品の製造は，鋳造，ダイカスト，半溶融射出成形・チクソモールディングなど成形加工によるものが多い。それらの製品で精度を要求するところは，切削や穴あけなどの二次加工が不可欠である。また，二輪車や四輪車のマグネシウムホイールなどの加工では，素材から製品への工程中の大部分は切削加工で占められ，材料の約90％が切削切りくずとして除去されている。

　マグネシウムは，ほかの金属に比べて軟質で，かつ，比較的もろいので，切削加工においては刃先に作用する切削抵抗がかなり小さく，したがって発熱も少なく工具は長寿命で，しかも容易に良好な切削面を得ることができるなど，被削性はきわめて良好であるという概念が強い。

　しかし，実際の切削では，切りくずの燃焼による火災事故の発生，工具逃げ面に発生する付着物による仕上げ面の劣化，これに伴う後続の表面処理への悪影響，切削終了後の切りくずの再利用と安全取扱い，マグネシウム切削に適した切削油剤の開発やその供給方法など，解決すべき問題は多い。

　図7.1.1にマグネシウム切削の現状とその問題点について示す。旋削加工における切りくずの燃焼・飛散・工具逃げ面への付着，ドリル加工におけるねじれ溝内への切りくずの詰まりなどのトラブルの起因は，切りくずの表面性状や寸法・形状など，いずれも切りくずの生成形態や形状に深く関わっている[1]。

　また，マグネシウム切削の目的は，図7.1.1に示すように

第7章 切削加工

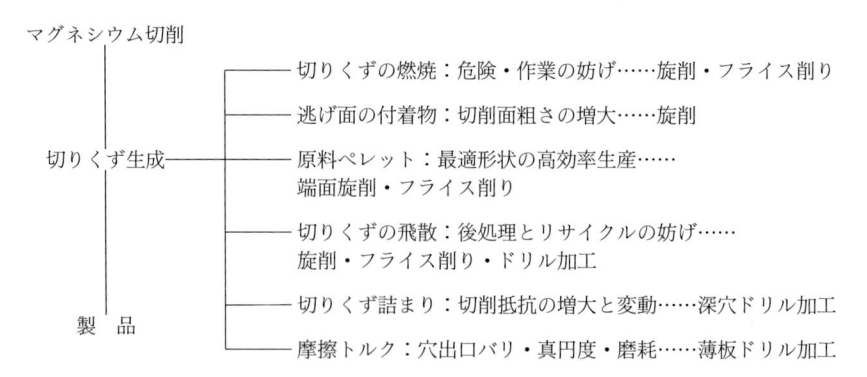

```
マグネシウム切削
            ┌── 切りくずの燃焼：危険・作業の妨げ……旋削・フライス削り
            ├── 逃げ面の付着物：切削面粗さの増大……旋削
  切りくず生成 ├── 原料ペレット：最適形状の高効率生産……
            │   端面旋削・フライス削り
            ├── 切りくずの飛散：後処理とリサイクルの妨げ……
            │   旋削・フライス削り・ドリル加工
            ├── 切りくず詰まり：切削抵抗の増大と変動……深穴ドリル加工
  製品       └── 摩擦トルク：穴出口バリ・真円度・磨耗……薄板ドリル加工
```

（1） 所望の寸法形状と表面性状をもった新表面の製品
（2） チクソモールディング原料ペレット，脱硫剤，還元剤，触媒

図7.1.1 マグネシウム切削の現状と問題点

① 不要な部分を切りくずとして除去し，新表面よりなる所望の形状と寸法の製品を作るため

② 切削切りくず自体を製品，すなわちチクソモールディング用射出成形用の原料ペレット，あるいは脱硫剤，還元剤，触媒などの粉体製造のための第一工程とするものの二つになる。

これまで，切削加工の諸問題は，多くが鋼種と超硬工具の組合せで扱われてきた。しかし，昨今のように被削材の多様化，製品の高精度化，さらに作業の環境・安全対策，生産の高能率化および省エネルギーなど，加工技術の目標や問題点に対する変化が生じてきている。特に，被削材の対象が鋼種の大量切削を中心としたものから，焼入れ鋼や超耐熱鋼，FRPやFRMなどの複合材，グラファイトや焼結材，そしてマグネシウムなどへと広がり，このために従来の切削理論で用いてきた前提や仮定がそぐわない場合が生じてきた。

切削における消費エネルギーの大部分は，切りくず生成のために使われるので，その形態や形状が切削の良否を端的に示してくれる。**図7.1.2**(a)，(b)，(c)はこれまで使われてきた切りくず生成の3形態である。図(a)は古くから鋼やアルミニウムのような延性材で生じる表面の滑らかな流れ形切りくずである。図(c)は鋳物や青銅などもろい材料でのバラバラに分離したき裂形

7.1 マグネシウム切削の特徴　185

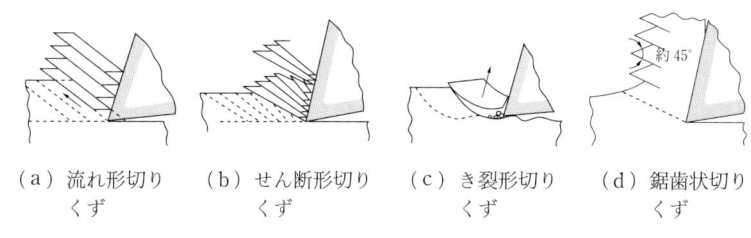

(a) 流れ形切り　(b) せん断形切り　(c) き裂形切り　(d) 鋸歯状切り
　　くず　　　　　　くず　　　　　　　くず　　　　　　　くず

図 7.1.2　切りくず生成の 3 形態と鋸歯状切りくず

切りくずで，図(b)はこれらの中間のもろさで表面がギザギザで周期的なくびれのあるせん断形切りくずである。

複合材・FRM やステンレス鋼の高速切削では，図(d)に示すように表面が頂角 45°の鋸歯に似た凹凸のある切りくずが多く認められている[2]。この形態は加工物の自由面がせん断領域に入るとせん断ひずみが徐々に増大し，ある限界値（破断ひずみ）に達したときに，最大せん断応力が作用する表面から 45°をなす方向にクラックが発生して生じるものである。

図 7.1.3 にマグネシウムの切削切りくずを示す。切りくずは間欠的な大きなすべりによって生じる鋸歯状で，マグネシウムの主すべり系である六方晶結晶の底面すべりによって生成される。鋸歯の頂角は切削厚さや刃先の摩耗によって著しく異なることが特徴的である。頂角はバイトの送り量が 0.70 mm 以上では，図(a)に示すように 70°～80°であり，0.20 mm ぐらいで約 45°に近づく。さらに薄く削ると 10°以下になり，表面は鋸歯状から羽毛状に変わる。これが後述の切りくずの燃焼と深く関わってくる。このようにマグネシウムの切

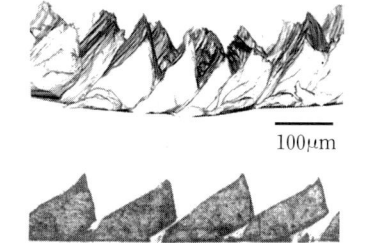

100μm

(a) マグネシウム切りくず　　(b) 刃先から発生するクラック

図 7.1.3　マグネシウムのすべり系と切りくず性状

りくず生成形態すなわち切削機構は切削条件によって著しく異なる。

チクソモールディング用原料ペレットは，切りくず自体が製品として扱われるもので，鋸歯のピッチごとにばらばらに分離し，その形状は図7.1.4に示すように鱗片状や飛箱状である。これまでペレットの形状・寸法と工具形状との関連についてはある程度明らかにされてきた[3),4)]。原料ペレットは図7.1.3(b)からわかるように，刃先から発生したクラックが表面に到達し，容易に分離することによって生成される。

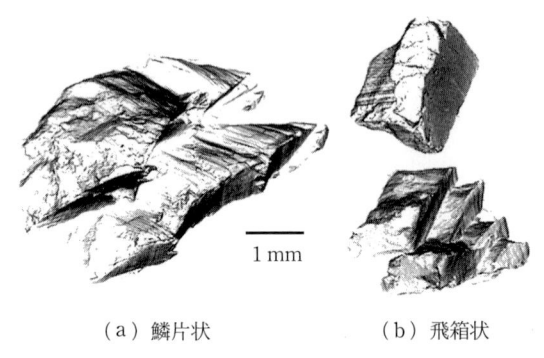

（a）鱗片状　　　　（b）飛箱状

図7.1.4　チクソモールディング供給用の原料ペレット

7.2　旋削加工

マグネシウム切削における切削比（切取り厚さ/切りくず厚さ）は，鋸歯の山と谷の平均値を切りくず厚さとして求められる。切削比は切削条件が広範囲に変わってもおおよそ$0.8〜0.9$の範囲で非常に大きく，マグネシウムはきわめて被削性に優れた材料であることを示す。

表7.2.1はマグネシウムの切削力を基準値とした各種金属の切削力の比較である。マグネシウムの切削力はアルミニウムの1/2，鋼の1/7と最も小さい。これはマグネシウムがほかの金属に比べて軟質でしかももろく，縦弾性係数も低く，外力に対する抵抗が小さいからであり，高速重切削が容易な材料であるとされている。

7.2 旋削加工

表7.2.1 マグネシウム旋削時の切削条件および刃部形状例

工具材料	高速度鋼		超硬	
ISO 指定	S 4, S 5		K 10, K 20	
切込み〔mm〕	切削速度〔m/min〕	送り〔mm/rev〕	切削速度〔m/min〕	送り〔mm/rev〕
0.5〜 1.0	300〜1 000	0.18	1 500〜2 500	0.10
1.0〜 5.0	250〜 500	0.40	1 500〜2 000	0.50
5.0〜 8.0	150〜 500	0.7	1 000〜2 000	1.00
8.0〜16.0	100〜 400	1.00	500〜1 000	1.40
横すくい角	15°〜25°		5°〜25°	
横逃げ角	10°		5°〜10°	
前逃げ角	12°		5°	
バックレーキ角	20°		0°	

しかしながら，高能率切削が可能である反面，仕上げ削りや，工具の送りが停止して切りくず厚さが徐々に減少して羽毛状切りくずを生じるような切削条件では[5), 6)]，切りくずはしばしば発火・燃焼して作業に支障をきたし，自動加工化の妨げとなるなど，切実な問題も含んでいる。

7.2.1 旋削加工条件の選定

マグネシウムの安全切削の視点より，切りくずが発火・燃焼しない適正切削条件は，図7.2.1に示す栗原らの超高速切削における切削温度の等温曲線から考えるのが妥当である[7)]。図中の斜線部は，切りくずが燃焼する危険性のある切削条件領域である。等温曲線より実用作業上の切削条件は，400℃を超えな

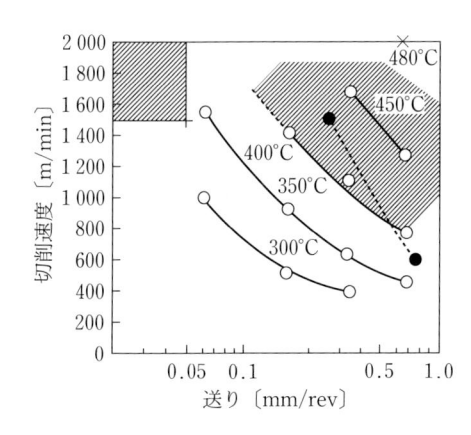

図7.2.1 切削温度の等温曲線

いような切削条件が適正と考えられ，この温度以下での切削速度と送り量にすることが望ましい。

その理由は，図中×の480°Cはマグネシウムの着火温度に近い領域で，切りくず発火の危険性があり，切削条件としては好ましいとは言えないからである。マグネシウムの酸化反応速度は350°Cまでは緩慢であるが[8]，400°C以上になると急速になるということから考えて，特別な配慮をしなければならない領域である。

切削温度が400°C以下の適正切削条件の範囲内においても，図中左上の送り量が小さい領域の斜線部では，切削温度よりも切りくず表面の酸化反応熱による着火の危険性のある領域である。切りくずの燃焼や安全処理については，第9章を参照されたい。

表7.2.2にマグネシウム切削に用いられる工具材種としての高速度鋼工具および超硬工具の刃部形状に対して推奨される切削条件を示す。

表7.2.2 各種金属の切削力の比較

金　　属	比切削力
マグネシウム合金	1.0
アルミニウム合金	1.8
黄　　　　銅	2.3
鋳　　　　鉄	3.5
軟　　　　鋼	6.3
ニッケル合金	10.0

7.2.2 仕上げ面の粗さ

一般に，鋼やアルミニウムのように延性の高い材料を削る場合，被削材の一部が工具すくい面に堆積し，それが核となって層状に成長し，工具自体の刃先とは違った形の刃先を構成し，図7.2.2(a)に示すように，このすくい面に構成された刃先が切削を行うことが多い。

この堆積物を構成刃先（built-up edge）と呼んでいる。構成刃先は仕上げ面粗さ，切削抵抗，工具寿命などに功罪両面の重大な影響を与えるので，良好な

7.2 旋削加工

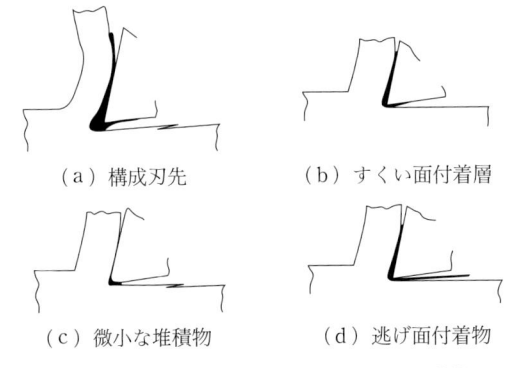

(a) 構成刃先 (b) すくい面付着層

(c) 微小な堆積物 (d) 逃げ面付着物

図7.2.2 工具のすくい面や逃げ面への付着物

切削を行うためには，その性質，発生条件，防止法などを知る必要がある。構成刃先と類似した堆積物につぎのようなものがある。

図(b)は構成刃先が薄い層状になった場合のすくい面上の付着層 (built-up layer) で，切削速度を増して構成刃先が消滅する寸前になったときに認められる。図(c)は刃先の欠けや丸味の部分に付着する微小な堆積物 (microchip) で，切削抵抗や切りくず形状などには影響しないが，仕上げ面に微細なむしれを生じさせ，光沢を減らす。図(d)の逃げ面付着物 (flank built-up, 以下FBUと呼ぶ) は，工具切れ刃逃げ面側に付着する堆積物で，これまでノジュラー鋳鉄の切削で唯一認められている[9]。

マグネシウム切削では，多くは不連続切りくずが生成されるので，構成刃先の発生はあまり認められない。しかし，切削速度と送り量で決まるある領域では，工具逃げ面に付着物[10]が発生し，切削抵抗が急増し，加工面の光沢は失われ，粗さが著しく増大する。ただし，純マグネシウムの切削では付着物の発生は認められていない。

図7.2.3は切削速度1 000 m/min，送り量0.20 mmの条件で，切削長さ約200 mを削った際の切削抵抗の記録と，工具逃げ面付着物の写真である。切削長さ数10 mあたりでFBUの核が発生して徐々に成長し，70 mあたりで脱落する。これに対応するように核の発生により切削抵抗・背分力が増し，脱落すると急激に減少する。FBUが発生すると切削面には付着物が突起状に残留し，

鏡面　　梨地面

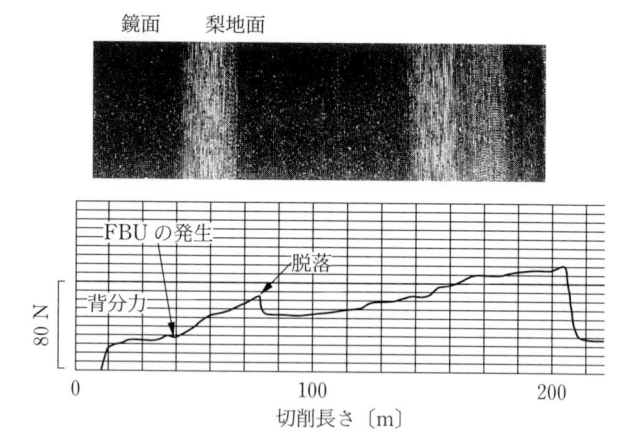

（a）切削抵抗と仕上げ面性状

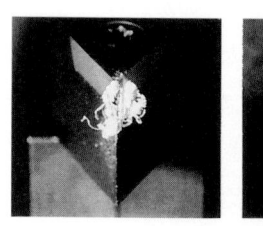

（b）FBUの発生成長と脱落

図7.2.3　逃げ面付着物・FBUの発生による切削抵抗の増大と仕上げ面の劣化

粗さが7〜8倍増しになり，仕上げ面は著しく劣化する[11), 12)]。

　FBUの発生理由には，工具逃げ面と加工物の激しい接触による発熱が原因しているものと考えられる。接触面積の広さは，加工物の縦弾性係数に対する硬さの値に比例し[13)]，この値が大きいとFBUが容易に発生する。マグネシウムはその値（縦弾性係数/硬さ）が焼入れ鋼やグラファイトと同様に高く，工具横切れ刃逃げ面と加工物表面の接触が激しい材料に所属する。

　したがって，FBUの発生はつぎのような方法によって抑制され，仕上げ面粗さは低減する。

　① 切れ刃稜の丸味半径が小さく，逃げ角の大きい工具を用いる。
　② 熱伝導率の高い工具材質を選択する。

③　冷風，切削油剤および噴霧状油剤などを供給する。

7.3　ドリル加工

　一般にドリル加工には，図7.3.1の図中に示すツイストドリル（以下単にドリルと呼ぶ）が基本工具として用いられる。ドリルによる穴あけは，切削加工の中でもかなりの比重を占める重要な加工であるが，切りくずの収容空間に制約があるので，トラブルの発生率が高く，また切削中の様子が目視できないこともあってか，問題の解決も難しい。

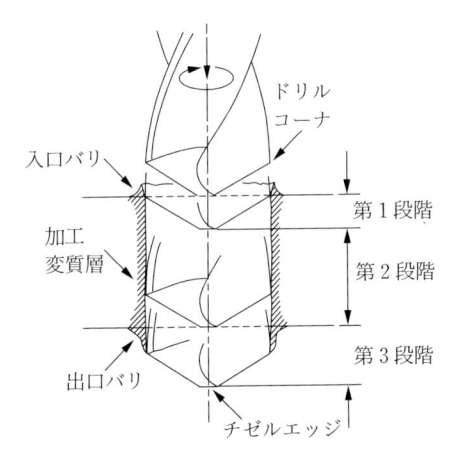

図7.3.1　ツイストドリル加工における切削状況の3段階

　ドリル加工は，図7.3.1に示すように刃部形状と加工物への進入経過によって3段階に分けて考えられる[14]。ドリル加工の本質は，ドリル先端の挙動と切りくず流出性の良否にある。すなわち，ドリルが正しく回転して，切りくずが無理なく流出し，穴出入口周辺の変形，すなわちバリの発生が少なく，真っすぐな真円の穴があけられることである。薄板などの浅穴加工になると，第2段階の過程が短くなり，ドリルコーナが加工物表面に到達したときには，すでにチゼルエッジが裏面を貫通しているような場合もある。このような場合は第1段階で起こる諸現象がそのまま穴あけ性能に影響する。

　〔1〕　**第 1 段 階**（チゼルエッジが加工物表面に接触してからコーナが進入

するまで) 　図 7.3.2 は，第 1 段階の途中でドリルの送りを止めて得られた皿穴形状と，送りが止まる直前の 1 回転におけるドリル切れ刃の軌跡である。穴あけは鈍いくさび形のチゼルエッジ(すくい角：$-50°\sim 60°$)による切削から始まるので，このときチゼルの中心を中心として回転しながら食い込むよりも，図(a)に示すようにエッジの方向に動くほうが抵抗は少ない。そのため，先端は加工物表面に接触すると，図(b)のようにドリルの回転運動(速度 V)とエッジ方向に滑る並進運動(速度 V_S)が重なってふらつく。数回転進入するとスラストが急増するので，ドリルは強い圧縮力を受けて振らつきが収まり，穴あけ位置が定まる[15]。

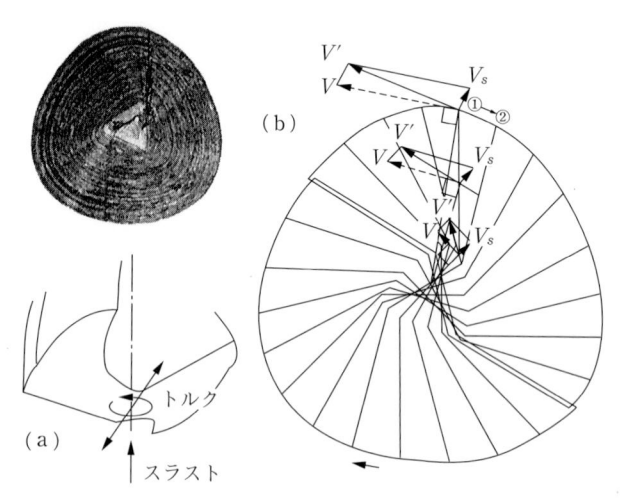

図 7.3.2　ドリル先端の振れ回りと切れ刃の
　　　　　軌跡から求めた皿穴形状

　その後ドリルは規則的に振れ回り，穴形状は等径ひずみ円となる。この振れ回り運動は，第 2 段階のコーナが加工物に進入して半径方向の動きが拘束されるまでは増幅する。コーナが進入後には減少するようになるが，その延長として穴内面にライフリングが残り真円度の低下をもたらす。

　〔2〕 **第 2 段 階**(主切れ刃全体による切削からチゼルエッジが加工物裏面に到達するまで)　　この段階では切りくずの流出性が穴あけ性能に最も大き

(a) 円錐らせん形

(b) 扇　形　　(c) ジグザグ形　　(d) 長ピッチ形

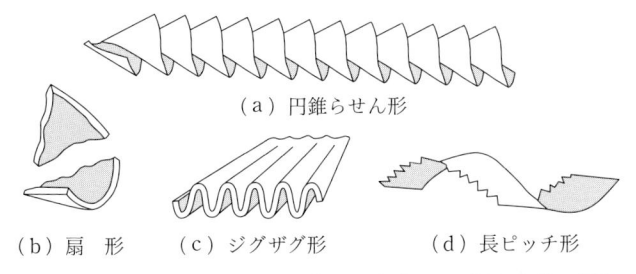

図7.3.3 マグネシウムのドリル加工で生成される切りくずの形状

く影響する。**図7.3.3**はマグネシウムのドリル加工で生じる切りくず形状を示す。図(a)の円錐らせん形はドリル刃部形状の特徴が純粋に反映されているもので，第2段階の初期にはよく見られる。この形状がドリル切削における定常状態の切りくず形状で，最も良好な切削が行われていることを表す。

しかし，マグネシウム切りくずはもろく，しかも表面が鋸歯状で分離しやすいので，穴深さ，送り量，ドリル回転数，材質などの諸条件により，多くは図(b)～(d)に示す扇形，短く折れたジグザグ形や長ピッチ形の形状に変わり，さまざまなトラブルの原因となっている。すなわち，このような不連続切りくずは，第1段階や第2段階の穴が浅い間は自由に流出するが，周辺に飛散して後処理を面倒にしている。穴深さが増すと切りくずは排出が困難になってねじれ溝内に充満し，塊状となるため，切削抵抗が著しく増大し，ドリル折損を招く。塊状切りくずは穴内面と激しく接触した状態で流出するので，内面にむしれ痕を残し，粗さを著しく悪くする要因ともなる。

〔3〕**第3段階**（チゼルエッジが裏面に達してからコーナが加工物から離れるまで）　チゼルエッジが加工物裏面を貫通して裏面からの拘束力がなくなると，穴周辺は塑性変形してバリとなる。穴出口バリは基本的には，加工変質層が拘束のない穴周辺にはみ出したものか，または裏面の穴底部分が切削力に耐えられずに，軸方向に倒れて円筒状に押し出されたものである。

7.3.1　深穴のドリル加工

マグネシウムのドリル加工で生じる切りくずの形状は，穴深さとともに変化

する。**図 7.3.4** は定常時に生じる円錐らせん形切りくずが，穴あけが進むと短く折断するジグザグ形や扇形に変わり，さらに深さが増すとこれらが密に重なり合い塊状に変わる様子を示す。

（a）浅穴での円錐らせん形

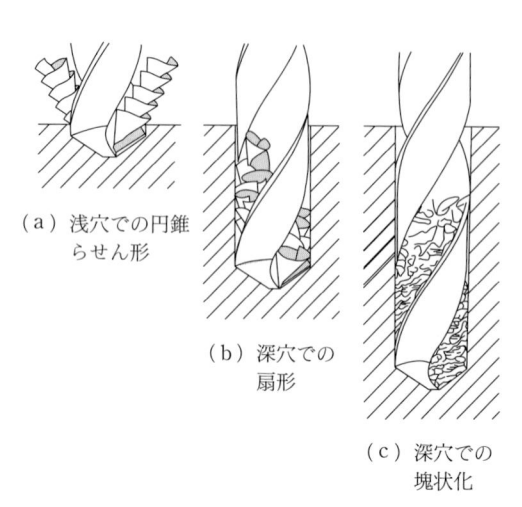

（b）深穴での扇形

（c）深穴での塊状化

図 7.3.4　穴深さで切りくずの形状が変化する様子

つまり，ドリル先端角が 120°～130°に研がれているので，切りくずはドリル軸と約 40°傾斜した方向に流出する。切りくずは半径方向に障害物がない浅穴の範囲では，自由に流出できるが，図（a）の浅穴を過ぎてさらに深くなると，1 回転した辺りで穴内面に当たり折断するので扇形に変わる。そのため扇形が図（b）のように穴底に詰まり始める。さらに深くなるとついには図（c）のようにねじれ溝と穴内面の間に充満し，切りくずは塊状となる。この切りくずの塊状化は切削抵抗の著しい増大を招き問題である。

図 7.3.5 は直径 10 mm のドリルで厚さ 50 mm の純マグネシウムブロック材に乾式で貫通穴をあけたときの切削抵抗トルクとスラストの記録と，穴深さに対応する切りくずの形状を示す[16]。深さが 30 mm あたりから切りくずは排出が困難になって図中右上に示すように塊状となり，切削抵抗とトルクが急増する。トルクの増加割合は，深さが 40 mm を過ぎると一段と増す。ドリル抜け際の深さが 50 mm になると，トルクは穴あけ初期の定常値に比べ 10 数倍

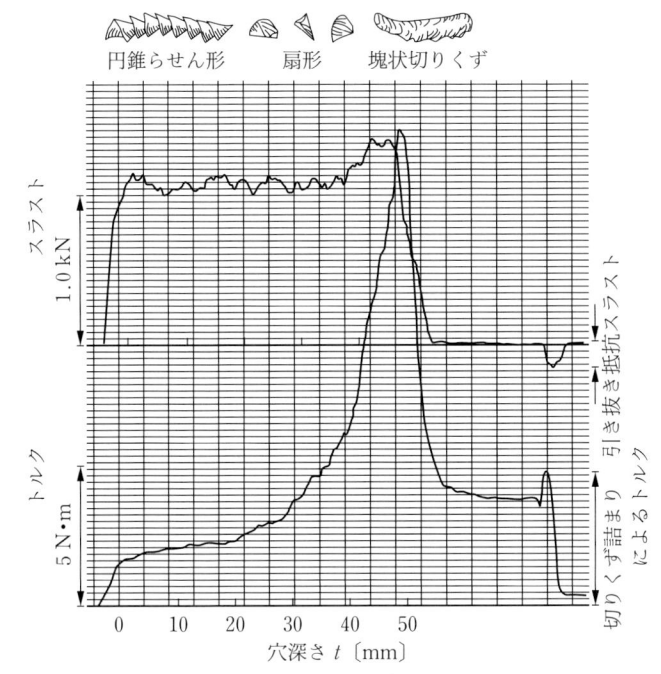

7.3 ドリル加工　195

円錐らせん形　　扇形　　塊状切りくず

（縦軸左：スラスト 1.0 kN，トルク 5 N·m）
（縦軸右：引き抜き抵抗スラスト，切りくず詰まりによるトルク）

横軸：穴深さ t [mm]

標準ドリル（マージンの幅 0.97 mm）
ドリル直径：10 mm，加工物厚さ：50 mm，
送り量：0.33 mm，回転数：765 rpm

図 7.3.5　純マグネシウム鋳物の深穴加工における切削抵抗の記録と切りくず形状

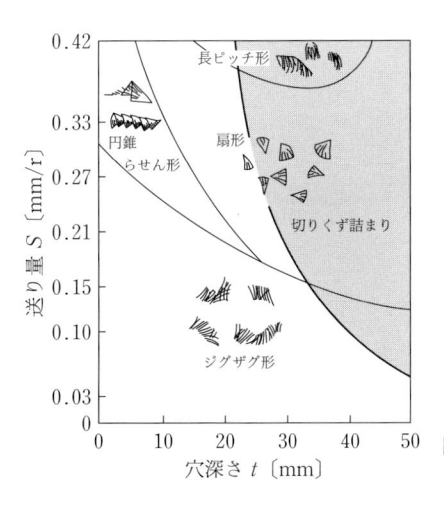

縦軸：送り量 S [mm/r]
横軸：穴深さ t [mm]

長ピッチ形，円錐らせん形，扇形，切りくず詰まり，ジグザグ形

ドリル回転数：765 rpm

図 7.3.6　切削条件と切りくずの塊状化

に達している。この値は鋼の穴あけの切削抵抗をはるかに超えた大きな値である。これ以上の深穴加工になるとドリル折損が予測される。マグネシウムのドリル加工においては，切りくずの塊状化を避けることがきわめて重要である。

図7.3.6は切りくずの塊状化により切削抵抗が急増する境界が，送り量と穴深さで決まることを示す。送り量が0.10 mm/rev以下では，切りくず詰まりが避けられ，ドリル直径の5倍の深さでも問題なくあけられるが，作業能率は低い。

マグネシウム深穴ドリル加工の穴あけ性能を向上させるには，不連続切りくずの塊状化を防止することである。対策には狭マージンドリルを用いること，切りくずの連続化を図り，流出性を良くすることである。

〔1〕 **狭マージンドリル**[17]　市販の標準ドリルの外周には，直径の約10％の幅をもつマージンが設けられている。このマージンはドリルを案内する一方，穴内面に当たり強くこすることになるので切削抵抗の増大や仕上げ面に悪影響を与えている。マージン幅を狭くすると，穴内面との摩擦が減少するだけでなく，マージンは逃げ角が与えられて，切れ刃の役割を果たすことになる。狭マージンドリルは扇形切りくずが穴内面にあたり流出が妨げられて積み重ろうとするところをすくい取り，塊状化を防止する。

図7.3.7は直径10 mmのドリルのマージン幅を標準の約1.0 mmから0.1 mmに，すなわち実線から破線に研ぎ落とした狭マージンドリルである。図7.3.8はこのドリルを用いて，図7.3.5と同じ切削条件で穴あけした際の，切削抵抗の記録と切りくずの形状である。切りくずの塊状化は防止され切削抵抗

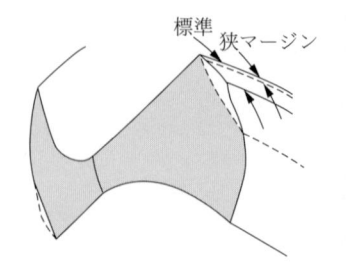

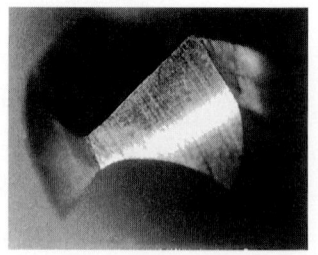

図7.3.7　マージンの幅を狭く研いだドリル

円錐らせん形　　　塊状切りくず

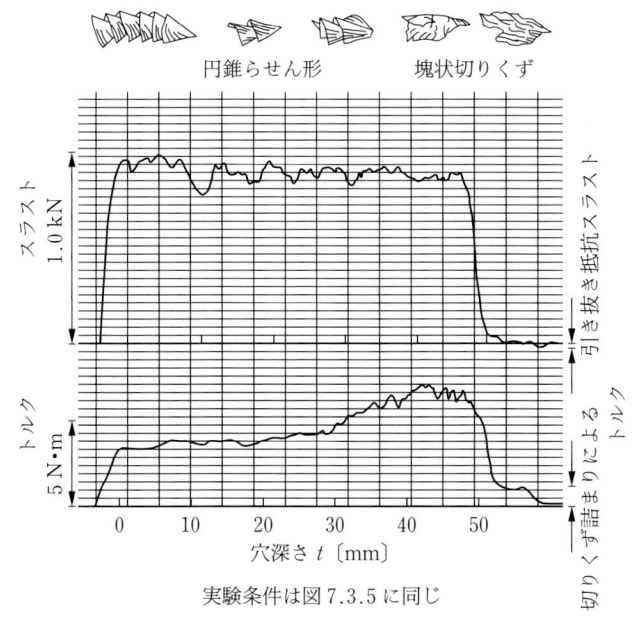

図 7.3.8　マージンの幅を狭くしたドリルによる
切りくずの塊状化防止と切削抵抗の減少

の増加が緩和され，トルクの最大値は約 1/5 に減少する。そのほか，穴内面の性状や穴出口周辺のバリが著しく改善される。

〔2〕 **切りくずの連続化**[18]　　被削材を加熱して切削すると，マグネシウム切りくずのようにもろく折断しやすいものでも延性が増すので，切りくずは滑らかな表面に変わり亀裂の発生が抑制され，折断することなく連続して流出するようになる。

図 7.3.9 は純マグネシウムを約 280℃に通電加熱し，図 7.3.5 と同じ切削条件で，標準ドリルによる穴あけを行い，その際生じた切りくずと，切削抵抗の記録である。切りくずの表面は鋸歯状から，結晶粒に対応するしわ程度の滑らかな状態に変わる。切りくず形状は円錐らせん形がしばらく続き，深さが増して穴内面の拘束を受けるようになると外側の厚さが増し，1回転したあたりでそのまま持ち上がり，リボン状の連続切りくずとして穴あけ終了まで続く。

切削抵抗は，図 7.3.5 の室温のときと比べて，スラストが加熱による軟化の

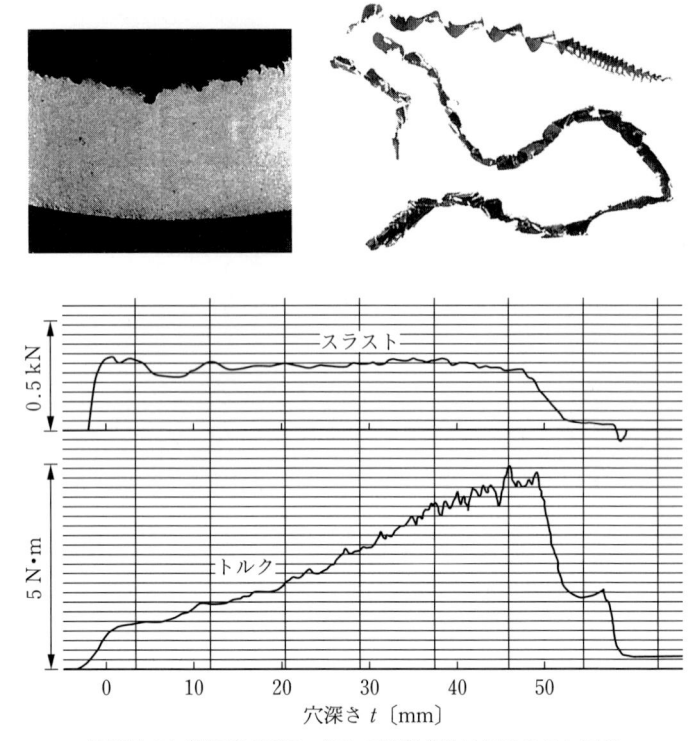

被削材の加熱温度 278℃, ほかの切削条件は図 7.3.5 に同じ

図 7.3.9 被削材の加熱による切りくず流出性の向上と切削抵抗の低減

ためか 1/3 以下に, トルクは流出性が向上したので深さによる著しい増大は見られずドリル抜け際の最大のところでやはり 1/3 以下に減少している。

ドリル材質については, 高速度鋼に比べて硬さが高く, 熱伝導率が数倍以上あり, 熱膨張係数が約半分の超硬ドリルを用いることが望ましい。超硬ドリルはマージンと穴内面との摩擦を減らし, したがって, 発熱すなわち切りくずと穴内面との溶着が要因の切りくずの塊状化を防止できる。

7.3.2 薄板のドリル加工[19]

ダイカストやチクソモールディングなどの成形加工によるマグネシウム筐体

製品は薄肉部の小径ドリル加工を必要とする場合が多い。一般にダイカスト材は鋳造などほかの成形材に比べ表面および内部がやや硬いので，ドリルの摩耗が進み寿命が短いと言われている。

ここでは，マグネシウムダイカスト薄板のドリル加工の特性について述べる。一般に，バイト，ドリル，フライスなどの切削加工で消費されるエネルギーの大部分（約98％）は，切りくず生成のために使われている。ところが，マグネシウムダイカスト薄板のドリル加工では，切りくず生成に消費されるエネルギーは約40％で，半分以上の約60％がドリルマージンと穴内面の接触による摩擦仕事，すなわち摩擦トルクに消費される。

厚さ2mmのAZ91Dの板材に直径2mmのドリルで穴あけした際の切削抵抗トルク・スラストは，通常ドリルコーナが加工物裏面を通過すると，穴あけは完了して切りくずは生成されないので，トルク・スラストとともに0に戻るはずであるのに対し，図7.3.10に示すようにドリル先端に作用するトルクの約60％が残る。これが摩擦トルクでドリルの降下とともに徐々に減少している。このような摩擦トルクの発生は，マグネシウムのドリル加工における固有の現象で，アルミニウム材や鋼材のドリル加工では，ほとんど認められない。

ドリルマージンと穴内面が，激しく接触することによって生じるこの摩擦トルクは，ドリルのふれまわりを拘束する一方，発熱に伴う穴内面表層の軟化な

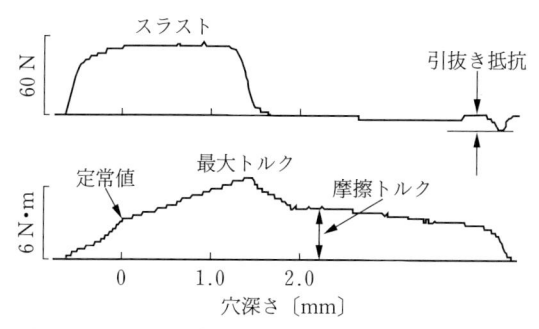

ドリル：φ2mm，送り量：0.15mm，回転数：415rpm

図7.3.10 厚さ2mmの板材の小径ドリル加工における切削抵抗の記録

どが，穴の真円度や入口・出口バリの発生に直接影響を及ぼしている．穴入口と出口に発生するバリは**図7.3.11**に示すような生成モデルとして考えられる．穴入口バリはドリルコーナが加工物に進入する際，コーナ近傍の加工物表層が主切れ刃 M とマージン S によって変形を受け，切削方向と直角方向・穴の半径方向に横流れを起して生じる〔図(a)〕．

（a）穴入口バリ　　（b）穴出口バリ

（c）出口バリ　　　　　（d）出口バリ
（切削抵抗＜曲げ抵抗）　（切削抵抗＞曲げ抵抗）

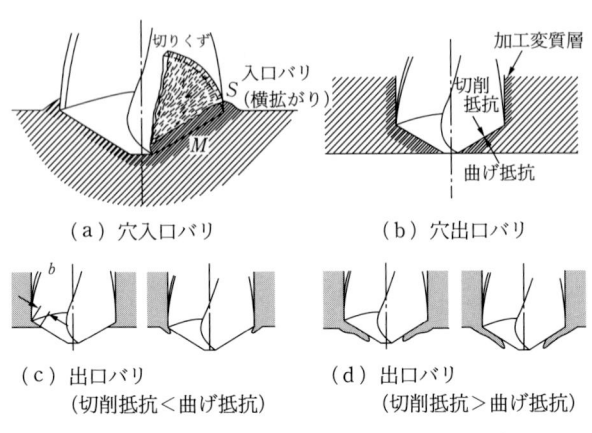

図7.3.11 穴の入口と出口周辺に発生するバリの生成モデル

すなわち，コーナが進入する付近では，切りくずの外側端部は拘束されることがないので横に広がり，マージン近傍の加工物表層も切りくずと一体となって盛り上がって変形する．変形を受けた一部は引きちぎられて切りくずとともに持ち去られ，穴周辺に残されたものが穴入口バリとなる．

穴出口バリは拘束力を持たない加工物裏面を，ドリル先端が貫通する際に，穴底の一部分が切削されずに押し出されて，ドリルの送り方向に対して横に倒れて生じるものである．出口バリは，基本的にはせん断変形領域が切削予定面以下に及んで加工変質層を生じ，それが加工物裏面の穴周辺の外側にはみ出してできるものである．

しかし，出口バリの発生はチゼルエッジが貫通する段階〔図(b)〕における切削抵抗と，それに対する加工物穴底の曲げ抵抗との相対関係から円筒状の著しく大きなものに変わる場合がある．

チゼルエッジが貫通した後，切削抵抗＜曲げ抵抗が成り立つと，切削が正常

に行われ，図(c)のように加工物の切削幅 b はドリルの降下とともに狭くなり，しだいにすくい角の大きい切れ刃外周で削ることになる．切りくずは幅および厚さの両者ともに減少し，切削抵抗は漸減し，穴周辺の曲げ変形は少なく，小さなバリの発生にとどまる．

一方，チゼルエッジが貫通する段階に，切りくずが塊状化や流出が妨げられて厚くなっている場合には，図(d)のように切削抵抗＞曲げ抵抗となる．この状態では切削力が穴底の変形抵抗を上回って裏面が下方に曲げられて逃げるので，実質の切削厚さが減少し，削り残しを生じ，それが横に倒されて大きなバリが生成される．

図 7.3.12 に穴出口バリの外観を示す．一般に穴出口バリは送り量を増すと切削抵抗が増加するので，穴周辺の変形も著しく，そのため大きくなる傾向にある．事実，アルミニウムや黄銅のような延性材では，送り量が大きいほどバリは大きい．マグネシウム材では，逆に送り量が小さいときにバリは大きい．

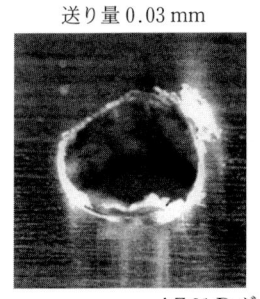

送り量 0.03 mm　　　送り量 0.20 mm

AZ 91 D ダイカスト材

図 7.3.12　穴出口バリの外観

マグネシウム薄板のドリル加工においては，摩擦トルクの発生が特徴的で，この発生を防止することが真円度の向上やバリの減少につながる．それには，ある程度送り量を上げてドリルのふれまわりを抑制することや，切削油剤を供給することが有効である．実際の穴あけは，成形後の筐体を対象とすることが多いので，薄板加工物のたわみが摩擦トルクやドリルのふれまわりに影響することが十分考えられる．これも考慮する必要がある．

第8章

溶接・接合加工

　マグネシウム合金の接合には，図8.1に示すほとんどの溶接・接合法が適用可能である。しかし，ほかの金属に比較して，熱膨張係数が大きく接合中にも大きなねじれやひずみが発生しやすい。また，ほかの金属に比較して標準電極電位が低いためにほかの金属と接触すると接触腐食を起こしやすいなど，問題点のあることに留意して接合を行う必要がある。

　マグネシウム合金の特徴の中で溶接・接合加工に関係する熱的特徴を挙げると以下のようなものがある。

　①　融点，沸点および発火点が低く，熱容量が小さい。

　融点が低く，熱容量が小さいことは溶融が容易であり，ほかの金属と比較して入熱を小さくすることが可能になる。しかし，沸点が低いことは溶接時の金属蒸発によるブローホールの発生やヒュームの発生を助長する。発火点は低いが，つぎに示す②のように熱伝導率が大きいため，溶接中に発火することはごくまれであるが，用心のため専用の消火剤，乾燥砂，フラックス，乾燥した鋳鉄の切りくずなどを現場に配置するのが望ましい。

　②　熱伝導率および熱膨張係数が大きい。

　熱伝導率が大きいと広範囲に熱影響を受ける可能性があり，溶接ひずみが発生しやすい。また，熱膨張係数が大きいと溶接時に大きな溶接変形や溶接部の残留応力を発生させる原因となる。したがって，溶接時には適当な拘束治具や裏当て金を用いるなどの工夫が必要である。

　③　表面張力が小さい。

　表面張力が小さいと溶融部の溶け落ちが助長されるために，キーホール溶接

第8章　溶接・接合加工

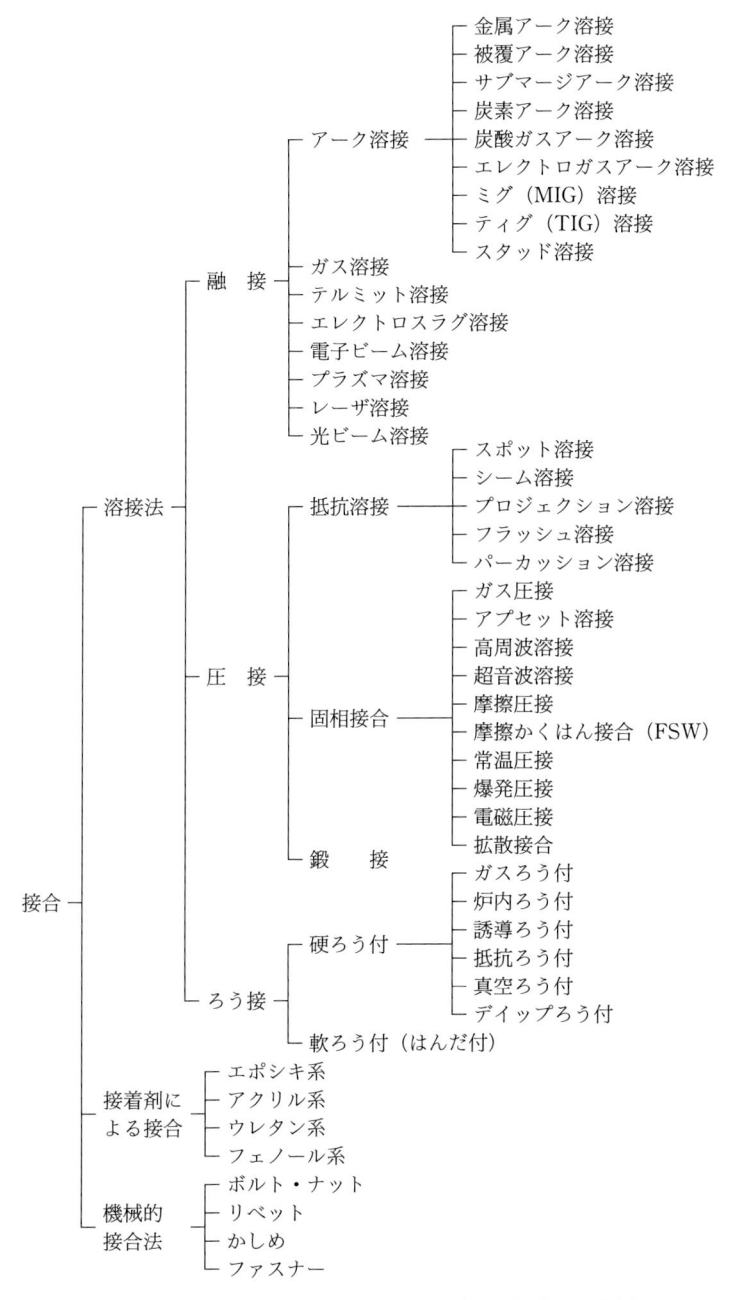

```
接合 ─┬─ 溶接法 ─┬─ 融　接 ─┬─ アーク溶接 ─┬─ 金属アーク溶接
　　　│　　　　　│　　　　　│　　　　　　　├─ 被覆アーク溶接
　　　│　　　　　│　　　　　│　　　　　　　├─ サブマージアーク溶接
　　　│　　　　　│　　　　　│　　　　　　　├─ 炭素アーク溶接
　　　│　　　　　│　　　　　│　　　　　　　├─ 炭酸ガスアーク溶接
　　　│　　　　　│　　　　　│　　　　　　　├─ エレクトロガスアーク溶接
　　　│　　　　　│　　　　　│　　　　　　　├─ ミグ（MIG）溶接
　　　│　　　　　│　　　　　│　　　　　　　├─ ティグ（TIG）溶接
　　　│　　　　　│　　　　　│　　　　　　　└─ スタッド溶接
　　　│　　　　　│　　　　　├─ ガス溶接
　　　│　　　　　│　　　　　├─ テルミット溶接
　　　│　　　　　│　　　　　├─ エレクトロスラグ溶接
　　　│　　　　　│　　　　　├─ 電子ビーム溶接
　　　│　　　　　│　　　　　├─ プラズマ溶接
　　　│　　　　　│　　　　　├─ レーザ溶接
　　　│　　　　　│　　　　　└─ 光ビーム溶接
　　　│　　　　　│　　　　　
　　　│　　　　　│　　　　　┌─ スポット溶接
　　　│　　　　　│　　　　　├─ シーム溶接
　　　│　　　　　├─ 抵抗溶接 ─┼─ プロジェクション溶接
　　　│　　　　　│　　　　　├─ フラッシュ溶接
　　　│　　　　　│　　　　　└─ パーカッション溶接
　　　│　　　　　│
　　　│　　　　　├─ 圧　接 ─┬─ ガス圧接
　　　│　　　　　│　　　　　├─ アプセット溶接
　　　│　　　　　│　　　　　├─ 高周波溶接
　　　│　　　　　│　　　　　├─ 超音波溶接
　　　│　　　　　│　　　　　├─ 摩擦圧接
　　　│　　　　　├─ 固相接合 ─┼─ 摩擦かくはん接合（FSW）
　　　│　　　　　│　　　　　├─ 常温圧接
　　　│　　　　　│　　　　　├─ 爆発圧接
　　　│　　　　　│　　　　　├─ 電磁圧接
　　　│　　　　　│　　　　　└─ 拡散接合
　　　│　　　　　└─ 鍛　接
　　　│　　　　　
　　　│　　　　　　　　　　　┌─ ガスろう付
　　　│　　　　　　　　　　　├─ 炉内ろう付
　　　│　　　　　├─ 硬ろう付 ─┼─ 誘導ろう付
　　　│　　　　　│　　　　　├─ 抵抗ろう付
　　　│　　　　　│　　　　　├─ 真空ろう付
　　　│　　ろう接 ┤　　　　　└─ ディップろう付
　　　│　　　　　└─ 軟ろう付（はんだ付）
　　　│
　　　├─ 接着剤に ─┬─ エポシキ系
　　　│　よる接合　├─ アクリル系
　　　│　　　　　├─ ウレタン系
　　　│　　　　　└─ フェノール系
　　　│
　　　└─ 機械的　┬─ ボルト・ナット
　　　　　接合法　├─ リベット
　　　　　　　　├─ かしめ
　　　　　　　　└─ ファスナー
```

図 8.1　マグネシウム合金に適用可能な溶接・接合法の分類

を行う場合には特に注意が必要である。

④ 活性な金属である。

酸化皮膜を形成しやすく，高温で酸化しやすいために，フラックスやイナートガス（不活性ガス）を使用して酸化を防止する必要がある。しかし，フラックスは材質を選ばないと腐食の原因となる。また，溶接時には前処理が必要であり，母材表面の汚れや酸化皮膜は機械的な方法（ワイヤブラシなど）や化学的方法（有機溶剤による脱脂後，アルカリ洗浄，酸洗いなど）によって除去しなければならない。

これらの特徴を考慮し，十分な準備の上，溶接を行う必要がある。以下に各種接合法について述べる。

8.1 溶融溶接

マグネシウム合金の溶融溶接性に関してはアルミニウム合金とほぼ同じと考えてよく，種々の溶接法が使用可能であるが，高温で酸化しやすいために，溶接時はフラックスやイナートガスを使用して酸化防止を考える必要がある。一般に広く使用されている方法はTIG溶接およびMIG溶接であり，開先形状やイナートガスの種類・使用量は基本的にアルミニウム合金と同じと考えてよい。また，マグネシウム合金は融点が低いために火災が起きやすいとされているが，発火前に溶融が起きるために溶接が原因で火災が起きることはごくまれである。しかし，切りくずやチップなどが散乱している場所にスパッタが飛散して火災の原因となることがあり，特に微細な粉末状のマグネシウムは危険を招くおそれがあるため，注意が必要である。

TIGおよびMIG溶接性を**表8.1.1**に示す[1]。表に示す溶接性はほかの溶接法についてもほぼ同じと考えてよい。また，表中の溶接性は溶接における割れ感受性により評価したものである。

Mg-Al-Zn系の鋳造用合金は，アルミニウムを添加することにより溶接性が向上するが，アルミニウムの添加量が多く，Znが1％以上になると割れ感

表 8.1.1 TIG および MIG 溶接性

鋳造材			展伸材		
ASTM	JIS	溶接性	ASTM	JIS	溶接性
AZ 63 A	MC 1	C	AZ 31 B	MS 1, MP 1	A
AZ 91 C	MC 2 C	B⁺			
AZ 91 E	MC 2 E	B⁺	AZ 61 A	MS 2	B
AZ 92 A	MC 3	B	AZ 80 A	MS 3	B
AM 100 A	MC 5	B⁺	ZK 60 A	MS 6	D
ZK 51 A	MC 6	D	AZCOML		A
ZK 61 A	MC 7	D	AZ 10 A		A
EZ 33 A	MC 8	A	AZ 31 C		A
QE 22 A	MC 9	B	HK 31 A		A
ZE 41 A	MC 10	B⁻	HM 21 A		A
AZ 81 A		B⁺	HM 31 A		A
EK 30 A		B	ZE 10 A		A
EK 41 A		B	ZK 21 A		B
HK 31 A		B⁺			
HZ 32 A		B			
K 1 A		A			
QH 21 A		B			
ZH 62 A		C⁻			

A:excellent 優
B:good 良
C:fair 普通
D:limited weldability 悪い

受性が高くなり，溶接性は悪くなる。Mg-Zn-Zr 系の合金も Zn の添加量が少ないと割れの発生は少ないが，添加量が多くなると溶接性は悪くなる。しかし，Zn の添加量をおさえ，希土類元素を 2.5〜4％添加すると溶接性は良好となる。これらのことは鋳造用合金に限らず展伸材についても同様である。また，最近ではイナートガスを使用しないでも溶接が可能な Ca を添加した難燃性合金が開発されている[2]。

8.1.1 TIG 溶 接

TIG 溶接における電源は直流，交流のいずれでもよいが適当な溶け込みとアーク清浄作用がある交流が望ましい。また，交流は高周波付きがアークの安定性がよい。5 mm 以下の薄板では交流または直流の棒プラス（DCEP）が好ましいが，板厚 5 mm 以上では交流は問題ないが，直流では棒マイナスとすると溶け込みが深くなるという反面操作性が悪くなるという欠点がある。
　電極には純タングステン，トリウム入りタングステン，ジルコニウム入りタ

ングステンのいずれも使用できる。また，太さは 0.25〜6.5 mm ならば使用できる。

健全な溶接部を得るためには母材と溶加材との組合せについても十分注意する必要があり，一般には母材と同じ溶加材を用いるのがよい。例えば，Mg-Al-Zn 系合金には AZ 61 A 合金または AZ 92 A 合金を，Zr を含む合金に対しては EZ 33 A 合金を溶加材として使用すればよい。

溶接割れを小さくするためには，突合せ溶接の場合は開始点および終了点にエンドタブを配置し，T 型継手の場合は中心から外部へ二度に分けて溶接する。また，トーチと溶接棒の関係は**図 8.1.1** に示すような状態にすることが望ましい。**表 8.1.2** に TIG 溶接の溶接条件の一例を示す。

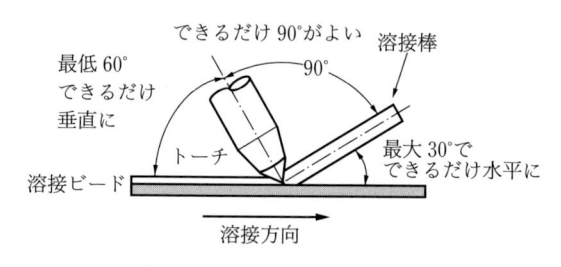

図 8.1.1 トーチと溶接棒の関係

表 8.1.2 マグネシウム合金の TIG 溶接条件の一例

板厚〔mm〕	開先形状	パス数	電流〔A〕	アルゴン流量〔*l*/min〕	溶接棒径〔mm〕
1.0		1	35	5.4	2.4
2.4		1	100	5.4	2.4
4.8		1	160	6.8	3.2
6.4		2	175	9	3.2
9.5		3	175	9	4.0
9.5		2	200	9	3.2
12.7		2	250	9	3.2

8.1.2 MIG 溶 接

MIG 溶接は直流棒プラス（DCEP）の極性でシールドガスにはアルゴンガ

スあるいは25％ヘリウム入りのアルゴンガスが使用される。金属のアーク移行は，ショートアーク，スプレーアーク，パルスアークが利用される。MIG溶接はTIG溶接に比較して溶接速度が速く600〜1000 mm/minと3倍以上の速さである。また，厚板の溶接に適していることと，TIG溶接に比較して技術的にやさしい。得られる溶接部の品質はTIG溶接とほぼ同じであると考えてよい。表8.1.3に代表的なMIG溶接条件を示す。

表8.1.3 MIG溶接条件の一例

アークの形態	板厚〔mm〕	開先形状	パス数	電極ワイヤー径〔mm〕	電流〔A〕	電圧〔V〕	溶接速度〔cm/min〕	シールドガス流量 Ar〔l/min〕
ショートアーク	0.6		1	1.0	25	13	60〜90	18〜27
	1.6			1.6	70	14		
	3.2			2.4	115	14		
	4.0			2.4	135	15		
スプレーアーク	6.4		1	1.6	240	27	60〜90	23〜36
	12.7		2	2.4	360〜400	24〜30		
	15.5		2	2.4	370〜420	24〜30		
	25.4		4	2.4	370〜420	24〜30		

TIG溶接およびMIG溶接ともに使用する溶加材は共金でよいが，MIG溶接の場合はAZ 61 A，AZ 92 A（MC 3）が多く利用されている。

MIG溶接ではつぎのような留意点がある。
① 一般には予熱は不要である。
② アーク長は標準の約3 mm，アークの移動は直進でよいが，TIG溶接のように前後移動あるいは回転を用いてもよい。
③ 溶接アークが強いのでTIG溶接のようにアーク移動をゆっくり行うと溶け落ちが起きるので注意が必要である。
④ 適正な溶接条件によれば全姿勢で溶接は可能であり，TIG溶接より容

易である。

⑤　得られる溶接品の品質はTIG溶接とほぼ同等である。

8.1.3　電子ビーム溶接

　電子ビーム溶接は低入熱で深い溶け込みが得られることから，熱影響部の幅は非常に狭く，溶接変形の少ない優れた溶接法であり，アーク溶接と同様に適用が可能である。ただし，真空中で溶接する必要があり，装置が高価である。マグネシウム合金は蒸気圧が高く，沸点が低いために溶接部にボイドやブローホールが生じやすいために，溶接条件の正確な制御が必要となる。現状では，電子ビーム溶接をマグネシウム合金に適用した例は少ない。

8.1.4　レーザ溶接

　金属材料の溶接に用いられているレーザにはCO_2レーザとYAGレーザがある。一般に使用されているCO_2レーザは出力が10 kW級である。マグネシウム合金のレーザ溶接も電子ビーム溶接と同様に現状ではあまり行われていない。

8.2　抵　抗　溶　接

　抵抗溶接は対向する電極により被接合材を加圧し，大電流を短時間通電することにより生じる抵抗熱を利用して接合するものであり，溶接形式から板同士あるいは板と部品を重ね合わせて接合する重ね抵抗溶接（スポット溶接，プロジェクション溶接，シーム溶接）と板や棒同士を突合せて接合する突合せ抵抗溶接（アプセット溶接，フラッシュ溶接，バットシーム溶接）に分類され，実用的にはスポット溶接が最も多く用いられている。また，抵抗溶接には以下のような利点がある。

①　溶接時間が短く生産性がよい。
②　溶接パラメータの制御がしやすく自動化に適している。

③ 溶加材（溶接棒）のような消耗資材を必要とせず低コストである。
④ 接合部の板合せに高度な加工精度を必要としない。
⑤ 溶接変形が少なく安定した品質が得られる。

しかし，大電流を使用するために電源設備が大きくなり，溶接機自体も複雑で高価なため，量産分野には適するが，少量生産には不向きな点もある。

マグネシウム合金は抵抗溶接性に優れるとされており，シーム溶接やフラッシュ溶接も適用できるが，あまり用いられていない。しかし，AZ 31 合金板のシーム溶接では板厚 1〜3.2 mm の場合，溶接長 10 mm 当り 1.9〜3.9 kN の強度が得られる。フラッシュ溶接においては AZ 31 B，AZ 61 A や AZ 80 合金では 85〜95 ％の継手効率が得られている。スポット溶接は優れた静的強度を有しているが，疲労強度は抵抗溶接より低いとされている。表 8.2.1 に単点スポット溶接の引張せん断強度を示す[3]。また，図 8.2.1 に板厚 0.6 mm の AZ 31 合金板による溶接条件と単点溶接継手の引張せん断試験の関係を示す[4]。いずれの結果からも適切な溶接条件を選定することにより実用上使用可能な強度を持つ継手が得られる。また，スポット溶接ではマグネシウム合金とアルミニウム合金の組合せでは界面に脆弱な金属間化合物が生成し，高強度の継手は得られないが，スポット溶接に接着剤を併用するウェルドボンド法によればアルミニウム合金との接合においても高強度の継手が得られる[5]。

表 8.2.1　単点スポット溶接継手の引張せん断強度

合金名	板厚〔mm〕	平均スポット径〔mm〕	引張せん断強度〔N〕
AZ 31 B	1.0	5.1	1 825
	1.6	6.4	3 339
	3.2	9.7	6 812
HK 31 A	1.0	5.1	1 670
	1.6	6.4	3 206
	3.2	9.7	6 634
HM 21 A	1.0	5.1	1 603
	1.6	6.4	2 938
	3.2	9.7	5 342

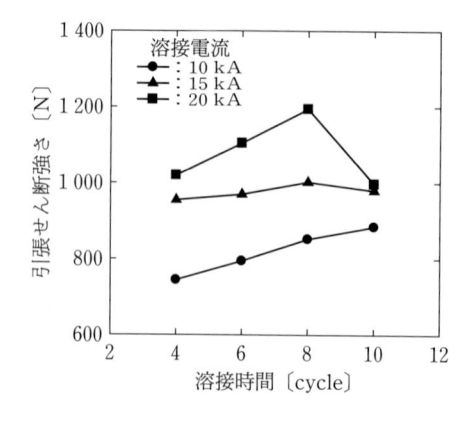

図 8.2.1 AZ31 合金の単点スポット溶接における溶接条件と引張せん断強さの関係（板厚 0.6 mm）

8.3 固相接合

　固相接合には拡散接合，冷間および熱間圧接，爆発圧接，ガス圧接に加えて摩擦を利用した各種接合法などが分類されるが，現状では摩擦を利用した接合法以外にマグネシウム合金の接合に適用された例はない．したがって，ここではおもに摩擦を利用した接合法すなわち摩擦圧接，摩擦かくはん接合について述べる．

8.3.1 摩 擦 圧 接

　摩擦を利用した接合法として古くから知られている摩擦圧接は，図 8.3.1 に示すように突き合わせる素材の一方を回転させながら他方に押し付け，摩擦による発熱が接合に適した温度になった時点で回転を停止し，さらに高圧力（アプセット圧力）を付与して接合を完了する方法であり，原理は簡単で制御すべき接合条件も少なく自動化が容易である．現在では自動車工業や印刷工業など広い分野で実用化されている技術である．また，固相接合の特徴である異種材料の接合も容易に可能であるが，マグネシウム合金を用いた異材継手を用いる場合には接触腐食など使用環境についての配慮が必要である．
　AZ31 合金摩擦圧接継手を図 8.3.2 に示す[6]．接合面近傍では軸心に対して

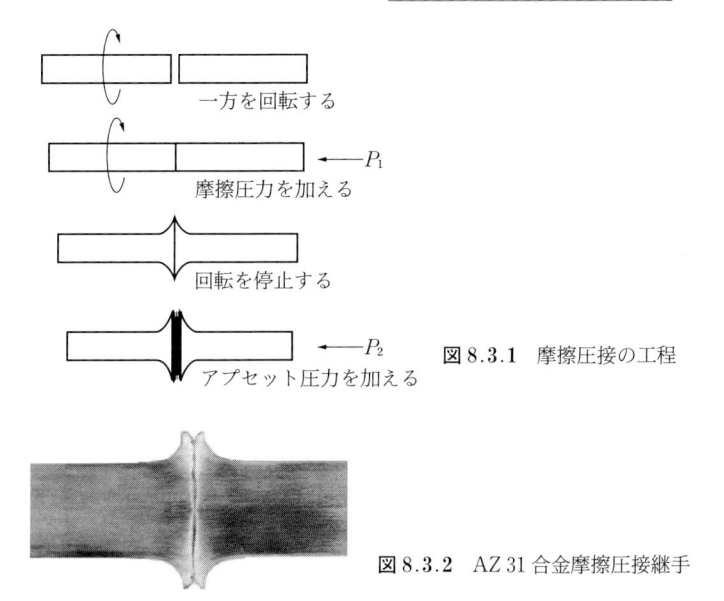

8.3 固相接合　211

図 8.3.1　摩擦圧接の工程

図 8.3.2　AZ 31 合金摩擦圧接継手

対象な凸レンズ状の熱影響部が観察される。ばりの形状はアルミニウム合金[7]と類似した様相を呈する。

　AZ 31 合金摩擦圧接継手中心部の微視的組織を図 8.3.3 に示す[6]。微視的には，中心部および外周部ともに圧接境界は明瞭には観察されず，接合面のごく近傍に繊維状組織が消滅した微細な組織を示す。この継手の硬さ分布は，接合面およびその近傍の熱影響部においてもほとんど変化は認められず，母材と同

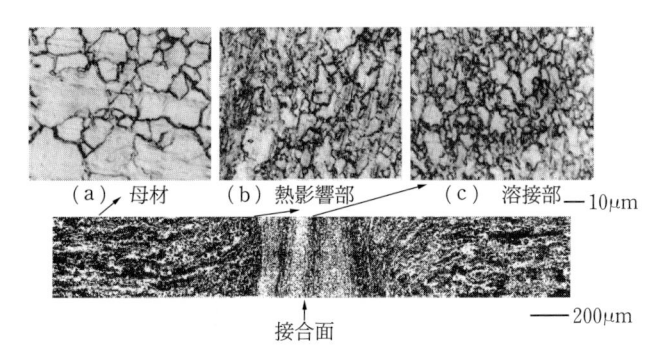

(a) 母材　　(b) 熱影響部　　(c) 溶接部　　10μm

接合面　　　　　　　　　　　　200μm

図 8.3.3　AZ 31 合金摩擦圧接継手中心部の微視的組織

程度の値を示す.

AZ 31 合金摩擦圧接継手の引張強さは図 8.3.4 に示すように圧接条件を選定することにより，実用上十分な強度を持つ継手が得られる[6]。

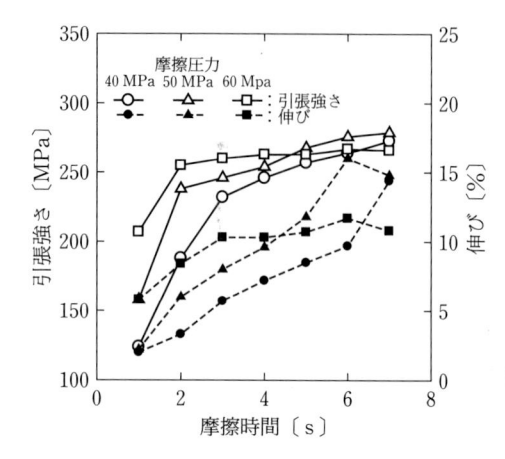

図 8.3.4 AZ 31 合金摩擦圧接継手の引張試験結果

切欠位置を接合面および接合面から 1，2，3，5 mm 離れた位置とした試験片による衝撃試験結果を図 8.3.5 に示す．圧接継手の衝撃値は接合面に切欠を付した試験片の衝撃値が最も低い値を示し，切欠位置が接合面より離れるのにしたがって衝撃値は高くなる傾向が認められ，接合面より 5 mm の位置では

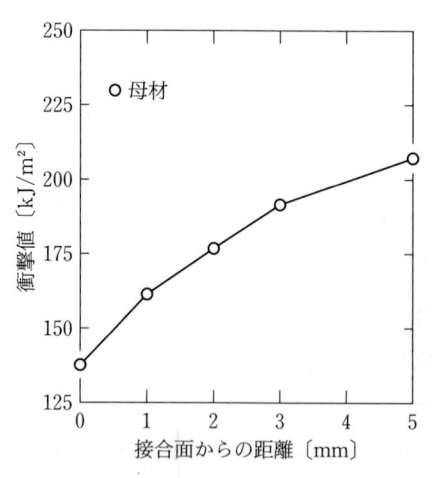

図 8.3.5 AZ 31 合金摩擦圧接継手の衝撃強さ

母材の90％以上の衝撃値が得られる[6]。

AZ 31合金摩擦圧接継手の平滑試験片によった回転曲げ疲労試験により得られたS-N曲線を図8.3.6に示す[8]。母材は繰返し数$5×10^5$までの領域では，時間強度は繰返し応力の減少に伴って直線的に低下し，それ以上の高繰返し数領域では時間強度はほぼ一定値を示す。圧接継手は母材と同様に繰返し応力の減少に伴い時間強度は低下する傾向が認められ，疲労限度は母材の約82％の値となる。圧接継手の破断位置はいずれも接合面である。接合面に切欠を付した試験片による回転曲げ疲労試験においても同様な結果が得られ，圧接継手の疲労強度は母材に比較して約10％低下する。また，切欠を付すことにより疲労限度は母材は平滑試験片の61.6％，圧接継手は70.4％と低下しており，圧接継手の低下割合は母材に比較して小さい。シェンク式繰返しねじり疲労試験では，圧接継手の疲労限度は母材の95.8％と回転曲げ疲労試験結果に比較して良好な結果が得られる[8]。

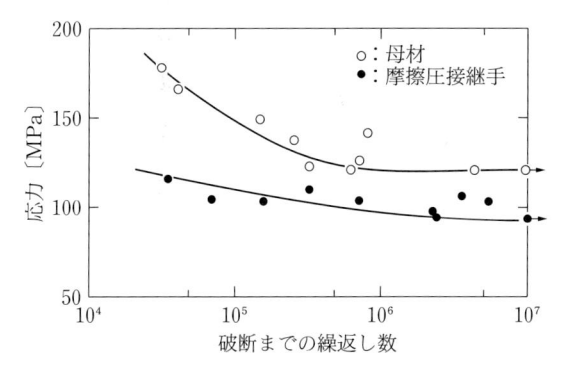

図8.3.6　AZ 31合金摩擦圧接継手の回転曲げ疲労試験によるS-N曲線

8.3.2　摩擦かくはん接合

摩擦かくはん接合（friction stir welding：FSW）は1991年に英国溶接研究所で発明された固相接合技術であり，前処理やシールドガス，溶加材が不要で，煙やスパッタが出ない，低ひずみ，機械的強度に優れるとして急速に普及

した技術であり広範囲の産業分野で実用化も行われている．その接合原理は図8.3.7に示すように中心に突起（probe）のついた硬質の丸棒（工具あるいはstir rod と呼ばれている）を回転させて突き合せた供試材中に挿入し，送りをかけることにより，摩擦熱を与えながら突き合せた界面をかくはんして接合を行う方法である．工具先端の突起部の長さは接合部材の厚さに等しいか，あるいはごくわずかに短いものとしている．また，突起部の取付け部である丸棒の端面は肩部またはshoulder と称しているが，この部分は必須のものであり，突起部が接合部に挿入したとき，材料が切削状態となって外部に排出されるのを防止する役目と，材料表面から摩擦熱を与える役目も果たしている．工具は接合方向に対して後方へ数度傾けるのが一般的であり，この角度を前進角もしくはtilt angle と呼んでいる．

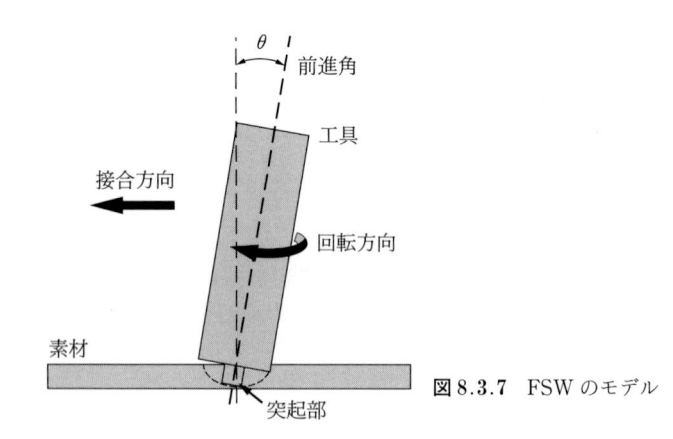

図8.3.7 FSWのモデル

FSWの特徴としてはつぎのことが挙げられる．
① 固相接合法である．
FSWは工具と素材との摩擦熱のみによる発熱であり，接合温度が一般の溶融溶接に比較してきわめて低く，接合面はつねに外部から隔離された状態で接合されるため，酸化やブローホールの発生が生じる恐れがない．また，接合後の残留応力が小さく接合に伴う変形が少なく機械的性質に優れた継手が得られる．

8.3 固相接合

② 多種多様の材料の接合が可能である。

摩擦圧接と同様に固相接合法であり接合時の発熱が少ないために金属間化合物の生成が少ない継手が得られる。このため溶融溶接では不可能とされる異種材料の接合が可能である。また，ダイカストを含む鋳造材，あるいは複合材料などの溶融溶接が困難とされていた材料の接合が可能である。

③ 作業性が良い。

FSWはNC制御装置を使用することにより，作業の自動化ができ，火花の発生もほとんどなく安全である。また，簡単な三次元曲面の接合も可能であり，適合分野は拡大している。

④ 接合に要するエネルギー効率が高い。

接合に要するエネルギーは，接合を行う素材と工具肩部および突起部の機械的接触摩擦による発熱のため，溶接棒やシールドガスが不要であるなど，エネルギー効率が高い。

このように多くの特徴を持つFSWであるが，いくつかの問題点もある。

① 余盛を形成しないため，すみ肉継手ができない。

FSWは溶接棒などによる素材の供給を行わないため，余盛の形成が不可能である。このためこれまでの設計基準ではすみ肉溶接が不可能であり，接合部材側での対応が必要となる。

② 接合部終端に突起部の穴が残る。

FSWは突起部の回転により摩擦熱を発生し，素材を塑性流動させて接合を行うため，接合部終端に図8.3.8に示すような突起部の穴が残存する。このため穴の存在が接合部材の用途に不適当である場合は接合終端部になんらかの処置が必要となる。

③ 工具に使用する材料と同じ，もしくはそれを超える高温強度を有する合金の接合は不可能である。

FSWは工具先端の突起部を接合部材に挿入し，その回転と送りによって発生する摩擦熱を利用して塑性流動を起こさせて接合を行うために，突起部は非常に高温となる。また，突起部の根元に大きなせん断力が作用する。このた

図 8.3.8 AZ 31 合金 FSW 継手終端部の外観

め，工具に使用する材料と同等か，もしくはそれを超える高温強度を有する材料の接合では工具が破損または摩耗するために，工具材質を考慮しなければならない。

マグネシウム合金に対する FSW の適用例は現状では少ないが，Mg-Al-Zn 系の合金についての研究結果[9],[10]から，実用上問題のない継手効率を持つ継手が得られる。また，鉄鋼材料に比較してマグネシウム合金は低融点であることから，工具材質は安価な工具鋼やステンレス鋼が使用可能である。

第9章

安全取扱い

9.1 溶解作業

　マグネシウム合金の溶湯は非常に酸化・燃焼しやすく，特に水や酸化スケールと反応すると大爆発が起こる。よって，溶解作業時および鋳造作業時には安全に十分注意しなければならない。以下に各溶解・鋳造時の安全管理ポイント[1]を述べる。

9.1.1 溶解工程

① 溶解炉にはるつぼ炉を使用し，るつぼが割れて溶湯が漏れてもよいように炉床を傾斜させメタル溜めを設けておく。メタル溜めはつねに乾燥させておく。
② 炉床にはるつぼの酸化スケール（鉄酸化物）が溜まらないように掃除する（湯漏れ時にテルミット反応で爆発が起こる）。
③ るつぼの厚みを定期的に測定して**表9.1.1**[2]の基準内であることを確認し，基準外であれば交換する。
④ 溶湯中に追加投入するインゴットは十分予熱する。
⑤ フラックスは吸湿性であるので使用前には乾燥させて水分を除去する。
⑥ 湯漏れによる燃焼・火災時は絶対に水をかけない。フラックスや乾燥砂を用いて消火する。

表 9.1.1 マグネシウム溶解るつぼの使用限界寸法
(例, マグネシウム技術便覧より転記)

溶解容量〔kg〕	鍋肉厚〔mm〕
～180	10
180～360	13
360～540	16
540～1 800	25

9.1.2 鋳造工程

① 注湯時は溶湯が空気に触れて燃焼しやすいので，局所的に不燃性ガス(SF_6, CO_2)を流して溶湯の酸化燃焼を防止する。

② 鋳型（金型）の合せ面からの溶湯の漏れがないように十分注意する。合せ面にすきまがあるようであれば漏れ止めの処置をする。

③ 鋳造作業を行う床も溶解炉の床と同様に乾燥状態にしておく。

以上，溶解鋳造時の安全のポイントを述べたが，詳しくはマグネシウム協会より発行されている「マグネシウムの取り扱い安全手引き」を参照していただきたい。

9.1.3 スラッジおよびドロスの処理

溶解時には酸化燃焼防止のためにフラックスを用いるのでスラッジが発生し，そのスラッジ組成は各溶解工場によって異なっている。**表 9.1.2**[3]にマグネシウムダイカスト工場でのスラッジの組成分析例を示す。

ここでスラッジとはフラックスを用いて精錬を行った際に溶湯から分離沈殿した非金属，酸化物，窒化物と分離困難な金属マグネシウムを含む老化フラッ

表 9.1.2 マグネシウムダイカスト溶解炉で発生した
スラッジ等の分析結果 単位：mass %

サンプル例	Mg	Al	Zn	Mn	Si	Fe	Cu	Ni
(1) スラッジ (Cold)	74.5	14.1	0.8	9.2	0.45	0.23	0.006	
(2) スラッジ (Cold)	64.3	20.2	0.8	6.7	0.5	6.1	0.06	0.004
(3) スラッジ (Hot)	51.7	27.5	0.7	5.6	0.6	12.1	0.06	0.004
(4) ピストン内蓄積物 (Hot)	0.2	43		2.8		35		
(5) るつぼ低部固着物	3.5	51.4	0.1	4.9		39.4		0.02

クスを主体にした溶解滓のことである。また，同様な酸化物で溶湯表面に浮上するものはドロスと呼ぶ。

　スラッジ，ドロスともにその主体は非金属，酸化物，窒化物であり，回収価値が低いことから廃棄物として処理される場合が多い。しかしながら，これらをそのまま廃棄すると水分を吸収して発熱し，水素ガスやメタンガス，アンモニアガスを発生する。この際，条件によっては自然発火するため，安全に処理して廃棄する必要がある。

　溶解滓（特にスラッジ）は冷却して固まると岩石のように硬くなる。この状態になると破砕や粉砕は非常に困難である。しかし，溶解滓の処理と有望な水処理を行うには滓は可能な限り細かいほうがよい。よって，あらかじめ細かい状態で固めておく必要がある。このための方法に，溶解滓をるつぼ中より取り出したときに乾燥砂と混合する方法がある。

　以下に溶解滓の取り出しから水処理までの手順[4]を示す。

① 砂：よく乾燥しているものを用いる。粘土質のものよりさらさらしたもののほうがよい。

② 処理容器：深さ 200〜300 mm 程度のものを使用し，底に乾燥砂を 100〜150 mm 程度敷き詰める。

③ かくはん混合：溶解作業および精錬作業終了後に発生したスラッジは，溶湯中に混入しないように慎重に取り出し，用意した処理容器中で乾燥砂とかくはん混合し，小粒塊状にする（スラッジが熱いうちにすばやく処理しないと大きな塊ができる）。

④ 水添加：小粒塊状となったスラッジに処理容器中で水を散布し，水と緩慢に反応させ，安定なものに処理する（反応が激しい場合には乾燥砂を入れて混合し，反応をおさえる）。

⑤ 廃棄物の確認：水添加による発熱反応が完全に終了したら余分な水分を乾燥させて，乾燥物中に有害物質が含まれないことを確認した後，産業廃棄物として処理を行う。

水添加によって発熱反応している段階では，水素ガスやメタンガス，アンモ

ニアガスが発生しているので,風通しの良い場所で処理を行うとともに1回の処理量は少量ずつ行うのが望ましい。

また,発生した溶解滓の主成分は塩化マグネシウムや塩化カルシウムなどの潮解性物質であり,溶解滓の中には水分と反応しやすいマグネシウムを含んでいる。よって溶解滓が潮解すると,水分とマグネシウムの反応熱で発生ガスを燃焼させ自然発火する恐れがある。

このため工場などで発生した溶解滓は毎日処理を行い,原則として保管しないことが望ましい。やむを得ず保管する場合も必要最小限にし,通気のよい乾燥した場所に保管し,長期の保管は避けるべきである。

9.2 切削作業

9.2.1 切削中の切りくずの発火・燃焼とその防止

マグネシウムの切削切りくずは,仕上げ削りや工具の送りが停止する切削終了時などの際に,しばしば燃焼し,作業に支障をきたしている。元来,マグネシウムは化学的に活性で,酸化による温度上昇が著しく,その反応速度は温度とともに増すので,さらに酸化が促進され,ついには発火温度に到達する。

これはアルミニウムでは緻密な酸化膜が形成され酸素が侵入できなくなるのとは異なり,マグネシウム酸化膜は多孔質で酸素が拡散しやすいので発熱速度が放熱速度を上回る場合が生じるからである。切削中に切りくずが発火・燃焼している様子を図9.2.1に示す。発火は図(a)のように刃先よりわずかに離れ,ある時間が経過して生じている。切りくずの発火・燃焼は,おもに酸化反応熱によることがわかる[1]。

切削切りくずの発火・燃焼を防止するには,切りくずの放熱速度が自己加熱速度を上回ることが要件である[2]。すなわち,下記の不等号が成り立ちやすくすることである。

$$自己加熱速度 < 放熱速度$$

自己加熱速度は切りくずの温度上昇速度であり,これは切りくずの初期温度

(a) 発　火　　　　　　　(b) 連続燃焼

図 9.2.1　切りくずの発火・燃焼

(切削点温度・切削温度，すなわち切りくず-工具すくい面接触温度)，被削材の材質（比熱，密度，酸化反応熱と反応速度，酸化膜の性質)，切りくずの形状や寸法および表面性状（比表面積；単位体積当りの表面積，表面のしわや凹凸）などで決まり[3]，これらは温度上昇につぎのように関連する．

$$自己加熱速度：温度上昇 \propto \frac{発熱量}{熱容量} \propto \frac{反応速度・表面積}{容積比熱・体積}$$

切りくずの温度上昇を抑制し，発火・燃焼を防止するには，発熱量をおさえることで，これには初期温度と比表面積がかかわる．初期温度が 400°C 以下，すなわち酸化反応速度が緩慢な切削条件領域で削ることである[4]．

羽毛状切りくずは図 9.2.2 に示すように，空中に舞うほどきわめて薄いもので，鋸歯のピッチは数 μm で，その先端の比表面積は著しく大きい．仕上げ削

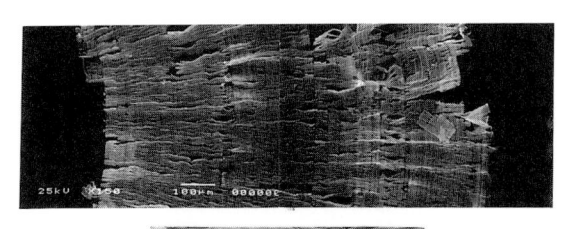

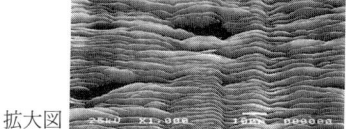

拡大図　　　　　　　　　　　　　　　　10μm

図 9.2.2　羽毛状切りくずの表面性状

りや切削終了時にしばしば切りくずが燃焼するのは，仕上げ削りでは切削厚さが薄いことが，切削終了時には切削厚さが徐々に薄くなることで，いずれも切りくずは羽毛状に変わるからである。一方，刃先が摩耗した際に発生する切りくずも燃焼しやすい。これは実質すくい角が減少して，せん断角が著しく減少するので，鋸歯の先端が薄片の羽毛状になるのが原因である。

切りくずの燃焼防止に対する注意事項は以下のとおりである。

① 切りくずは，送り量が小さくなると表面積の広い羽毛状になり，切削速度を高くすると初期温度が高くなって発火の危険性が増すので，できるだけこのような切削条件は避ける。

② 切れ刃稜の丸味半径が大きいと，すなわち切れ刃が摩耗すると，羽毛状の燃焼しやすい切りくずが発生するので，工具管理を確実に行う。

③ 切削工具は伝導率の高い材質を選び，すくい角，逃げ角を大きく研ぎ，初期温度・切削温度の低下を図る。

なお，切削油剤の供給も，切りくず燃焼防止に有効であるが[5]，切りくずの後処理を面倒にしている。その他，冷風を供給すると，切りくずは冷却されて温度が低下し相対的に容積比熱が増すことになり，燃焼防止につながる[3]。切りくず燃焼防止の最大の対策は，羽毛状切りくずの発生を避けることである。

9.2.2 切削中における燃焼切りくずの消火

切削切りくずに限らずマグネシウムの燃焼は，激しいせん光と白煙を伴い衝撃的であるので，慌ててしまい適切な初期消火活動が行われずに火災を広げ，消火作業をより困難にする場合が多い。

切削作業での注意事項としては，切りくずを一定時間ごとに掃き集め，切削点付近のテーブルや機械周辺にとどめないようにする。切りくずが量的に少なければ，切削中に発火することがあっても消火活動を容易にする。作業場には発火原因となるものを置かず，電気・配線設備を完全にして引火原因をなくすことである。

消火に対する水の使用は絶対禁止である。次式のようにマグネシウムは水と

反応して水素を発生し，爆発的燃焼をもたらし非常に危険だからである。

$$Mg+H_2O \rightarrow MgO+H_2\uparrow$$

万一の場合に備え，消火用として，金属・マグネシウム火災用消火器，乾燥砂，さびていない乾燥した鋳鉄のダライ粉など，機械周辺に常備する。

9.2.3 切削切りくずの再利用と安全処理

切りくずの再利用や安全処理は，省資源や環境保護の観点からも十分考慮しなければならない。**図9.2.3**は切削切りくず，研削や研磨などの微粉切りくずを処理する場合の流れ図である[6]。切削条件によっては再生利用が可能であるか，あるいは安全な廃棄物処理を必要とするかを決めなければならない。

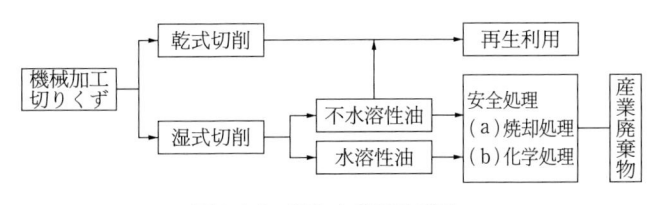

図9.2.3 切りくず処理の流れ

〔1〕 **再生利用**　切りくずの有効利用は，ほかの金属に比べると非常に遅れているのが現状である。切削切りくずを再生原料として生かすために，十分な歩留まりと溶湯品質を確保しつつ再溶解することは，切りくずの投入の際の燃焼や不純物の混入などから非常に困難なことである。

これらの問題を解決する手段として，切りくずを円筒容器内に入れ，圧縮成型して**図9.2.4**に示すブリケット・練炭のような塊状にすることが試みられている[7]。切りくずの形状や連続か不連続かなどの形態，成形の圧力や温度によってブリケットの充てん率は異なる。マグネシウム切削切りくずはブリケット化によって，アルミニウム材の溶湯添加剤として再生利用されている。

ブリケット化に際し，湿式切削切りくずでは油剤の分離除去に費用がかかり，研削や研磨などの微粉切りくずには不純物が多く入るので，再生利用はできない。そこで，以下の安全処理を行う。

224 第9章 安全取扱い

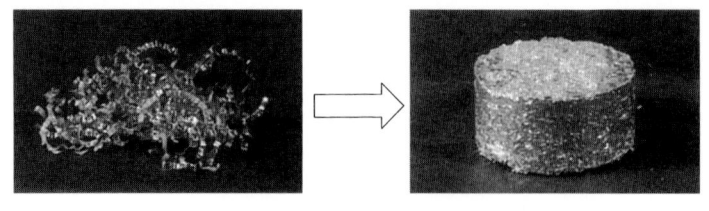

(a) 切りくず　　　　　　(b) 成形されたブリケット形状

図9.2.4　マグネシウム切りくずのブリケット化

〔2〕**安全処理**　切りくずや微粉はその形態や性質によって危険物扱いとなる。特に140μm以下の微粉末は危険物に該当する。国内で発生するマグネシウム関連の事故は多く，年間5，6件を数える。そのほとんどはバリ取り，表面磨きなど仕上げ加工で生じた微粉末の後処理における誤った取扱いに原因がある。切削や研磨などで発生した切りくずは速やかに安全処理されなければならない。このため現在は焼却処理と化学処理が行われている。

（1）**焼却処理**　焼却処理方法について日本マグネシウム協会で種々検討された結果，乾式や湿式切削で排出される切りくずや研磨などで生じる微粉も，適度な水分を含んだ砂と一定の割合で混合することによって白煙を放散することなく安全に焼却できることが確認されている。

現在行われている焼却方法の一例を示すと，川砂を用い，砂の水分量は約8％を目安に，砂と切りくずの割合は重量比で砂3～4に対し，切りくず6～7の範囲で混ぜ合わせる。つぎに砂を7cm以上敷き詰めた燃焼床をつくり，砂と切りくずを混ぜた燃焼物をその上に敷いて焼却すると，焼却時に発生する白煙をおさえることもでき，完全に燃焼させることができる。

燃焼残査を廃棄するに当たっては，未燃焼のマグネシウムの有無や窒化マグネシウムの確認を行う。未燃焼マグネシウムの確認はガス炎によって行う。窒化マグネシウムの確認は，水中に投入しアンモニアのにおいがする場合は，燃焼残査に散水し，窒化マグネシウムの分解を完全に行う。

（2）**化学処理**　マグネシウムの化学処理として，5％以下の塩化第一鉄水溶液（$FeCl_2$ aq）および1％の塩化第二鉄水溶液（$FeCl_3$ aq）による処理

法がある．塩化第一鉄水溶液を使用して切りくず処理する場合，反応は緩慢で安全性は高いが，処理費用がかさむ．塩化第二鉄水溶液では，反応初期に激しく反応するので，特に乾式切削切りくずの処理に対しては，あらかじめ水で十分に湿らし，処理液中に徐々に切りくずを投入し，かくはんしながら均一に処理することが必要である．現状では，おもに処理費用が安価な塩化第二鉄水溶液処理が用いられている．

なお，いずれの処理液を使用する場合でも水素ガスが発生するので，開放された場所で作業し，火気には十分注意を要する．

9.3 マグネシウム粉末の取扱い（粉末の管理と取扱い）

マグネシウムは金属中では比較的活性の高い元素であり，酸化しやすいために安全面からその取扱い上注意が必要である．溶融状態では酸化の傾向が強くなることはもちろん，粉状のものは発火，時に爆発の危険性がある．粉末を大気中に放置した場合，吸湿による酸化の進行とそれに伴う発熱により，自然発火することもある．

一般に危険物とは，引火性物質，爆発生物質，毒劇物あるいは放射性物質など危険性のある物質を総称してるが，マグネシウム粉末は消防法の危険物に指定されており，第二類の危険物「可燃性固体」としてその貯蔵や取扱いなどについて保安規制が定められている[1,2]．マグネシウムのほかには，硫化リン，赤リン，硫黄，鉄粉，金属粉，引火性固体があり，その取扱いについては「危険物取り扱い責任者乙二類」の資格が必要である．

マグネシウムがすべて危険かというと，危険物の種類ごとに危険性を有するか判定する試験方法があり，その試験により危険物となる性状を示すかにより判定がなされる．マグネシウムの場合には，「小ガス炎着火試験（図9.3.1）」という方法があり，試験物に小さな炎を接触させ，着火するまでの時間を測定し，燃焼を継続するかどうか観察する．この場合，10秒以内に着火し，かつ，燃焼を継続するものを危険物と見なす．消防法では，目開きが2mmの網ふ

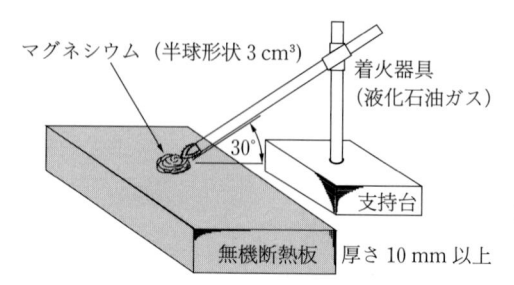

図 9.3.1　小ガス炎着火試験の概念図

るいを通過しない塊状のもの，直径が 2 mm 以上の棒状のものは危険物から除外されている．

このほかには粉末の危険性を調べる「浮遊粉塵爆発性試験（図 9.3.2）」がある．石炭採集の盛んであったころ，炭坑で炭塵爆発事故が発生したことを受け，大気中に浮遊する粉塵の危険性を調べる方法として開発された[3),4)]．浮遊した粉末の種類や濃度条件により，電極間に発生させた火花で，爆発するか危険性を調べる装置である．

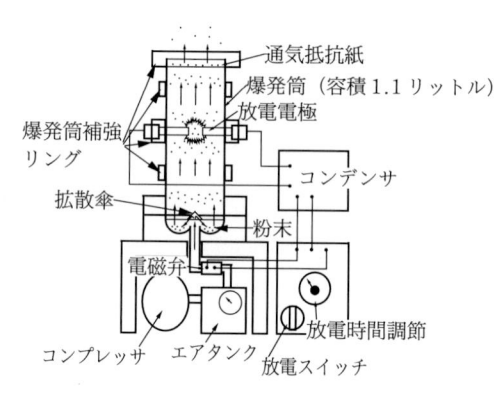

図 9.3.2　浮遊粉塵爆発性試験の概念図

図 9.3.3 はマグネシウム粉末の爆発確率を調べた例である．マグネシウムはアルミニウムに比べ，比較的高濃度になるまで爆発が起こらず，この図の結果だけでは安全と解釈されるが，実際には，火柱の高さや爆発音，上部のペーパーフィルタの跳ね上がりから，いったん爆発を起こせば威力が大きくアルミニウムより危険である．

9.3 マグネシウム粉末の取扱い（粉末の管理と取扱い）

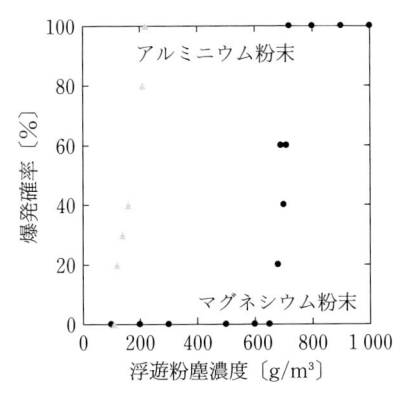

図 9.3.3 軽金属浮遊粉塵爆発性試験結果

危険物の貯蔵については，危険物関係法令において貯蔵する場所（位置），構造，設備等の技術上の基準や取扱いの基準が定められている。また，貯蔵する量としては「指定数量」が定められている[1]。先ほどの小ガス炎着火試験で，試験物が3秒以内に着火し，かつ，燃焼を継続したものは第一種可燃性固体と定め，100 kg までしか貯蔵ができない。それ以外のものを第二類可燃性固体とし，貯蔵量は500 kg までとなっている。なお，ほかに危険物がある場合には，その貯蔵量と積算して計算するので，さらに貯蔵可能な量は少なくなる。

マグネシウム製品の工場では，ダイカスト成形で発生するバリ，仕上げ工程の際に発生する粉末，機械加工で発生する切り粉などさまざまな粉末があるが，これら法令で定める貯蔵量を超えないように注意する必要がある。機械加工で切削油を使用し，その際発生した吸湿粉末などは特に危険性が高く，長時間の保管は避け，できるだけ早く化学処理（塩化第一鉄または塩化第二鉄の希釈液中で処理し，乾燥した後にバーナにて着火しないことを確認する）を施して産業廃棄物として廃棄処分することを勧める[5),6)]。

マグネシウムの危険性としては
① 点火すると白光を放ち激しく燃焼する
② 空気中で吸湿すると発熱し，自然発火することがある
③ 酸化剤との混合は，打撃などで発火する

④ 冷水では徐々に，熱水では激しく作用し，水素ガスを発生する

等が挙げられる。

火災予防については[7), 8), 9)]

① 酸化剤，水または酸との接触または混合を避ける
② 炎，火花，高温体との接触を避ける
③ 防湿に注意し，貯蔵容器は密閉できるものとする
④ 粉塵爆発の恐れのあるものは，上記の項目について材料そのものに注意を払うほか，周辺設備にも注意が必要である

等が挙げられる。

例えば，電気設備は防爆構造であること，静電気の蓄積を避けること，粉塵を扱う装置類については，不燃性ガスを封入すること，無用な粉塵の堆積を防止すること（危険物は1日に1回以上その危険物の性質に応じて安全に処理する。つまり，清掃し，粉塵をためないこと）などである。

粉末を集める集塵機は乾式の場合，静電気による粉塵爆発を招く危険性があるため，湿式の集塵機を使用し，かつ，マグネシウムが水と反応し，内部の水が蒸発して水位が下がってしまうこともあるので，内部にたまった粉末が水面より出ないように注意する必要がある。このほか，水との反応による水素ガスが内部にたまる恐れがあるので，排気にも注意が必要である。

消火方法としては，むしろ等で被覆した上に乾燥砂などを用いて窒息消火をするか，または金属火災用粉末消火剤を用いるとよい。水を掛けることは厳禁である。

第10章

マグネシウム製品例

　機器類の軽量化および使用材料のリサイクル性の観点から，自動車部品，電気機器部品，航空機部品を中心としてマグネシウム材料が用いられている。多くの製品はダイカストや半溶融加工を含めた鋳造法で製造されているが，板のプレス成形やプレス成形と鍛造を組み合わせたプレスフォージングによる製品例も見られる。図10.1〜10.23にマグネシウム材料を使用した製品例を紹介する。

図10.1　携帯電話の筐体
　　　　（機種：ムーバP505i,
　　　　提供：(株)NTTドコモ）

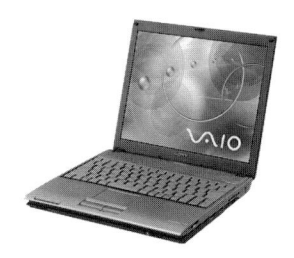

図10.2　ノート型コンピュータの筐体（A4サイズ，機種：バイオノートPCG‐V505W，提供：ソニー(株)）

図10.3　ノート型コンピュータの筐体（B5サイズ，機種：レッツノートCF‐W2B，製法：プレス成形，提供：松下電器産業(株)）

230　第 10 章　マグネシウム製品例

図 10.4　プロジェクターの筐体（機種：V-1100 Z，提供：プラスビジョン(株)）

図 10.5　業務用ビデオカメラの筐体（機種：DSR-PD 170，提供：ソニー(株)）

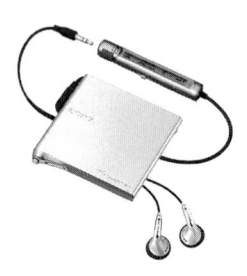

図 10.6　MD プレーヤーの筐体（機種：MZ-E 10，製法：プレスフォージング，合金：AZ 31，提供：ソニー(株)）

図 10.7　デジタルカメラの筐体（機種：EX-S 3，製法：プレスフォージング，合金：AZ 31，提供：カシオ計算機(株)，(株)日立金属 MPF）

図 10.8　カメラ望遠レンズの鏡筒（機種：AF アポテレ 300 mm，製法：鍛造，提供：コニカミノルタカメラ(株)）

図 10.9　スピニングリールのボディー（ローターおよびハンドルを含む）（機種：トーナメント・エアリティー，提供：ダイワ精工(株)）

第10章　マグネシウム製品例　231

図10.10　自転車のクランク（製法：鍛造，提供：菊水フォージング）

図10.11　ヘリコプター（MH 2000）のメインハウジング（製法：砂型鋳造，合金：ZE 41 A-T 5，提供：（株）神戸製鋼所）

図10.12　ステアリングホイール芯金（トヨタ車）（製法：ダイカスト，合金：AM 60，提供：（株）東海理化）

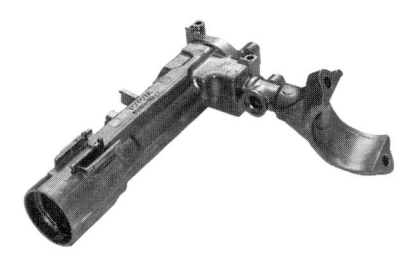

図10.13　ステアリングロックボディー（トヨタ車，合金：AZ 91，製法：ダイカスト，提供：（株）東海理化）

図10.14　タイヤホイール（製法：鍛造，提供：（株）鍛栄舎）

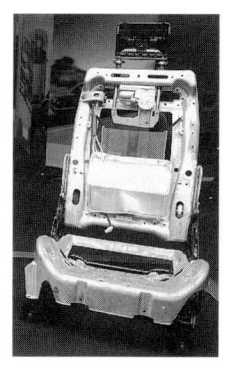

図10.15　自動車シートフレーム（車種：ジャガーニューXJ，提供：ジャガージャパン）

第10章　マグネシウム製品例

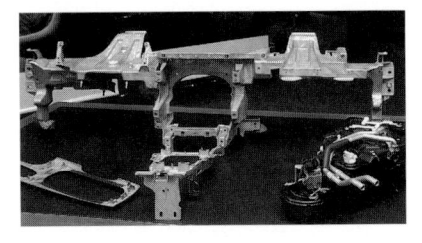

図 10.16　自動車インスツルメントパネル骨組（車種：ジャガーニュー XJ, 提供：ジャガージャパン）

図 10.17　競技用車椅子フレーム（提供：(株)オーエックスエンジニアリング）

図 10.18　自転車フレーム（製法：パイプの溶接，合金：AZ 31，提供：(株)斉藤工業）

図 10.19　旅行用スーツケースのフレーム（機種：サムソナイト MV ハイブリッド，製法：押出し形材の曲げ成形，提供：エース(株)）

図 10.20　スピーカー振動板（0.05 mm，製法：プレス成形，提供：東北パイオニア(株)）

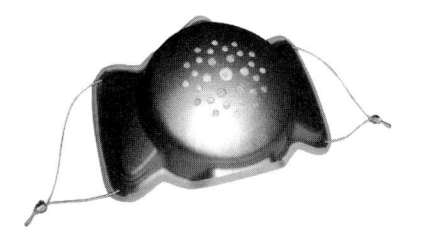

第 10 章　マグネシウム製品例　　233

図 10.21　一般用マスク（製法：プレス成形，合金：AZ 31，八代電機(株)）

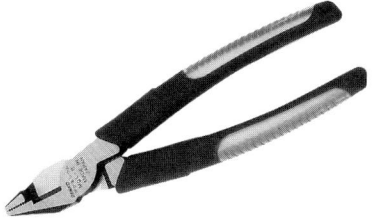

図 10.22　ペンチのハンドル（製法：鍛造，合金：AZ 31，(株)涌井製作所）

図 10.23　小ねじ（M 5 と M 2，製法：転造，提供：(株)丸エム製作所）

付　録

付 1　マグネシウム合金の JIS 規格

表 1　マグネシウム地金（JIS H 2150）

種類	記号	Al	Mn	Zn	Si	Cu	Fe	Ni	Pb	Sn	任意のその他元素の合計	Mg
マグネシウム地金特 1 種	MIS 1	0.004 以下	0.002 以下	0.005 以下	0.003 以下	0.0005 以下	0.002 以下	0.0005 以下	0.005 以下	0.005 以下	—	99.98
マグネシウム地金 1 種	MI 1	0.01 以下	0.01 以下	0.01 以下	0.01 以下	0.005 以下	0.003 以下	0.001 以下	0.005 以下	0.005 以下	0.01 以下	99.95
マグネシウム地金 2 種	MI 2	0.01 以下	0.01 以下	0.05 以下	0.01 以下	0.005 以下	0.01 以下	0.001 以下	—	—	0.01 以下	99.90
マグネシウム地金 3 種	MI 3	0.05 以下	0.1 以下	—	0.05 以下	0.02 以下	0.05 以下	0.002 以下	—	—	0.05 以下	99.8

付1 マグネシウム合金のJIS規格　235

表2 鋳物用マグネシウム合金地金

単位：%

種類	記号	化学成分												Mg
		Al	Zn	Zr	Mn	RE[1]	Y	Ag	Si	Cu	Ni	Fe	その他各不純物	その他不純物合計	
地金1種	MCI 1	5.5~6.5	2.7~3.3	—	0.15~0.35	—	—	—	0.20以下	0.20以下	0.010以下	—	—	0.30以下	残部
地金2種C	MCI 2 C	8.3~9.2	0.45~0.9	—	0.13~0.35	—	—	—	0.20以下	0.08以下	0.010以下	—	—	0.30以下	残部
地金2種E	MCI 2 E	8.3~9.2	0.45~0.9	—	0.17~0.50	—	—	—	0.20以下	0.015以下	0.0010以下	0.005以下	0.01以下	0.30以下	残部
地金3種	MCI 3	8.5~9.5	1.7~2.3	—	0.13~0.35	—	—	—	0.20以下	0.20以下	0.010以下	—	—	0.30以下	残部
地金5種	MCI 5	9.4~10.6	0.2以下	—	0.13~0.35	—	—	—	0.20以下	0.08以下	0.010以下	—	—	0.30以下	残部
地金6種	MCI 6	—	3.8~5.3	0.3~1.0	—	—	—	—	0.01以下	0.03以下	0.010以下	—	—	0.30以下	残部
地金7種	MCI 7	—	5.7~6.3	0.3~1.0	—	—	—	—	0.01以下	0.03以下	0.010以下	—	—	0.30以下	残部
地金8種	MCI 8	—	2.0~3.0	0.3~1.0	—	2.6~3.9	—	—	0.01以下	0.03以下	0.010以下	—	—	0.30以下	残部
地金9種	MCI 9	—	0.2以下	0.3~1.0	0.15以下	1.9~2.4	—	2.0~3.0	0.01以下	0.03以下	0.010以下	—	—	0.30以下	残部
地金10種	MCI 10	—	3.7~4.8	0.3~1.0	0.15以下	1.0~1.75	—	—	0.01以下	0.03以下	0.010以下	—	—	0.30以下	残部
地金11種	MCI 11	—	5.5~6.5	—	0.25~0.75	—	—	—	0.20以下	2.4~3.0	0.001以下	—	—	0.30以下	残部
地金12種	MCI 12	—	0.20以下	0.3~1.0	0.15以下	2.4~4.4	3.7~4.3	—	0.01以下	0.03以下	0.005以下	—	—	0.30以下	残部
地金13種	MCI 13	—	0.20以下	0.3~1.0	0.15以下	1.5~4.0	4.75~5.5	—	0.01以下	0.03以下	0.005以下	—	—	0.30以下	残部
地金ISO 1種	—	5.0~6.5	2.3~3.3	—	0.15~0.5	—	—	—	0.2以下	0.15以下	0.01以下	0.03以下	—	—	残部
地金ISO 2種A	—	7.0~9.2	0.4~1.8	—	0.2以下	—	—	—	0.3以下	0.3以下	0.02以下	0.05以下	—	—	残部
地金ISO 2種B	—	7.5~8.5	0.3~0.8	—	0.20~0.6	—	—	—	0.2以下	0.15以下	0.01以下	0.03以下	—	—	残部
地金ISO 3種	—	8.3~9.8	0.3~0.8	—	0.20~0.6	—	—	—	0.2以下	0.15以下	0.01以下	0.03以下	—	—	残部

1) REは，希土類元素である．

備考　1.　本表に規定する以外の有害な不純物があると認められるときは，受渡当事者間においてその不純物の許容限度を規定することができる．
　　　2.　8種，10種のREは，セリウムCeを主としている．
　　　3.　9種のREは，ネオジウムNdが70%以上，残りの大部分はプラセオジウムPrであるジジム金属Di（Didymium Metal）で添加する．
　　　4.　12，13種のREは，ネオジウムNdと重希土類を主としている．また，リチウムLiの含有量は0.20%以下とする．

表3 ダイカスト用マグネシウム合金

単位：%

種類	記号	化学成分									Mg
		Al	Zn	Mn	Si	Cu	Ni	Fe	その他各不純物	その他不純物計	
1種B	MD1B	8.5〜9.5	0.45〜0.9	0.15〜0.40	0.20以下	0.25以下	0.01以下	—	—	0.30以下	残部
1種D	MD1D	8.5〜9.5	0.45〜0.9	0.17〜0.40	0.05以下	0.025以下	0.001以下	0.004以下	0.01以下	—	残部
2種B	MD2B	5.6〜6.4	0.20以下	0.26〜0.50	0.05以下	0.008以下	0.001以下	0.004以下	0.01以下	—	残部
3種B	MD3B	3.7〜4.8	0.10以下	0.35〜0.6	0.60〜1.4	0.015以下	0.001以下	0.0035以下	0.01以下	—	残部
4種	MD4	4.5〜5.3	0.20以下	0.28〜0.50	0.05以下	0.008以下	0.001以下	0.004以下	0.01以下	—	残部
ISO1種A	—	7.0〜9.2	0.4〜1.8	0.2以上	0.3以下	0.3以下	0.02以下	0.05以下	—	—	残部
ISO1種B	—	7.5〜8.5	0.3〜0.8	0.20〜0.6	0.2以下	0.15以下	0.01以下	0.03以下	—	—	残部
ISO2種	—	8.3〜9.8	0.3〜0.8	0.20〜0.6	0.2以下	0.15以下	0.01以下	0.03以下	—	—	残部
ISO3種	—	8.0〜9.5	1.7〜2.3	0.13〜0.5	0.2以下	0.15以下	0.01以下	0.03以下	—	—	残部

備考 酸化防止のためには，ベリリウムの含有量を0.0005〜0.0015％にすることが望ましい。

付1 マグネシウム合金のJIS規格

表4.1 マグネシウム合金板および条の化学成分

単位:％

種類	記号	化学成分										
		Al	Zn	Mn	Fe	Si	Cu	Ni	Ca	その他の元素[1]	その他の元素の合計[1]	Mg
1種B	MP1B	2.4〜3.6	0.50〜1.5	0.15〜1.0	0.005以下	0.10以下	0.05以下	0.005以下	0.04以下	0.05以下	0.30以下	残
1種C	MP1C	2.4〜3.6	0.5〜1.5	0.05〜0.4	0.05以下	0.1以下	0.05以下	0.005以下	—	0.05以下	0.30以下	残
7種	MP7	1.5〜2.4	0.50〜1.5	0.05〜0.6	0.010以下	0.10以下	0.10以下	0.005以下		0.05以下	0.30以下	残
9種	MP9	0.1以下	1.75〜2.3	0.6〜1.3	0.06以下	0.10以下	0.1以下	0.005以下		0.05以下	0.30以下	残

1) その他の元素は，存在が予知される場合または通常の分析過程において規定を超えるおそれがある場合に限って分析を行う．

表4.2 マグネシウム合金板および条の機械的性質[2]

種類	質別記号[3]	対応ISO質別記号	記号および質別記号	厚さ〔mm〕	引張試験		
					引張強さ〔N/mm²〕	0.2％耐力〔N/mm²〕	伸び〔％〕
1種B 1種C	O	O	MP1B-O MP1C-O	0.5以上6以下 6を超え25以下	220以上 210以上	105以上 105以上	11以上 9以上
	F	—	MP1B-F MP1C-F	—	—	—	—
	H12 H22	H×2	MP1B-H12 -H22 MP1C-H12 -H22	0.5以上6以下 6を超え25以下	250以上 220以上	160以上 120以上	5以上 8以上
	H14 H24	H×4	MP1B-H14 -H24 MPC1-H14 -H24	0.5以上6以下 6を超え25以下	260以上 250以上	200以上 160以上	4以上 6以上
7種	O	—	MP7-O	0.5以上6以下	190以上	90以上	13以上
	F	—	MP7-F	—	—	—	—
9種	O	O	MP9-O	6以上25以下	220以上	120以上	8以上
	H14 H24	H×4	MP9-H14 -H24	6以上25以下	250以上	165以上	5以上

2) 機械的性質は，圧延方向に平行に採取した引張試験片によって求める．ただし，板厚が0.6mmを超える場合には，圧延方向に直角に採取した試験片によって求めてもよい．

3) 質別記号は，JIS H 0001に定めている記号，定義および意味による．

備考 規定範囲外の厚さの板の機械的性質は，受渡当事者間の協定による．

表5.1 マグネシウム合金継目無管の化学成分

単位:％

種類	記号	化学成分										Mg
		Al	Zn	Mn	Zr	Fe	Si	Cu	Ni	Ca	その他の元素[1]	その他の元素の合計[1]	
1種B	MT1B	2.4〜3.6	0.50〜1.5	0.15〜1.0	—	0.005以下	0.10以下	0.05以下	0.005以下	0.04以下	0.05以下	0.30以下	残
1種C	MT1C	2.4〜3.6	0.5〜1.5	0.05〜0.4	—	0.05以下	0.1以下	0.05以下	0.005以下	—	0.05以下	0.30以下	残
2種	MT2	5.5〜6.5	0.50〜1.5	0.15〜0.40	—	0.005以下	0.10以下	0.05以下	0.005以下	—	0.05以下	0.30以下	残
5種	MT5	—	2.5〜4.0	—	0.45〜0.8						0.05以下	0.30以下	残
6種	MT6	—	4.8〜6.2	—	0.45〜0.8						0.05以下	0.30以下	残
8種	MT8	—	—	1.2〜2.0	—		0.10以下	0.05以下	0.01以下		0.05以下	0.30以下	残
9種	MT9	0.1以下	1.75〜2.3	0.6〜1.3	—	0.06以下	0.10以下	0.1以下	0.005以下		0.05以下	0.30以下	残

1) その他の元素は，存在が予知される場合または通常の分析過程において規定を超えるおそれがある場合に限って分析を行う。

表5.2 マグネシウム合金継目無管の機械的性質[2]

種類	質別記号[3]	対応ISO質別記号	記号および質別記号	肉厚〔mm〕	引張試験		
					引張強さ〔N/mm²〕	0.2％耐力〔N/mm²〕	伸び〔％〕
1種B 1種C	F	F	MT1B-F MT1C-F	1以上10以下	220以上	140以上	10以上
2種	F	F	MT2-F	1以上10以下	260以上	150以上	10以上
5種	T5	T5	MT5-T5	全断面寸法	275以上	255以上	4以上
6種	F	F	MT6-F	全断面寸法	275以上	195以上	5以上
	T5	T5	MT6-T5	全断面寸法	315以上	260以上	4以上
8種	F	F	MT8-F	2以下 2を超え	225以上 200以上	165以上 145以上	2以上 15以上
9種	F	F	MT9-F	10以下 10を超え75以下	230以上 245以上	150以上 160以上	8以上 10以上

2) 機械的性質の質別記号は，JIS H 0001に定めている記号，定義および意味による。

3) 質別記号Fの機械的性質は，参考値である。

備考 規定範囲外の肉厚の管の機械的性質は，受渡当事者間の協定による。

付1 マグネシウム合金のJIS規格

表6.1 マグネシウム合金棒の化学成分

単位：％

種類	記号	化学成分												その他の元素[1]	その他の元素合計[1]	Mg
		Al	Zn	Mn	RE	Zr	Y	Li	Fe	Si	Cu	Ni	Ca			
1種B	MB1B	2.4〜3.6	0.50〜1.5	0.15〜1.0	—	—	—	—	0.005以下	0.10以下	0.05以下	0.005以下	0.04以下	0.05以下	0.30以下	残
1種C	MB1C	2.4〜3.6	0.5〜1.5	0.05〜0.4	—	—	—	—	0.05以下	0.1以下	0.05以下	0.005以下	—	0.05以下	0.30以下	残
2種	MB2	5.5〜6.5	0.50〜1.5	0.15〜0.40	—	—	—	—	0.005以下	0.10以下	0.05以下	0.005以下	—	0.05以下	0.30以下	残
3種	MB3	7.8〜9.2	0.20〜0.8	0.12〜0.40	—	—	—	—	0.005以下	0.10以下	0.05以下	0.005以下	—	0.05以下	0.30以下	残
5種	MB5	—	2.5〜4.0	—	—	0.45〜0.8	—	—	—	—	—	—	—	0.05以下	0.30以下	残
6種	MB6	—	4.8〜6.2	—	—	0.45〜0.8	—	—	—	—	—	—	—	0.05以下	0.30以下	残
8種	MB8	—	—	1.2〜2.0	—	—	—	—	0.10以下	0.05以下	0.01以下	—	—	0.05以下	0.30以下	残
9種	MB9	0.1以下	1.75〜2.3	0.6〜1.3	—	—	—	—	0.06以下	0.10以下	0.1以下	0.005以下	—	0.05以下	0.30以下	残
10種	MB10	0.2以下	6.0〜7.0	0.5〜1.0	—	—	—	—	0.05以下	0.10以下	1.0〜1.5	0.01以下	—	0.05以下	0.30以下	残
11種	MB11	—	0.2以下	0.03以下	1.5〜4.0	0.4〜1.0	4.75〜5.5	0.2以下	0.010以下	0.01以下	0.02以下	0.005以下	—	0.01以下	0.30以下	残
12種	MB12	—	0.2以下	0.03以下	2.4〜4.4	0.4〜1.0	3.7〜4.3	0.2以下	0.010以下	0.01以下	0.02以下	0.005以下	—	0.01以下	0.30以下	残

1) その他の元素は，存在が予知される場合または通常の分析過程において規定を超えるおそれがある場合に限って分析を行う。

表 6.2 マグネシウム合金棒の機械的性質[2]

種類	質別記号[3]	対応ISO質別記号	記号および質別記号	直径 〔mm〕	引張試験 引張強さ 〔N/mm²〕	0.2%耐力 〔N/mm²〕	伸び 〔%〕
1種B	F	F	MB 1 B-F	1 以上 10 以下	220 以上	140 以上	10 以上
1種C			MB 1 C-F	10 を超え 65 以下	240 以上	150 以上	10 以上
2種	F	F	MB 2-F	1 以上 10 以下	260 以上	160 以上	6 以上
				10 を超え 40 以下	270 以上	180 以上	10 以上
				40 を超え 65 以下	260 以上	160 以上	10 以上
3種	F	F	MB 3-F	40 以下	295 以上	195 以上	10 以上
				40 を超え 60 以下	295 以上	195 以上	8 以上
				60 を超え 130 以下	290 以上	185 以上	8 以上
	T 5	T 5	MB 3-T 5	6 以下	325 以上	205 以上	4 以上
				6 を超え 60 以下	330 以上	230 以上	4 以上
				60 を超え 130 以下	310 以上	205 以上	2 以上
5種	F	F	MB 5-F	10 以下	280 以上	200 以上	8 以上
				10 を超え 100 以下	300 以上	225 以上	8 以上
	T 5	T 5	MB 5-T 5	全断面形状	275 以上	255 以上	4 以上
6種	F	F	MB 6-F	50 以下	300 以上	210 以上	5 以上
	T 5	T 5	MB 6-T 5	50 以下	310 以上	230 以上	5 以上
8種	F	F	MB 8-F	10 以下	230 以上	120 以上	3 以上
				10 を超え 50 以下	230 以上	120 以上	3 以上
				50 を超え 100 以下	200 以上	120 以上	3 以上
9種	F	F	MB 9-F	10 以下	230 以上	150 以上	8 以上
				10 を超え 75 以下	245 以上	160 以上	10 以上
10種	F	F	MB 10-F	10 以上 130 以下	250 以上	160 以上	7 以上
	T 6	T 6	MB 10-T 6	10 以上 130 以下	325 以上	300 以上	3 以上
11種	T 5	T 5	MB 11-T 5	10 以上 50 以下	250 以上	170 以上	8 以上
				50 を超え 100 以下	250 以上	160 以上	6 以上
	T 6	T 6	MB 11-T 6	10 以上 50 以下	250 以上	160 以上	8 以上
				50 を超え 100 以下	250 以上	160 以上	6 以上
12種	T 5	T 5	MB 12-T 5	10 以上 50 以下	230 以上	140 以上	5 以上
				50 を超え 100 以下	220 以上	130 以上	5 以上
	T 6	T 6	MB 12-T 6	10 以上 50 以下	220 以上	130 以上	8 以上
				50 を超え 100 以下	220 以上	130 以上	6 以上

2) 機械的性質は，JIS H 0001 に定めている記号，定義および意味による．
3) 質別記号 F の機械的性質は，参考値である．
備考 規定範囲外の直径の棒の機械的性質は，受渡当事者間の協定による．

付1 マグネシウム合金のJIS規格

表7.1 マグネシウム合金押出し形材化学成分

単位：％

種類	記号	化学成分												その他の元素[1]	その他の元素合計[1]	Mg
		Al	Zn	Mn	RE	Zr	Y	Li	Fe	Si	Cu	Ni	Ca			
1種B	MS1A	2.4〜3.6	0.50〜1.5	0.15〜1.0	—	—	—	—	0.005以下	0.10以下	0.05以下	0.005以下	0.04以下	0.05以下	0.30以下	残
1種C	MS1B	2.4〜3.6	0.5〜1.5	0.05〜0.4	—	—	—	—	0.05以下	0.1以下	0.05以下	0.005以下	—	0.05以下	0.30以下	残
2種	MS2	5.5〜6.5	0.50〜1.5	0.15〜0.40	—	—	—	—	0.005以下	0.10以下	0.05以下	0.005以下	—	0.05以下	0.30以下	残
3種	MS3	7.8〜9.2	0.20〜0.8	0.12〜0.40	—	—	—	—	0.005以下	0.10以下	0.05以下	0.005以下	—	0.05以下	0.30以下	残
5種	MS5	—	2.5〜4.0	—	—	0.45〜0.8	—	—	—	—	—	—	—	0.05以下	0.30以下	残
6種	MS6	—	4.8〜6.2	—	—	0.45〜0.8	—	—	—	—	—	—	—	0.05以下	0.30以下	残
8種	MS8	—	—	1.2〜2.0	—	—	—	—	—	0.10以下	0.05以下	0.01以下	—	0.05以下	0.30以下	残
9種	MS9	0.1以下	1.75〜2.3	0.6〜1.3	—	—	—	—	0.06以下	0.10以下	0.1以下	0.005以下	—	0.05以下	0.30以下	残
10種	MS10	0.2以下	6.0〜7.0	0.5〜1.0	—	—	—	—	0.05以下	0.10以下	1.0〜1.5	0.01以下	—	0.05以下	0.30以下	残
11種	MS11	—	0.2以下	0.03以下	1.5〜4.0	0.4〜1.0	4.75〜5.5	0.2以下	0.010以下	0.01以下	0.02以下	0.005以下	—	0.01以下	0.30以下	残
12種	MS12	—	0.2以下	0.03以下	2.4〜4.4	0.4〜1.0	3.7〜4.3	0.2以下	0.010以下	0.01以下	0.02以下	0.005以下	—	0.01以下	0.30以下	残

1) その他の元素は，存在が予知される場合または通常の分析過程において規定を超えるおそれがある場合に限って分析を行う．

表7.2 マグネシウム合金押出し中実形材機械的性質[2]

種類	質別記号[3]	対応ISO質別記号	記号および質別記号	肉厚〔mm〕	引張強さ〔N/mm²〕	0.2%耐力〔N/mm²〕	伸び〔%〕
1種B	F	F	MS 1 B-F	1以上10以下	220以上	140以上	10以上
1種C			MS 1 C-F	10を超え65以下	240以上	150以上	10以上
2種	F	F	MS 2-F	1以上10以下	260以上	160以上	6以上
				10を超え40以下	270以上	180以上	10以上
				40を超え65以下	260以上	160以上	10以上
3種	F	F	MS 3-F	40以下	295以上	195以上	10以上
				40を超え60以下	295以上	195以上	8以上
				60を超え130以下	290以上	185以上	8以上
	T5	T5	MS 3-T 5	6以下	325以上	205以上	4以上
				6を超え60以下	330以上	230以上	4以上
				60を超え130以下	310以上	205以上	2以上
5種	F	F	MS 5-F	10以下	280以上	200以上	8以上
				10を超え100以下	300以上	225以上	8以上
	T5	T5	MS 5-T 5	全断面形状	275以上	255以上	4以上
6種	F	F	MS 6-F	50以下	300以上	210以上	5以上
	T5	T5	MS 6-T 5	50以下	310以上	230以上	5以上
8種	F	F	MS 8-F	10以下	230以上	120以上	3以上
				10を超え50以下	230以上	120以上	3以上
				50を超え100以下	200以上	120以上	3以上
9種	F	F	MS 9-F	10以下	230以上	150以上	8以上
				10を超え75以下	245以上	160以上	10以上
10種	F	F	MS 10-F	10以上130以下	250以上	160以上	7以上
	T6	T6	MS 10-T 6	10以上130以下	325以上	300以上	3以上
11種	T5	T5	MS 11-T 5	10以上50以下	250以上	170以上	8以上
				50を超え100以下	250以上	160以上	6以上
	T6	T6	MS 11-T 6	10以上50以下	250以上	160以上	8以上
				50を超え100以下	250以上	160以上	6以上
12種	T5	T5	MS 12-T 5	10以上50以下	230以上	140以上	5以上
				50を超え100以下	220以上	130以上	5以上
	T6	T6	MS 12-T 6	10以上50以下	220以上	130以上	8以上
				50を超え100以下	220以上	130以上	6以上

2) 機械的性質は,JIS H 0001 に定めている記号,定義および意味による.
3) 質別記号Fの機械的性質は,参考値である.
備考 規定範囲外の肉厚の形材の機械的性質は,受渡当事者間の協定による.

表7.3 マグネシウム合金押出し中空形材の機械的性質

種類	質別記号[3]	対応ISO質別記号	記号および質別記号	肉厚〔mm〕	引張試験		
					引張強さ〔N/mm²〕	0.2%耐力〔N/mm²〕	伸び〔%〕
1種B 1種C	F	F	MS 1 B-F MS 1 C-F	1以上10以下	220以上	140以上	10以上
2種	F	F	MS 2-F	1以上10以下	260以上	150以上	10以上
3種	F	F	MS 3-F	10以下	295以上	195以上	7以上
5種	T 5	T 5	MS 5-T 5	全断面形状	275以上	255以上	4以上
6種	F	F	MS 6-F	全断面形状	275以上	195以上	5以上
	T 5	T 5	MS 6-T 5	全断面形状	315以上	260以上	4以上
8種	F	F	MS 8-F	2以下 2を超え	225以上 200以上	165以上 145以上	2以上 1.5以上
9種	F	F	MS 9-F	10以下 10を超え75以下	230以上 245以上	150以上 160以上	8以上 10以上

備考　規定範囲外の肉厚の形材の機械的性質は，受渡当事者間の協定による。

表 8.1 マグネシウム合金鋳物の化学成分

単位：％

種類	記号	化学成分												Mg
		Al	Zn	Zr	Mn	RE[1]	Y	Ag	Si	Cu	Ni	Fe	その他 各不純物	その他不 純物合計	
鋳物1種	MC 1	5.3 ~6.7	2.5 ~3.5	—	0.15 ~0.35	—	—	—	0.30 以下	0.25 以下	0.01 以下	—	—	0.30 以下	残部
鋳物2種C	MC 2 C	8.1 ~9.3	0.40 ~1.0	—	0.13 ~0.35	—	—	—	0.30 以下	0.10 以下	0.01 以下	—	—	0.30 以下	残部
鋳物2種E	MC 2 E	8.1 ~9.3	0.40 ~1.0	—	0.17 ~0.35	—	—	—	0.20 以下	0.015 以下	0.0010 以下	0.005 以下[2]	0.01 以下	0.30 以下	残部
鋳物3種	MC 3	8.0 ~10.0	1.5 ~2.5	—	0.10 ~0.5	—	—	—	0.3 以下	0.20 以下	0.01 以下	0.05 以下	—	0.30 以下	残部
鋳物5種	MC 5	9.3 ~10.7	0.3 以下	—	0.10 ~0.35	—	—	—	0.30 以下	0.10 以下	0.01 以下	—	—	0.30 以下	残部
鋳物6種	MC 6	—	3.5 ~5.5	0.40 ~1.0	—	—	—	—	—	0.10 以下	0.01 以下	—	—	0.30 以下	残部
鋳物7種	MC 7	—	5.5 ~6.5	0.60 ~1.0	—	—	—	—	—	0.10 以下	0.01 以下	—	—	0.30 以下	残部
鋳物8種	MC 8	—	2.0 ~3.1	0.50 ~1.0	—	2.5 ~4.0	—	—	—	0.10 以下	0.01 以下	—	—	0.30 以下	残部
鋳物9種	MC 9	—	0.2 以下	0.4 ~1.0	—	1.8 ~2.8	—	2.0 ~3.0	—	0.10 以下	0.01 以下	—	—	0.30 以下	残部
鋳物10種	MC 10	—	3.5 ~5.0	0.40 ~1.0	—	0.75 ~1.75	—	—	—	0.10 以下	0.01 以下	—	—	0.30 以下	残部
鋳物11種	MC 11	—	5.5 ~6.5	—	0.25 ~0.75	—	—	—	0.20 以下	2.4 ~3.0	0.01 以下	—	—	0.30 以下	残部
鋳物12種	MC 12	—	0.20 以下	0.40 ~1.0	0.15 以下	2.4 ~4.4	3.7 ~4.3	—	0.01 以下	0.03 以下	0.005 以下	0.01 以下	0.2 以下	0.3 以下	残部
鋳物13種	MC 13	—	0.20 以下	0.40 ~1.0	0.15 以下	1.5 ~4.0	4.75 ~5.5	—	0.01 以下	0.03 以下	0.005 以下	—	0.20 以下	0.30 以下	残部
鋳物 ISO 1種	—	5.00 ~7.0	2.0 ~3.5	—	0.10 ~0.5	—	—	—	0.3 以下	0.2 以下	0.01 以下	0.05 以下	—	—	残部
鋳物 ISO 2種A	—	7.0 ~9.5	0.3 ~2.0	—	0.15 以上	—	—	—	0.5 以下	0.35 以下	0.02 以下	0.05 以下	—	—	残部
鋳物 ISO 2種B	—	7.50 ~9.0	0.2 ~1.0	—	0.15 ~0.6	—	—	—	0.3 以下	0.2 以下	0.01 以下	0.05 以下	—	—	残部
鋳物 ISO 3種	—	8.3 ~10.3	0.2 ~1.0	—	0.15 ~0.6	—	—	—	0.3 以下	0.2 以下	0.01 以下	0.05 以下	—	—	残部
鋳物 ISO 4種	—	—	0.8 ~3.0	0.40 ~1.0	—	2.5 ~4.0	—	—	—	0.10 以下	0.01 以下	—	0.30 以下	—	残部

1) RE は，希土類元素である．
2) 受渡当事者間の協定により，Fe と Mn 含有量の比が 0.032 を超えなければ，Fe の含有量が 0.005 ％を超えてもよい．

備考　1. この表に規定する以外の有害な不純物があると認められるときは，受渡当事者間の協定により，その不純物の許容限度を規定することができる．
　　　2. 8種，10種の RE は，主としてセリウム Ce である．
　　　3. 9種の RE は，ネオジウム Nd が 70 ％以上，残りの大部分はプラセオジウム Pr であるジジム金属 Di (Didymium Metal) である．
　　　4. 12, 13種の RE は，主としてネオジウム Nd と重希土類である．

付1 マグネシウム合金のJIS規格　245

表8.2 マグネシウム合金鋳物の機械的性質

種類	記号	質別	引張試験 引張強さ [N/mm²]	引張試験 耐力 [N/mm²]	引張試験 伸び [%]	参考[1),2)] 溶体化処理 温度±6[℃]	参考[1),2)] 溶体化処理 最高温度[℃]	参考[1),2)] 溶体化処理 時間[h]	参考[1),2)] 時効硬化処理 温度±6[℃]	参考[1),2)] 時効硬化処理 時間[h]
鋳物1種	MC1-F	鋳造のまま	180以上	70以上	4以上	—	—	—	—	—
	MC1-T4	溶体化処理	240以上	70以上	7以上	385	391	10〜14	—	—
	MC1-T5	時効硬化処理	180以上	80以上	2以上	—	—	—	260	4
									232	5
	MC1-T6	溶体化処理後時効硬化処理	240以上	110以上	3以上	385	391	10〜14	218	5
									232	5
鋳物2種C	MC2C-F	鋳造のまま	160以上	70以上	—	—	—	—	—	—
	MC2C-T4	溶体化処理	240以上	70以上	7以上	413[3)]	418	16〜24	—	—
	MC2C-T5	時効硬化処理	160以上	80以上	2以上	—	—	—	168	16
									216	4
	MC2C-T6	溶体化処理後時効硬化処理	240以上	110以上	3以上	413[3)]	418	16〜24	168	16
									216	5〜6
鋳物2種E	MC2E-F	鋳造のまま	160以上	70以上	—	—	—	—	—	—
	MC2E-T4	溶体化処理	240以上	70以上	7以上	413[3)]	418	16〜24	—	—
	MC2E-T5	時効硬化処理	160以上	80以上	2以上	—	—	—	168	16
									216	4
	MC2E-T6	溶体化処理後時効硬化処理	240以上	110以上	3以上	413[3)]	418	16〜24	168	16
									216	5〜6
鋳物3種	MC3-F	鋳造のまま	140以上	75以上	1以上	—	—	—	—	—
	MC3-T4	溶体化処理	230以上	75以上	6以上	407[4)]	413	16〜24	—	—
	MC3-T5	時効硬化処理	160以上	80以上	—	—	—	—	260	4
	MC3-T6	溶体化処理後時効硬化処理	235以上	110以上	1以上	407[4)]	413	16〜24	218	5
鋳物5種	MC5-F	鋳造のまま	140以上	70以上	—	—	—	—	—	—
	MC5-T4	溶体化処理	240以上	70以上	6以上	424[3)]	432	16〜24	—	—
	MC5-T5	時効硬化処理	160以上	80以上	—	—	—	—	232	5
	MC5-T6	溶体化処理後時効硬化処理	240以上	110以上	2以上	424[3)]	432	16〜24	232	5
鋳物6種	MC6-T5	時効硬化処理	235以上	140以上	4以上	—	—	—	177[5)]	12
鋳物7種	MC7-T5	時効硬化処理	270以上	180以上	5以上	—	—	—	149	48
	MC7-T6	溶体化処理後時効硬化処理	275以上	180以上	4以上	499[6)]	502	2	129	48
鋳物8種	MC8-T5	時効硬化処理	140以上	100以上	2以上	—	—	—	175	16
鋳物9種	MC9-T6	溶体化処理後時効硬化処理	240以上	175以上	2以上	525[7)]	538	4〜8	204	8

表 8.2 （つづき）

種類	記号	質別	引張試験 引張強さ $[N/mm^2]$	引張試験 耐力 $[N/mm^2]$	引張試験 伸び $[\%]$	参考[1],[2] 溶体化処理 温度±6[℃]	参考[1],[2] 溶体化処理 最高温度[℃]	参考[1],[2] 溶体化処理 時間[h]	参考[1],[2] 時効硬化処理 温度±6[℃]	参考[1],[2] 時効硬化処理 時間[h]
鋳物10種	MC10-T5	時効硬化処理	200 以上	135 以上	2 以上	—	—	—	329[8]	2
鋳物11種	MC11-T6	溶体化処理後時効硬化処理	190 以上	125 以上	2 以上	440[7]	445	4～8	200	16
鋳物12種	MC12-T6	溶体化処理後時効硬化処理	220 以上	170 以上	2 以上	527[7]	535	4～8	250	16
鋳物13種	MC13-T6	溶体化処理後時効硬化処理	255 以上	175 以上	2 以上	527[7]	535	4～8	250	16
鋳物ISO 1種	MgAl 6 Zn 3-M	鋳造のまま	160 以上	75 以上	3 以上	—	—	—	—	—
鋳物ISO 2種A	MgAl 8 Zn 1-M	鋳造のまま	140 以上	75 以上	—	—	—	—	330	2
鋳物ISO 2種B	MgAl 8 Zn-M	鋳造のまま	140 以上	75 以上	1 以上	—	—	—	—	—
	MgAl 8 Zn-TB	溶体化処理	230 以上	75 以上	6 以上	413	418	16～24	—	—
	MgAl 8 Zn-TF	溶体化処理後時効硬化処理	235 以上	95 以上	2 以上	413	—	—	330	2
鋳物ISO 3種	MgAl 9 Zn-M	鋳造のまま	140 以上	75 以上	1 以上	—	—	—	—	—
	MgAl 9 Zn-TB	溶体化処理	230 以上	75 以上	6 以上	413	418	16～24	215	4
	MgAl 9 Zn-TF	溶体化処理後時効硬化処理	235 以上	110 以上	1 以上	413	418	16～24	168	16
鋳物ISO 4種	MgRE2Zn 2 Zr-TE	時効硬化処理	140 以上	95 以上	2 以上	—	—	—	330	2

1) 溶体化処理後の鋳物は，強制空冷により室温まで冷却する．他の条件が設定される場合には除く．400℃以上で保護雰囲気となる CO_2, SO_2 または 0.5～1.5% SF_6 を添加した CO_2 などを使用する．
2) Mg-Al-Zn 合金系の溶体化処理においては，260℃の熱処理炉で昇温を溶体化温度まで2時間かけて行う必要がある．
3) 結晶の粗大化を防止するために，413±6℃ 6時間，352±6℃ 2時間，413±6℃ 10時間の処理を行ってもよい．
4) 結晶の粗大化を防止するために，407±6℃ 6時間，352±6℃ 2時間，407±6℃ 10時間の処理を行ってもよい．
5) 218±6℃ 8時間でもよい．
6) 482±6℃ 10時間でもよい．
7) 65℃の温水または，他の媒体で冷却する．
8) 既定の機械的性質が得られない場合は，177℃で16時間の処理を追加してもよい．

付1 マグネシウム合金のJIS規格

表9.1 マグネシウム合金ダイカストの化学成分

単位：％

種類	記号	化学成分								
		Al	Zn	Mn	Si	Cu	Ni	Fe	その他 各不純物	Mg
1種B	MDC1B	8.3〜9.7	0.35〜1.0	0.13〜0.50	0.50以下	0.35以下	0.03以下	—	—	残部
1種D	MDC1D	8.3〜9.7	0.35〜1.0	0.15〜0.50	0.10以下	0.030以下	0.002以下	0.005以下	0.02以下	残部
2種B	MDC2B	5.5〜6.5	0.22以下	0.24〜0.6	0.10以下	0.010以下	0.002以下	0.005以下	0.02以下	残部
3種B	MDC3B	3.5〜5.0	0.12以下	0.35〜0.7	0.50〜1.5	0.02以下	0.002以下	0.0035以下	0.02以下	残部
4種	MDC4	4.4〜5.4	0.22以下	0.26〜0.6	0.10以下	0.010以下	0.002以下	0.004以下	0.02以下	残部
ISO 1種A	—	7.0〜9.5	0.3〜2.0	0.15以上	0.5以下	0.35以下	0.02以下	0.05以下	—	残部
ISO 1種B	—	7.5〜9.0	0.2〜1.0	0.15〜0.6	0.3以下	0.2以下	0.01以下	0.05以下	—	残部
ISO 2種	—	8.3〜10.3	0.2〜1.0	0.15〜0.6	0.3以下	0.2以下	0.01以下	0.05以下	—	残部
ISO 3種	—	8.0〜10.0	1.5〜2.5	0.10〜0.5	0.3以下	0.2以下	0.01以下	0.05以下	—	残部

表9.2 マグネシウム合金ダイカストの機械的性質（ASTM B94-94）

記号	機械的性質		
	引張強さ〔MPa〕	耐力〔MPa〕	伸び〔％〕
AZ91B AZ91D	230	160	3
AM50A	200	110	10
AM60B	220	130	8
AS41B	210	140	6

付2 マグネシウム材料規格対照表

マグネシウムに関する材料規格を以下に紹介する．また，関連する規格の出典は，つぎのとおりである．

① JIS：JIS規格
② ASTM：American Society of Testing and Materials
③ UNS：Unified Numbering System，ASTM Standerd Practice E 527
④ CEN：Europian Committee for Standardization
⑤ ISO：International Organization for Standardization
⑥ DIN：German National Standerds
⑦ BS：British Standards Institute
⑧ NF：French National Standard Association

(1) 純マグネシウム地金規格対照表

JIS規格	ASTM	UNS	CEN EN 12421	ISO	DIN
H 2150 特1種 MIS 1	9998 A	M 19998	EN-MB 10031	—	—
1種 MI 1	9995 A	M 19995	EN-MB 10030 EN-MB 10031	Mg-99.95 A Mg-99.95 B	3.500 2/H-Mg 99.95
2種 MI 2	9990 A 9990 B	M 19990 M 19991	—	—	—
3種 MI 3	9980 A 9980 B	M 19980 M 19981	EN-MB 10021 EN-MB 10020	Mg-99.80 A Mg-99.80 B	
—	—	—	EN-MB 10010	Mg-99.5	

(2) ダイカスト用マグネシウム合金地金規格対照表

JIS規格	ASTM	UNS	CEN EN 1753	ISO 16220
MD 1 B	AZ 91 B	M 11913		
MD 1 D	AZ 91 D	M 11917	EN-MB 21120	MgAl 9 Zn 1 (A)
MD 2 B	AM 60 B	M 10603	EN-MB 21230	MgAl 6 Mn
MD 3 B	AS 41 B	M 10413	EN-MB 21320	MgAl 4 Si
MD 4	AM 50 A	M 10501	EN-MB 21220	MgAl 5 Mn
ISO 地金1種 A				MgAl 8 Zn 1
ISO 地金1種 B			EN-MB 21110	MgAl 8 Zn
ISO 地金2種			EN-MB 21121	MgAl 9 Zn 1 (B)
ISO 地金3種				MgAl 9 Zn 2

（3） 鋳物用マグネシウム合金地金規格対照表

JIS規格	ASTM	UNS	CEN EN 1753	ISO 16220
MCI 1	AZ 63 A	M 11631		
MCI 2 C	AZ 91 C	M 11915	EN-MB 21121	
MCI 2 E	AZ 91 E	M 11918	EN-MB 21220	
MCI 3	AZ 92 A	M 11921		MgAl 9 Zn 2
MCI 5	AM 100 A	M 10101		
MCI 6	ZK 51 A	M 16511		
MCI 7	ZK 61 A	M 16611		
MCI 8	EZ 33 A	M 12331	EN-MB 65120	
MCI 9	QE 22 A	M 18221	EN-MB 65210	
MCI 10	ZE 41 A	M 16411	EN-MB 35110	
MCI 11	ZC 63 A	M 16331	EN-MB 32110	
MCI 12	WE 43 A	M 18430	EN-MB 95320	
MCI 13	WE 54 A	M 18410	EN-MB 95310	
ISO 地金 1 種				MgAl 6 Zn 3
ISO 地金 2 種 A			EN-MB 21110	MgAl 8 Zn 1
ISO 地金 2 種 B				MgAl 8 Zn
ISO 地金 3 種				MgAl 9 Zn

（4） マグネシウム合金ダイカスト規格対照表

JIS規格	ASTM	UNS	CEN EN 1753	ISO 16220
MDC 1 B	AZ 91 B	M 11912	EN-MC 21121	
MDC 1 D	AZ 91 D	M 11916	EN-MC 21120	
MDC 2 B	AM 60 B	M 10602	EN-MC 21230	
MDC 3 B	AS 41 B	M 10412	EN-MC 21320	
MDC 4	AM 50 A	M 10500	EN-MC 21220	
ISO 1 種 A			EN-MC 21110	MgAl 8 Zn 1
ISO 1 種 B				MgAl 8 Zn
ISO 2 種				MgAl 9 Zn
ISO 3 種				MgAl 9 Zn 2

(5) マグネシウム合金鋳物規格対照表

JIS規格	ASTM	UNS	CEN EN 1753	ISO 16220	DIN1729	BS 2970
MC 1	AZ 63 A	M 11631			MgAl6Zn3	
MC 2 C	AZ 91 C	M 11915	EN-MC 21121	MgAl 9 Zn 1(B)	MgAl9Zn1	MAG 7 C, AZ 91
MC 2 E	AZ 91 E	M 11918	EN-MC 21220	MgAl 9 Zn 1(A)		
MC 3	AZ 92 A	M 11921			MgAl9Zn2	
MC 5	AM 100 A	M 10101				
MC 6	ZK 51 A	M 16511				MAG 4 Mg-Zn 4.5 Zr
MC 7	ZK 61 A	M 16611				
MC 8	EZ 33 A	M 12331	EN-MC 65120	MgRE 3 Zn 2 Zr	MgSE3Zn2Zr1	MAG 6 ZRE 1
MC 9	QE 22 A	M 18221	EN-MC 65210	MgAg 3 RE 2 Zr	MgAg3SE2Zr1	MAG 12 MSR
MC 10	ZE 41 A	M 16411	EN-MC 35110	MgZn 4 RE 1 Zr	MgZn4SE1Zr1	MAG 5 Mg-Zn 4 REZr
MC 11	ZC 63 A	M 16331	EN-MC 32110	MgZn 6 Cu 3 Mn		
MC 12	WE 43 A	M 18430	EN-MC 95320	MgY 4 RE 3 Zr		
MC 13	WE 54 A	M 18410	EN-MC 95310	MgY 5 RE 4 Zr		MAG 14 WE 54
ISO 1 種				MgAl 6 Zn 3		
ISO 2 種 A		M 11810	EN-MC 21110	MgAl 8 Zn 1	MgAl8Zn1	
ISO 2 種 B		M 11800		MgAl 8 Zn		MAG 1 Al 8 ZnMn MAG 2 Al 8 ZnMn
ISO 3 種				MgAl 9 Zn		
ISO 4 種				MgRE 2 Zn 2 Zr		

(6) マグネシウム合金展伸材規格対照表

JIS規格	ASTM	UNS	ISO 3116	DIN 1729	BS 3370, 3372, 3373	NF
MP1B, MT1B, MB1B, MS1B MP1C, MT1C, MB1C, MS1C	AZ 31 B	M 11311	MgAl3Zn1 (A)	MgAl 3 Zn	MAG-110 Al 3 Zn 1 Mn	G-A3Z1
MT 2, MB 2, MS 2	AZ 61 A	M 11610	MgAl 6 Zn 1	MgAl 6 Zn	MAG-121 Al 6 Zn 1 Mn	G-A6Z1
MB 3, MS 3	AZ 80 A	M 11800	MgAl 8 Zn	MgAl 8 Zn		
MP5, MT5, MB 5, MS5	ZK 40 A	M 16400	MgZn 3 Zr		MAG-151 Zn 3 Zr	
MT 6, MB 6, MS 6	ZK 60 A	M 16600	MgZn 6 Zr	MgZn 6 Zr	MAG-161 Zn 6 Zr	
MP 7	AZ 21 A	M 11210				
MT 8, MB 8, MS 8			MgMn 2			
MP9, MT9, MB9, MS9			MgZn 2 Mn 1		MAG-131 Zn 2 Mn	
MB 10, MS 10	ZC 71 A		MgZn 7 Cu 1			
MB 11, MS 11	WE 54 A		MgY 5 RE 4 Zr			
MB 12, MS 12	WE 43 A		MgY 4 RE 3 Zr			

引用・参考文献

〔第1章〕
1.1
1) 日本マグネシウム協会：マグネシウム技術便覧，カロス出版（2000）
2) 諸住正太郎：鎂の歴史，日本マグネシウム協会
3) 根本茂：初歩から学ぶマグネシウム，工業調査会（2002）

〔第2章〕
2.1
1) 国立天文台編：理科年表（平成16年版），p.362, 369, 丸善（2003）
2) 日本マグネシウム協会：マグネシウム技術便覧，p.235, カロス出版（2000）
3) 国立天文台編：理科年表（平成16年版），p.393, 丸善（2003）
4) O.Kubaschewski and E.Evans：Metallurgical Thermochemistry（1958）
5) 西角善廣：マグネシウムマニュアル1996, p.9, 日本マグネシウム協会（1996）
6) 小島 陽：マグネシウム技術便覧，日本マグネシウム協会編，p.58, カロス出版（2000）
7) 国立天文台編：理科年表（平成16年版），p.403, 丸善（2003）
8) 小島 陽：マグネシウム技術便覧，日本マグネシウム協会編，p.60, カロス出版（2000）
9) 根本 茂：マグネシウム，p.67, 工業調査会（2002）
10) 日本マグネシウム協会のホームページ：http://www.kt.rim.or.jp/~ho01-mag/ （2003年8月31日現在）
11) （社）日本アルミニウム協会のホームページ：http://www.aluminum.or.jp/ （2003年8月31日現在）
12) 神戸製鋼・神戸チタンのホームページ：http://www.kobelco.co.jp/titan/feature.htm （2003年8月31日現在）
13) 国立天文台編：理科年表（平成16年版），p.494, 丸善（2003）

14) 井上　誠，岩井正雄，松澤和夫，鎌土重晴，小島　陽：軽金属，48巻4号，p.174 (1998)
15) J.P.Hanawalt, C.E.Nelson and J.A.Peloubet：Trans. AIME, vol.147, p.273 (1942)
16) 西角善廣：マグネシウムマニュアル1996，p.15，日本マグネシウム協会 (1996)
17) 日本金属学会編：結晶の塑性，p.59，丸善 (1977)
18) 吉永日出男：金属物理，10，p.91 (1963)
19) H.Yoshinaga and R.Horiuchi：Trans.JIM, 4, p.134 (1963)
20) 高橋　昇，浅田千秋，鎌田重夫：金属材料学，p.45，森北出版 (1971)
21) H.Yoshinaga and R.Horiuchi：Trans.JIM, 4, p.1 (1963)
22) J.C.McDonald：Trans.AIME, 137, p.430 (1940)
23) E.I.Emley：Principles of Magnesium Technology, p.501, Pergamon Press (1966)
24) 阿部喜佐男，師岡利政，中村幸吉，斉藤和夫：金属材料加工学，p.235，共立出版 (1966)
25) ASM：Phase Diagram of Binary Magnesium Alloys, p.184, ASM International (1988)
26) 小島　陽，井上　誠，丹野　敦：日本金属学会誌，54，p.354 (1990)
27) H.Takuda, S.Kikuchi, S.Tsukada, K.Kubota and N.Hatta：Mater.Sci. Eng.A, 271, p.251 (1999)
28) H.Sato, K.Maruyama and H.Oikawa：Aluminum Alloys, Their Physical and Mechanical Properties, p.1355, The Japan Institute of Light Metals (1998)
29) 日本マグネシウム協会：マグネシウム技術便覧，p.125，カロス出版 (2000)
30) 田中良平：制振材料－田中良平編，p.14，日本規格協会 (1992)
31) 三浦憲司：制振材料－田中良平編，p.41，日本規格協会 (1992)
32) 国立天文台編：理科年表（平成16年版），pp.486-490，丸善 (2003)

2.2

1) M.M.Avedesian and H.Baker：ASM Specialty Handbook "Magnesium and Magnesium Alloys", ASM International (1999)
2) 佃　誠，高田与男：自動車軽量化技術資料集成【材料】編，p.334，フジテクノシステム (1980)

3) E.F.Emley：Principles of Magnesium Technology, p.945, Pergamon Press (1966)
4) 鎌土重晴，小島　陽：日本金属学会報「まてりあ」，第35巻11号，pp.1171-1176（1996）
5) 日本マグネシウム協会編：マグネシウム技術便覧　カロス出版（2000）
6) 日本規格協会編：JISハンドブック非鉄（2003）
7) Robert S.Busk 著：マグネシウム製品設計　軽金属協会編（1988）
8) 斉藤定雄著：現場技術者のためのマグネシウム技術入門　軽金属協会編（1988）
9) (社)日本アルミニウム協会，日本マグネシウム協会編：マグネシウム合金製構造部材の設計に資するデータ整理（2000）
10) ASM Specialty Handbook Magnesium and Magnesium Alloys, ASM International (1999)
11) A.P.Druschitz, et al.：Magnesium Technology 2002, ed. by H.I.Kaplan, TMS, pp.117-122 (2002)
12) D.Argo, et al.：Magnesium Technology 2002, ed. by H.I.Kaplan, TMS, pp.87-93 (2002)
13) F.V.Buch, et al.：Magnesium Technology 2002, ed. by H.I.Kaplan, TMS, pp.61-67 (2002)
14) 鈴木敦也，後閑康裕，I.A.Anyanwu，鎌土重晴，小島　陽，武田　秀，石田武敏：軽金属学会第104回春期大会講演概要，pp.223-224（2003）
15) I.A.Anyanwu, Y.Gokan, S.Nozawa, A.Suzuki, S.Kamado, Y.Kojima, S.Takeda and T.Ishida：vol.44, No.4, pp.562-570 (2003)
16) 吉田　雄，新井啓太，伊藤正太，鎌土重晴，小島　陽，小池淳一：日本金属学会2003年秋期（第133回）大会講演概要，p.171（2003）
17) Y.Kawamura, K.Hayashi, A.Inoue and T.Masumoto：Materials Transactions, vol.42, No.7, pp.1172-1176 (2001)
18) E.Abe, Y.Kawamura, K.Hayashi and A.Inoue：Acta Metallurgica et Materialia, vol.50, pp.3845-3857 (2002)
19) K.Kondoh, H.Oginuma, R.Tuzuki and T.Aizawa：Materials Transactions, vol.44, No.4, pp.611-618 (2003)
20) K.Kondoh, H.Oginuma and T.Aizawa：Materials Transactions, vol.44, No.4, pp.524-530 (2003)

〔第3章〕

3.1
1) 崔　祺，大堀紘一：軽金属　vol.52，No.4，p.185（2002）
2) 塚本頴彦，山本恵一，高谷英明：塑性と加工　vol.42，No.484，p.426（2001）
3) 日本工業規格　JIS H 4201：1998
4) 八木芳郎，福田正人，田部明芳，西村　孝：神戸製鋼技報，vol.32，p 48

3.2
1) S.Shuman, H.Friedrich：Proceeding of the Osaka International Conference on Platform Science and Technology for Advanced Magnesium Alloys 2003 Part II, pp.51-56 (2003)
2) S.Yanagimoto et al.：International Magnesium Association Conference, p.58 (1987)
3) 伊藤　茂：軽金属，53-6，pp.272-278（2003）
4) J.W.Hanawalt, C.E.Nelson, J.A.Peloubet：Trans.AIME. vol.147, p.273 (1942)
5) 麻生柳雄，宮本　進，村井　勉，沖　善成，松岡信一，佐野秀男：軽金属学会第100回大会講演概要集，pp.309-310（2001）
6) 村井　勉・松岡信一・宮本　進・沖　善成：軽金属，51-10，pp.539-543（2001）
7) 日本塑性加工学会編：押出し加工，p.2（1992）
8) 日本塑性加工学会編：押出し加工，p.15（1992）
9) 村井　勉：マグネシウム合金押出技術の現状，カロス出版，アルトピア，pp.9-15，2（2002）
10) 日本塑性加工学会編：押出し加工，p.42（1992）
11) 村井　勉・松岡信一・宮本　進・沖　善成・永尾誠一・佐野秀男：軽金属，53-1，pp.27-31（2003）
12) Howard Glicken：Proceedings of International Aluminum Extrusion Technology Seminor, vol.II, pp.143-143 (1977)
13) 高辻則夫・松木賢司・會田哲夫・室谷和雄・村上　哲・政　誠一・泉　省二：軽金属学会第101回大会講演概要集，pp.307-308（2001）
14) 高辻則夫・松木賢司・會田哲夫・室谷和雄・村上　哲・政　誠一・正保　順：軽金属学会第100回大会講演概要集，pp.267-268（2001）
15) 松岡信一・村井　勉・鈴木幸徳・宮本　進・沖　善成：日本塑性加工学会

平成13年度塑性加工春季講演会講演論文集，pp.227-228（2001）

3.3
1) 日本塑性加工学会編：引抜き加工　初版，22，131（1994）
2) 大石幸広ほか：SEI テクニカルレビュー 162，57（2003）
3) 村上　雄：軽金属 52-11，536（2002）
4) 河部　望：軽量化・高性能化材料に関する技術講習会，41（2003）
5) 大石幸広ほか：日本金属学会秋期大会講演概要，390（2003）

〔第4章〕
4.1
1) ASM：Metals Handbook (9th edition), 14, p.460 (1988)
2) 古閑伸裕・羽斗一成・R.Paisarn：軽金属，51-9，pp.452-456（2001-09）
3) 古閑伸裕：軽金属，50-1，pp.18-22（2000-01）
4) 日本塑性加工学会編：塑性加工技術シリーズ12　せん断加工，pp.68-74，89-95，コロナ社（1992）
5) 村川正夫・大川陽康・古閑伸裕・鈴木　清・中川威雄：塑性と加工，26-288，pp.81-86（1985-01）
6) 日本塑性加工学会編：塑性加工技術シリーズ12　せん断加工，pp.85-89，コロナ社（1992）
7) 中村虎一・容貝昌幸：塑性と加工，4-29，pp.387-395（1963-06）
8) 中川威雄・吉田清太：塑性と加工，10-104，pp.665-671（1969-09）
9) C.Weissmantel, K.Bewilogua, D.Dietrich, H.J.Erler, H.J.Hinneberg, S.Klose, W.Nowick & G.Resse：Thin Solid Films, 72, pp.19-31 (1980)
10) 古閑伸裕・羽斗一成・R.Paisarn：平14塑加春講論集，pp.19-20（2002-05）

4.2
1) 日本塑性加工学会：曲げ加工，p.1，コロナ社（1995）
2) 日本塑性加工学会：最新塑性加工要覧　第2版，p.280，コロナ社（2000）
3) 長谷川　収，真鍋健一，西村　尚：軽金属，52，pp.298-302（2002-07）

4.3
1) 菅又　信，金子純一，沼　政弘：塑性と加工，41-470，p.233（2000）
2) 菅又　信：塑性加工学会　第136回塑性加工技術セミナー「AZマグネシウム合金プレス加工の現状」テキスト（2000）
3) R.S.Busk：マグネシウム製品設計，p.252，軽金属協会マグネシウム委員

会（1982）

4.4

1) 西村　尚・川上芳正・宮川松男：塑性と加工，16-177, pp.955-962（1975）
2) 軽金属協会マグネシウム委員会：マグネシウムの製品設計，p.111, 軽金属協会（1988）
3) 日本マグネシウム協会：マグネシウム技術便覧，pp.275-276, カロス出版（2000）
4) 渡利久規・羽賀俊雄・浜野秀光・伊澤　悟：平15塑加春講論集，pp.243-244（2003-05）
5) 金子純一・菅又　信・沼　政弘・西川泰久・高田秀男：金属学会誌，64, pp.141-147（2000-2）
6) 渡辺博行・向井敏司・鈴木佳介・清水　亨：軽金属，53-2, pp.50-54（2003-02）
7) 大年和徳・長山和史・勝田基嗣：軽金属，53-6, pp.239-244（2003-06）
8) 軽金属協会マグネシウム委員会：マグネシウム合金展伸材の標準性質の測定に関する研究，p.34, 軽金属協会（1962）
9) 古閑伸裕：塑性と加工，44-506, pp.56-61（2003-3）
10) 古閑伸裕：プレス技術，40-3, pp.26-29, 日刊工業新聞社（2002-03）
11) R.Paisarn・田川省吾・古閑伸裕：軽金属，53-4, pp.152-156（2003-04）
12) 古閑伸裕・R.Paisarn：軽金属，51-9, pp.441-445（2001-09）
13) 木村茂樹：プレス技術，41-9, p.34, 日刊工業新聞社（2003-09）
14) 日本塑性加工学会編：わかりやすいプレス加工，p.83, 日刊工業新聞社（2000）
15) 鈴木洋次：Mg合金板の対向液圧成形，第136回塑性加工技術セミナーテキスト，pp.29-31, 日本塑性加工学会（2001-06）

4.5

1) 軽金属協会：アルミニウム技術便覧，pp.655-665, 軽金属出版
2) 編集部：アルミニウム鍛造用プレス，アルトピア，pp.19-21（1996）
3) 加藤健三：金属塑性加工学，pp.85-91, 丸善株式会社（1971）
4) 軽金属協会：アルミニウム鋳鍛造便覧，pp.1055-1097, カロス出版
5) マグネシウム協会：マグネシウム技術便覧，pp.251-269, カロス出版
6) 関口常久：アルミニウムの鍛造，軽金属，44, pp.741-759（1994）
7) Robert S.Busk：マグネシウム製品設計，p.224, 軽金属協会
8) 森永卓一，高橋恒夫：軽金属の鍛造，p.115, 軽金属出版（1982）

9) 濱　葆夫，渡辺　洋：薄肉マグネシウムの熱間鍛造技術の開発，軽金属，51，pp.514-515，軽金属学会，ほか（2001）

4.6
1) 日本塑性加工学会編：スピニング加工技術，日本工業新聞社（1984-9）
2) 日本スピンドル技報；スピニングの加工事例（1994-No.38）
3) マグネシウム合金の成形（塑性）加工の現状と今後の展望：軽金属学会（2001-10）
4) 第213回塑性加工シンポジウム「これからのマグネシウム合金」：日本塑性加工学会（2002-7）

4.7
1) 日本規格協会：日本工業規格，金属系超塑性材料用語，JIS H 7007（1995）
2) H.Yoshinaga and R.Horiuchi：Trans.JIM, 5, pp.14-21 (1963)
3) T.G.Langdon：Metall.Trans.A, 13A, pp.689-701 (1982)
4) R.C.Gifkins：J.Mater.Sci., 13, pp.1926-1936 (1978)
5) 東　健司：粉体工学会誌，25，pp.528-536（1988）
6) 楊　続躍，三浦博己，酒井　拓：軽金属，52，pp.318-323（2002）
7) H.Hosokawa et al.：Mater.Trans., 44, pp.484-489 (2003)
8) M.Mabuchi, K.Kubota and K.Higashi：Mater.Trans.JIM, 36, pp.1249-1254 (1995)
9) M.Mabuchi, Y.Chino and H.Iwasaki：Mater.Trans., 43, pp.2063-2068 (2002)
10) 渡辺博行，向井敏司，東　健司：軽金属，51，pp.503-508（2001）
11) Y.Chino et al.：Mater.Trans., 43, pp.2437-2442 (2002)
12) 渡辺博行ら：まてりあ，39，pp.347-354（2000）
13) M.Mabuchi et al.：Acta mater., 47, pp.2047-2057 (1999)
14) X.Wu and Y.Liu：Scripta mater., 46, pp.269-274 (2002)
15) H.Somekawa et al.：Mater.Trans., 42, pp.2075-2079 (2001)

〔第5章〕

5.1
1) 日本マグネシウム協会編：マグネシウム技術便覧，カロス出版，p.162（2000）
2) 日本マグネシウム協会編：'99マグネシウムマニュアル，p.31（1999）

3) 日本マグネシウム協会編：マグネシウム技術便覧, カロス出版, p.221 (2000)
4) J.Ebesen：Mg alloy and their application, DGM Cnf. 267 (1992)
5) H.Westin, O.Holta：Soc.Aut.Eng. SAE 880509 (1988)
6) F.Kaumle, N.C.Toemmeraas, J.A.Bolstad：Soc.Aut.Eng. SAE 850420 (1985)
7) J.F.King：47th International Magnesium Association Conference (1999)
8) P.Lyon, J.F.King, G.A.Fowler：Am.S.Mech.Eng., Rep. No.91-GT-15 (1991)
9) 日本マグネシウム協会編：マグネシウム技術便覧, カロス出版, p.224 (2000)
10) 日本マグネシウム協会編：'99 マグネシウムマニュアル, pp.33-34 (1999)

5.2

1) 日本ダイカスト協会ホームページ：http://www.diecasting.or.jp
2) 日本マグネシウム協会編：マグネシウム技術便覧, カロス出版, p.184 (2000)
3) 日本マグネシウム協会編：マグネシウム技術便覧, カロス出版, p.182 (2000)
4) 日本マグネシウム協会編：マグネシウム技術便覧, カロス出版, p.183 (2000)
5) 日本マグネシウム協会編：マグネシウム技術便覧, カロス出版, p.191 (2000)
6) 日本マグネシウム協会編：'98 マグネシウムマニュアル, p.60 (1998)
7) キヤノンホームページ：http://www.canon.co.jp
8) ソニーホームページ：http://www.sony.co.jp

5.3

1) S.C.Erickson：Proceedings of the 44th International Magnesium Association, Tokyo, Japan, p.1 (1987)
2) R.Kilbert et al.：16th International Die Casting Congress, NADCA, Detroit, MI. p.1 (1991)
3) L.Pasternak et al.：Proceedings 2nd International Congress on SSM Processing, Cambridge, MA. p.159 (1992)
4) R.D.Carnahan et al.：Magnesium alloys and their applications, DGM Conference, Garmisch-Partenkirchen, Germany, p.69 (1992)

5) R.D.Carnahan et al.：Proceedings C.I.M., Quebec City, Quebec, p.325 (1993)
6) R.D.Carnahan：The 3rd International Conference on Processing of Semi-Solid Alloys and Composites, Tokyo, Japan, p.65 (1994)
7) Flemings, et al.：Materials Science and Engineering, 25, p.103 (1976)
8) A.Tisser, D.Apelian and G.Regazzoni：Journal of Metal, 25, p.1184 (1990)
9) H.Sasaki, M.Adachi and T.Sakamoto：Proceedings of the 53th International Magnesium Association, Ube, Japan, p.86 (1996)
10) H.Peng, S.P.Wang and K.K.Wang：The 3rd International Conference on Proceedings of Semi-Solid Alloys and Composites, Tokyo, Japan, p.191 (1994)
11) G.Hirt, R.Cremer, A.Winkelman, T.Witulski and M.Zillgen：The 3rd International Conference on Proceedings of Semi-Solid Alloys and Composites, Tokyo, Japan, p.107 (1994)
12) Y.Morita, K.Ozawa, Y.Ando, S.Yahara and A.Nanba：The 3rd International Conference on Proceedings of Semi-Solid Alloys and Composites, Tokyo, Japan, p.429 (1994)
13) 附田之欣，武谷健吾，斉藤　研：鋳物，67，p.936（1995）
14) 附田之欣，斉藤　研：軽金属，47，p.298（1997）
15) 附田之欣，斉藤　研，中津川　勲：工業材料，46，p.109（1998）
16) 山口　毅，附田之欣，斉藤　研：機械技術，47，No.3，p.637（1999）
17) K.Saito：Proceedings of the 53th International Magnesium Association, Ube, Japan, p.30 (1996)
18) 斉藤　研，木原勇二，武谷健吾，附田之欣：軽金属学会第90回春期大会講演概要，p.3（1996）
19) 山口　毅，附田之欣，細工藤龍司：軽金属学会第90回春期大会講演概要，p.5（1996）
20) 山口　毅，附田之欣，斉藤　研：軽金属学会第97回秋期大会講演概要，p.127（1999）
21) 荻原　厳，高橋忠義：日本金属学会誌，29，p.637（1965）
22) 松井伸司，関原一敏，鎌土重晴，小島　陽：軽金属，45，p.15（1995）
23) 附田之欣，斉藤　研：鋳造工学，70，p.697（1998）
24) T.Tsukeda, K.Saito, H.Kubo：Journal of Japan Institute of Light Metals, 49, p.421 (1999)

25) I.Nakatsugawa, F.Yamada, H.Takayasu, T.Tsukeda, K.Saito：Proceedings of the International Symposium on Environmental Degradation of Materials and Corrosion Control in Metals, p.713 (1999)
26) 前原明弘，山口　毅，附田之欣，斉藤　研：経営工学実践研究論文集，No.6, p.107（1999）
27) 附田之欣：日本機械学会・日本塑性加工学会技術懇談会（各種原料のリサイクル技術），p.23（2000）

〔第6章〕
1) E.Wieser：マグネシウム，25-4, p.11（1996）
2) 佐藤聡之，金子純一，菅又　信：軽金属，42, p.720（1992）
3) 河村能人，井上明久：金属，71, p.497（2001）
4) A.R.Vaidya and J.J.Lewandowski：Materials Science and Engineering, A220, 85 (1996)
5) 馬渕　守，久保田耕平，東　健司：粉体および粉末冶金，40, p.397（1993）
6) R.S.Busk and T.E.Leontis：Transaction AIME, 188, p.297 (1950)
7) 岩崎　源，柳瀬希昭，森　隆資，馬渕　守，東　健司：粉体および粉末冶金，43, p.1350（1996）
8) 久田伸彦，菅又　信，金子純一：軽金属，48, p.375（1998）
9) 井上明久：まてりあ，38, p.310（1999）
10) M.Mabuchi, K.Kubota and K.Higashi：Materials Transactions, JIM, 36, p.1249 (1995)
11) 須藤攝子，高橋正春，松崎邦男，藤平拓朗，前田修司，佐野利男：第31回塑性加工春季講演概要集，p.101（2000）
12) 高橋正春，正村栄一郎，須藤攝子，松崎邦男，村越庸一，佐野利男：第29回塑性加工春季講演概要集，p.371（1998）

〔第7章〕
1) 小川　誠：マグネシウム合金の切削加工，マグネシウム技術便覧，p.296, カロス出版（2000）
2) 中山一雄：精密機械，43, No.1, pp.117-122（1977）
3) 宗形敏宏，小川　誠，嵯峨常生，上田由高，小島　陽：軽金属学会第94回春期大会講演概要，pp.33-34（1998）

4) 中村安秀, 小川　誠, 嵯峨常生, 上田由高, 小島　陽：軽金属学会第99回秋期大会講演概要, pp.33-34（2000）
5) 小川　誠：マグネシウム合金の切削加工, マグネシウム技術便覧, p.298, カロス出版（2000）
6) 安田俊司, 内藤　聡, 小川　誠：軽金属学会第82回春期大会講演概要, pp.181-182（1992）
7) 栗原健助, 杜沢達美, 加藤　一：軽金属, 31, pp.255-260（1981）
8) M.L.Boussion, L.Grall and R.Caillar：Rev.Met. 54, p.185（1957）
9) I.Ham, K.Hitomi, G.L.Thuering：Machinability of Nodular Cast Iron ASME ME.83B, MAY, p.142（1961）
10) N.Tomac, K.Tonnessen：Annals of the CIRP, 40-1, p.79（1991）
11) 小川　誠, 嵯峨常生他：軽金属学会第88回秋期大会講演概要, pp.309-310（1995）
12) 川副　茂, 松木　薫, 小川　誠, 嵯峨常生：軽金属学会第91回秋期大会講演概要, pp.109-110（1996）
13) Kazuo NAKAYAMA, Minoru ARAI, Torahiko KANNDA：Annals of the CIRP, 37-1, pp.89-92（1988）
14) 小川　誠：機械と工具, vol.43, No.8, pp.117-122（1999）
15) 小川　誠, 中山一雄：精密工学会誌, vol.56, No.2, pp.355-360（1990）
16) 小川　誠：機械技術, vol.45, No.6, pp.32-36（1997）
17) 小川　誠, 中山一雄：昭和62年精密工学会秋季大会学術講演論文集, pp.49-50（1987）
18) 小川　誠, 嵯峨常生：軽金属学会第74回春期大会講演概要, pp.105-106（1989）
19) 荒川一則, 松木　薫, 小川　誠, 嵯峨常生：軽金属学会第91回秋期大会講演概要, pp.107-108（1996）

〔第8章〕
1) Dow Chemical U.S.A.：Joining magnesium., p.20（1990）
2) 上野英俊, 山崎淳一, 熊谷年男：
http://unit.aist.go.jp/kyushu/magnesium.html
3) Dow Chemical U.S.A.：Joining magnesium., p.57（1990）
4) 加藤数良, 朝比奈敏勝, 時末　光：軽金属学会第89回秋期大会講演概要, pp.305-306（1995）

5) 弓削　恵，朝比奈敏勝，加藤数良，時末　光：軽金属学会第94回秋期大会講演概要，pp.24-25（1998）
  6) 朝比奈敏勝，加藤数良，時末　光：41巻10号，pp.674-680（1991）
  7) 加藤数良，時末　光：軽金属溶接，32巻，5号，pp.203-209（1994）
  8) 朝比奈敏勝，加藤数良，時末　光：軽金属，44巻，5　号，pp.147-151（1994）
  9) 中田一博，居軒征吾，長野喜隆，橋本武典，成願茂利，牛尾誠夫：軽金属，51巻10号，pp.528-533（2001）
 10) 加藤数良，時末　光，北原孝施：軽金属溶接，pp.130-139（2004）

〔第9章〕
9.1
  1) 日本マグネシウム協会編：'86マグネシウムマニュアル，p.48（1986）
  2) 日本マグネシウム協会編：マグネシウム技術便覧，カロス出版，p.376（2000）
  3) 日本マグネシウム協会編：マグネシウムの取扱い安全手引き，p.122（1996）
  4) 日本マグネシウム協会編：マグネシウムの取扱い安全手引き，p.69（1996）

9.2
  1) 小川　誠，安田俊司，嵯峨常生：軽金属，vol.52，No.9，pp.387-389（2002）
  2) 疋田　強，秋田一雄：燃焼概論，コロナ社，p.14
  3) M.L.Boussion, L.Grall and R.Caillar：Rev.Met., L'oxydation du magnesium Par l'air entre 350 et 500℃, 54, p.185 (1957)
  4) 野口賢郎：機械技術，vol.45，No.6，pp.41-47（1997）
  5) 板垣裕之，野口真希，小川　誠，嵯峨常生：軽金属学会第101回秋期大会講演概要，pp.361-362（2001）
  6) 鈴木　通：機械技術，vol.49，No.8，pp.55-58（2001）
  7) 永井修次，嵯峨常生，斉藤定雄，佐藤英一郎，軽金属学会第78回春期大会講演概要，pp.95-96（1990）

9.3
  1) 危険物法令研究会編集：危険物取扱必携（法令編），全国危険物安全協会（2000）
  2) 東京消防庁監修：危険物取扱必携（実務編），全国危険物安全協会（2000）

3) 寺崎正好ほか：第29回塑性加工春季講演会講演集，pp.99-100（1998）
4) 大竹輝徳：マグネシウム材料の安全性，静岡県富士工業技術センター，新技術情報提供サービス（1998）
5) 日本マグネシウム協会編：マグネシウム技術便覧，日本マグネシウム協会（2000）
6) 日本マグネシウム協会編：マグネシウム取り扱い安全講習会テキスト，日本マグネシウム協会，第6回（1996）
7) 河本文夫：マグネシウム加工のポイント「安全対策」，工業材料vol.47，No.5，pp.50-53（1999）
8) 金森陽一，河合 真：マグネシウム合金の成形加工プロセスに関する調査報告，平成10年度三重県工業技術総合研究所研究報告，No.23（1999）
9) 永井修次：ここまで進んだマグネシウム成形「マグネシウムの安全対策」，マグネシウムプレス成形セミナー，pp.53-60（2000）

索　　　　引

あ

圧延温度	67
圧延加工	60
圧延条件	67
圧延油	69
圧接継手	212
穴あけ	91,191
穴出口バリ	201
アプセット溶接	208
アモルファス	179
安全処理	224
安全取扱い	217

い

鋳型	148
異方性	72
鋳物	50
インジェクションモールディング	161
ECAE加工	55

う

打抜き	91,99

え

エアハンマー	121
液圧張出し	106
液圧バルジ	106
液圧プレス	119
SF_6	146
SF_6ガス	74
エリクセン試験	106
エリクセン値	107
エレクトロン	2
エンボス加工	106
LDR	111

お

送り曲げ様式	101
押え巻き様式	101
押込み力	93
押出円管	103
押出し温度	80
押出し加工	73,75
押出し形材	77,78,82
押出し条件	80
押出し速度	40,81
押出し用ダイス	79

か

回転しごき加工	131
かえり	99
化学処理	224
化学成分	49
拡散接合	144
重ね抜き	96
ガスアトマイズ法	174
肩アール半径	114
硬さ	16
型鍛造	127
金型	91,125
金型温度	128
金型鋳造	145,149
過熱処理	147
加熱せん断	95

加熱炉	123
カーリング	131
管	89
間接押出し法	75

き

機械的粉末製造法	175
機械プレス	120
気体加圧式ホットトップ鋳造法	73
急冷凝固	178
矯正	62
矯正加工	116
狭マージンドリル	196
局部加熱・冷却深絞り法	110
切りくず	192
切り口面	92,94
き裂形切りくず	184
金属射出成形	160
金属組織	87

く

空洞	143
クラック	93
クリアランス	93,94,113
クリープ	27

け

蛍光浸透探傷法	124
削り抜き	98
結晶粒径	70
結晶粒超微細化	55
結晶粒微細化処理	147

索引

限界絞り比	111	絞りスピニング	131	精密鍛造	127
健康維持	32	シーム溶接	208	赤色浸透探傷法	124
原子量	12	射出成形機	162	接合加工	202
減衰能	29	射出成形プロセス	161	切削温度	188
研磨処理	72	自由鍛造	127	切削加工	183
原料チップ	163	需要推移	9	切削作業	220

こ

		潤滑	116	切削条件	187
		小ガス炎着火試験	225	切削抵抗	189
コイル圧延	61	蒸気圧	13	切削比	186
高圧鋳造プロセス	160	焼却処理	224	切削粉	180
恒温鍛造	119	ショットブラスト	125	切削面	95
高温引張特性	44	しわ押え	109	切削力	188
高温割れ限界	40	しわ押え力	110	接触腐食	202

す

高強度マグネシウム	179			線	85
構成刃先	188			旋削加工	186
固化成形	177	水素貯蔵材料	32	旋削加工条件	187
黒鉛潤滑	84	推定生産能力	8	全体張出し加工	105
固相接合	210	スエージングマシン	123	せん断加工	91
固相線	77	スクリュープレス	122	せん断形切りくず	185
コーティング	99	ステッケル圧延	64	せん断くず	92
コーナアール半径	114	ステッケルミル方式	64	せん断抵抗	92
コールドチャンバー		ストリップキャスティング			
ダイカスト法	153		66		

そ

		砂型	145	双晶変形	24

さ

		砂型鋳造	148	塑性加工	60
差圧鋳造法	150	スピニング加工	131	塑性ひずみ比	107
サイジング	116	スプリングバック	62	塑性変形	21,25
再生利用	223	すべり系	23	粗大結晶粒超塑性	144
最大成形荷重	110	すべり変形	21		
最密六方格子	13,21	スポット溶接	208		

た

酸洗い	72	スラッジ	218	ダイカスト	50,160
				ダイカスト製品例	159

し

		せ		ダイカスト鋳造	153
仕上げ圧延	61,65	成形温度	111	対向液圧深絞り法	118
仕上げ面の粗さ	188	成形速度	112	対向ダイスせん断法	95
シェービング	96,99	成形体の機械的性質	166	耐食性	20,166
CO_2レーザ	208	成形品例	135	ダイスベアリング角度	84
自己加熱速度	220	生産推移	7	耐熱マグネシウム合金	54
しごきスピニング	131	生体	32	耐腐食性	18
シート圧延	61	精密打抜き法	95	耐薬品性	21

耐　力	16	電磁シールド性	30	ノルスク法	150
ダウメタル	2	電子ビーム溶接	208	**は**	
鍛造圧力	128	展伸用材料	33		
鍛造温度	128	DC 鋳造法	73	発　火	220
鍛造加工	119	DLC	99, 116	バットシーム溶接	208
鍛造機	119	TIG 溶接	205	バニシ面	95
鍛造成形品	130	**と**		バニシング	131
炭素添加処理	147			バ　リ	201
単頭伸線機	85	等軸晶	165	張出し加工	105
断面形状	85	動的再結晶	139	張出し成形性	106
断面減少率	85	刃部形状	187	バーリング	131
鍛流線	129	取り代（削り代）	96	バルジ加工	106
ち		トリミング装置	124	半凝固・半溶融加工	160
		ドリル加工	191	パンチ先端半径	102
チクソ成形機	5	ドロス	218	ハンマー	121
チクソトロピー	161	ドロップハンマー	121	半連続鋳造法	73
チクソモールディング		ドローベンチ	85	**ひ**	
	160, 161	**な**			
着火温度	188			引抜き加工	85
中空材	77	流れ形切りくず	184	引抜き条件	86
中実材	77	**に**		引抜き速度	85
鋳造加工	145			比強度	16
鋳造工程	218	逃げ角	190	微細粒組織	140
鋳造方案	148, 157	二軸引張変形	108	比　重	16
超塑性材料	137	**ぬ**		ひずみ速度	138
超塑性成形加工	137			ひずみ速度感受性指数	138
超塑性ブロー成形	141	抜け勾配	125	ピックアップ	69
超伝導材料	33	**ね**		引張矯正	77
張　力	63			引張強さ	16
直接押出し法	75	熱間圧延	61	引張特性	86
直交二軸引張試験	108	熱間加工用型鋼	126	非底面すべり	23
つ		熱間割れ	40	ビーティング	131
		ネッキング	131	比　熱	14
ツイストドリル	191	熱伝導率	14	標準電極電位	19
突曲げ様式	101	熱膨張係数	14	表面仕上げ	72
て		燃　焼	220	表面張力	202
		燃焼切りくず	222	表面割れ	80, 84
抵抗溶接	208	**の**		ビレット	73
底面すべり	22, 68			疲労特性	86
デッドメタル	76	伸　び	16	BMA 加工	58

P/M材	178	

ふ

フォージングロール	123
深絞り加工	109
複合材	178
腐食速度	167
付随調整機構	139
縁切り	91
普通鍛造	127
沸点	13
浮遊粉塵爆発性試験	226
フラックス	146
フラッシュ溶接	208
フラットダイス	79
プレコート潤滑剤	118
プレスフォージング	5,130
プレス曲げ	103
プロジェクション溶接	208
ブロー成形	141
ブロッカータイプ鍛造	127
粉末成形	173

へ

ヘミング	131

ほ

棒	85
放熱速度	220
保護ガス	147
ホットストリップミル方式	64
ホットチャンバーダイカスト法	153
ポートホールダイ	79
ボルツマン定数	28
ホールペッチの法則	18
ホローダイ方式	79
ボロンナイトライド	69

ま

マグナリウム	2
Mg-Zn-Zr系合金	39
Mg-Al-Zn系合金	25,37
Mg-Y-Zn系合金	56
マグネシウム基複合材料	180
Mg-Zr-Zn系合金	26
マグネシウム製品例	229
マグネシウム粉末	173
マグネシウム粉末の取扱い	225
Mg-Mn系合金	42
Mg-Li系合金	26
曲げ加工	101
曲げ加工限界	102
曲げ加工性	86,89
摩擦圧接	210
摩擦かくはん接合	213
摩擦トルク	199
マンドレル方式	79

み

密着曲げ	102
密度	12
MIG溶接	206

め

メタルフロー	76

や

ヤング率	16

ゆ

融点	13
輸入推移	10
U曲げ	102

よ

溶解	145
溶解工程	217
溶解作業	146,217
溶解るつぼ	145
溶解炉	145
溶接加工	202
溶融溶接	204

ら

ラバーフォーミング	118

り

リサイクル	144
リサイクルシステム	168
リサイクル性	30
リッジング	131
粒界すべり	139
粒界すべり速度	140
流動応力	138
臨界せん断応力	22,137
リングロール	123

れ

レーザ溶接	208

わ

YAGレーザ	208

マグネシウム加工技術
Magnesium Processing Technology　　© 社団法人 日本塑性加工学会　2004

2004年12月15日　初版第1刷発行

|検印省略|

著　者　　社団法人　日本塑性加工学会
　　　　　東京都港区芝大門1-3-11
　　　　　Y・S・Kビル4F

発行者　　株式会社　コロナ社
代表者　　牛来辰巳

印刷所　　壮光舎印刷株式会社

112-0011　東京都文京区千石4-46-10
発行所　株式会社　コロナ社
CORONA PUBLISHING CO., LTD.
Tokyo　Japan
振替 00140-8-14844・電話(03)3941-3131(代)
ホームページ http://www.coronasha.co.jp

ISBN 4-339-04575-6　　（横尾）　　（製本：染野製本所）
Printed in Japan

無断複写・転載を禁ずる
落丁・乱丁本はお取替えいたします